Nanofiltration Technology for
Drinking Water Treatment

饮用水纳滤处理技术

唐玉霖　芮　旻◎著

中国建筑工业出版社

图书在版编目（CIP）数据

饮用水纳滤处理技术 ＝ Nanofiltration Technology for Drinking Water Treatment / 唐玉霖, 芮旻著.

北京：中国建筑工业出版社, 2025. 2. -- ISBN 978-7-112-30658-9

Ⅰ. TU991.2

中国国家版本馆 CIP 数据核字第 2025M9J851 号

责任编辑：刘婷婷
文字编辑：冯天任
责任校对：赵　力

饮用水纳滤处理技术

Nanofiltration Technology for Drinking Water Treatment

唐玉霖　芮　旻◎著

＊

中国建筑工业出版社出版、发行（北京海淀三里河路 9 号）

各地新华书店、建筑书店经销

国排高科（北京）人工智能科技有限公司制版

廊坊市海涛印刷有限公司印刷

＊

开本：787 毫米×1092 毫米　1/16　印张：12¾　字数：299 千字

2025 年 1 月第一版　　2025 年 1 月第一次印刷

定价：**56.00** 元

ISBN 978-7-112-30658-9

（43996）

FOREWORD | 前　言

随着我国经济的发展，人民生活水平不断提高，对美好生活日益增长的需求越来越强，对饮用水水质的要求也不断提高。我国新的饮用水水质国家标准《生活饮用水卫生标准》GB 5749—2022 已在 2023 年 4 月 1 日全面实施，上海、深圳和江苏等多地也制定了饮用水地方标准。我国城镇供水行业不断探索并应用新的饮用水处理技术，保障和提升饮用水安全。纳滤处理技术作为一种新兴的水处理技术，具有简单高效、占地面积小、设计水量灵活等优点，较微滤和超滤对有机污染物的去除效果更强；相比于反渗透技术，纳滤技术既能保留健康元素，又具备节能等诸多优势，在饮用水处理中具有极为广泛的应用前景。近年来，纳滤技术在国内外的研究及其在水处理行业的应用已经取得了长足进步，我国已有多座大型水厂采用了纳滤处理工艺，更多的纳滤水厂也正在建设过程中。

本书全面介绍了纳滤处理技术在饮用水方面的理论基础、技术原理和应用进展，一共包括 8 章：第 1 章绪论；第 2 章纳滤技术基础；第 3 章纳滤去除饮用水中典型污染物；第 4 章纳滤饮用水处理系统；第 5 章纳滤饮用水预处理技术；第 6 章纳滤膜的污染与控制；第 7 章纳滤膜水厂的设计；第 8 章纳滤膜饮用水工程应用实例。同济大学易欣源、贺鑫、吴浩伟和张超洋，上海市政工程设计研究总院（集团）有限公司段冬、黄嘉奕、叶宇兵、马永恒、邢思初、王非宇和沈云云参与了本书的撰写工作；易欣源参与了全书的校对工作。在此一并表示感谢。

本书总结了纳滤技术在饮用水方面的最新研究成果，适合从事饮用水处理科研、设计和运行管理人员阅读，也可供高等院校相关专业师生学生参考使用。

由于水平限制，本书的一些结论难免存在错误，希望同行批评指正。

2024 年 3 月　同济大学明净楼

CONTENTS | 目　　录

CHAPTER ONE

第 1 章

绪　论

Nanofiltration Technology for
Drinking Water Treatment

水是生命之源，是生物赖以生存的基本物质，是生命体最重要的组成成分，也是地球上一切生态环境存在的基础。人类的生产、生活都离不开水。人们曾经错误地认为水是取之不尽、用之不竭的。要从根本上改变这种观点，了解我国水源的现状十分必要。随着人民生活水平的提高和对美好生活需求的日益增长，制定并不断提升饮用水水质标准变得尤为重要。饮用水地表水常规处理方法中，混凝、沉淀和过滤工艺对原水中氨氮和有机污染物的处理效果非常有限，因此，开发和增加相应的预处理或深度处理工艺是饮用水处理的发展方向。

纳滤处理技术作为近些年来新兴的一种水处理技术，具有简单高效、占地面积小、设计水量灵活，较微滤和超滤去除效果好，相比反渗透技术既能保留健康元素又具备节能等诸多优势，在市政饮用水处理中具有极广泛的应用前景。

1.1 我国水源水质的现状

我国地域辽阔，不同地区的水源水质不尽相同，不同自然环境下的水源具有不同的水质特点。其中，常规水源包括地表水和地下水，非常规水源涵盖常规水源以外的一切其他水源，主要有再生水、集蓄雨水、淡化海水、微咸水和矿坑水等。《国家节水行动方案》规定重点地区节水开源，在超采地区要削减地下水开采量，在缺水地区要加强非常规水利用，在沿海地区要充分利用海水。

1.1.1 地表水

1. 江河水

我国幅员辽阔，大小河流纵横交错，江河水是最常见的水源。江河水易受自然条件影响，水中悬浮物和胶态杂质含量较多，浊度高于地下水。由于自然地理条件相差悬殊，因而各地区江河水的浊度也相差很大。同一条河流，上游和下游、夏季和冬季、晴天和雨天，浑浊度也颇为悬殊。我国是世界上高浑浊度水河流最为众多的国家之一，西北及华北地区流经黄土高原的黄河水系、海河水系及长江上、中游等，河水含砂量很大，浑浊度变化幅度也很大，冬季浑浊度有时仅为几至几十散射浑浊度单位（NTU），暴雨后，几小时内水的浑浊度就会突然增加。河流受降雨的影响，浑浊度变化较大。凡土质、植被和气候条件较好的地区，如华东、东北和西南地区的大部分河流浑浊度都较低，一年中大部分时段河水清澈，雨季河水较浑，一般年平均浑浊度在 50~400NTU 之间。例如，我国松花江流域冬季以低温低浊水为主要特色。

江河水的含盐量和硬度通常较低。河水含盐量和硬度与地质、植被、气候条件及地下水补给情况有关。我国西北黄土高原及华北平原大部分地区，河水含盐量较高，约为 300~400mg/L；秦岭以及黄河以南地区次之；东北松黑流域及东南沿海地区最低，含盐量大多小于 100mg/L。我国西北及内蒙古高原大部分河流，河水硬度较高，可达 100~150mg/L（以 CaO 计）甚至更高；黄河流域、华北平原及东北辽河流域次之；松黑流域和东南沿海地区，河水硬度较低，一般均为 15~30mg/L（以 CaO 计）或更低。总的来说，我国大部分河流含盐量和硬度均能满足生活饮用水的要求。

江河水中可能检出引起水媒传播疾病的贾第虫和隐孢子虫，它们主要寄生于人或动物的肠道内，引起肠道感染。贾第虫孢囊呈椭圆形，直径约 $7\sim14\mu m$。隐孢子虫的卵囊呈圆形或椭圆形，直径 $4\sim6\mu m$。南方地区夏季气温高时，江、河、湖边会有红虫繁殖，红虫是摇蚊的幼虫，特别是受污染的水明显有利于摇蚊幼虫的繁殖和生长。红虫体内外可携带病原虫、病毒、各种病菌和毒素等。江河水的最大缺点是易受工业废水、生活污水及其他各种人为因素污染，因而水的色、臭、味等变化较大，有毒或有害物质易进入水体；此外，江河水的水温不稳定，夏季常不能满足工业冷却用水等的要求。

2. 水库及湖泊水

水库及湖泊水，主要由江河水补给，水质与江河水类似。但由于水库及湖泊水流动性小，贮存时间长，且经过自然沉淀，因此浑浊度较低；只在风浪较大时和暴雨季节，由于湖底沉积物或泥沙泛起，水库及湖泊才会产生浑浊现象。水的流动性小、透明度高，又给水中浮游生物特别是藻类（蓝藻和绿藻）的繁殖创造了良好条件。蓝藻中的某些藻属会产生微囊藻毒素（Microcystin），主要毒害人体的肝脏，又称肝毒素。藻类中无论活藻还是死藻，均会产生臭味化合物，如蓝藻中的胶鞘藻、颤藻和项圈藻，鱼腥藻及放线菌等的分泌物主要为挥发性的气味化合物二甲基异冰片（2-MIB）和土臭素（Geosmine）等，在水中只要以 ng/L 级的量存在，就可以被人类嗅到。同时，水生物死亡后，其残骸在湖底沉积，使湖底淤泥中积存了大量腐殖质，导致水质发臭和恶化。此外，湖水也易受废水污染。

由于湖水不断得到补给又不断蒸发浓缩，故含盐量往往比河水高。按含盐量分，有淡水湖、微咸水湖和咸水湖 3 种。这与湖的形成历史、水的补给来源及气候条件有关。干旱地区内陆湖由于换水条件差，蒸发量大，含盐量往往很高。微咸水湖和咸水湖的含盐量高于 1000mg/L，有些甚至达到数万毫克每升，咸水湖的水不宜作为生活用水或饮用水。我国大的淡水湖鄱阳湖、洞庭湖、太湖、洪泽湖和巢湖则主要集中在雨水丰沛的东南地区。

1.1.2 地下水

水在地层渗透过程中，其中的悬浮物和胶质已基本或大部分得到去除，水质清澈，且水源不易受外界污染和气温影响，因而水质、水温较稳定，一般宜作为饮用水和工业冷却用水的水源。

由于地下水流经岩层时溶解了各种可溶性矿物质，因而其含盐量通常高于除海水外的地表水。至于含盐量多少及盐类成分，则取决于地下水流经地层的矿物质成分、地下水埋深和与岩层接触的时间等。我国水文地质条件比较复杂，各地区地下水的含盐量相差很大，在 $100\sim5000mg/L$ 之间，但大部分地下水的含盐量在 $200\sim500mg/L$ 之间。一般情况下，多雨地区，如东南沿海及西南地区，由于地下水受到雨水补给，故含盐量较低；干旱地区，如西北、华北等地，地下水含盐量则较高。

地下水硬度高于地表水。我国地下水总硬度通常在 $60\sim300mg/L$（以 CaO 计）之间，少数地区有时高达 $300\sim700mg/L$。由于地下水含盐量和硬度较高，故用以作为某些工业用水水源未必经济。地下水中的某些物质超过饮用水标准时，需经处理方可使用。

人体包含了 40 多种元素，其中铁、氟、锌、铜、铬、锰、碘、钼等元素是人体必需的，对生命的正常新陈代谢非常重要，不可或缺，但也不可过多。许多地方病就是由于人们长期饮用不符合标准的水而引起的：如高氟水易引起氟斑牙，且与心血管和癌症有相关性；低碘水引起"大脖子病"；高砷水引起皮肤癌；等等。我国各地不同程度地存在着与饮用水水质有关的地方病，如克山病、大骨节病、氟中毒和甲状腺肿等。

我国地下水中的低碘水，主要分布于山地、丘陵地区，包括云贵高原、南岭山区、浙闽山区的大部分地区和横断山、秦巴山、太行山、燕山、祁连山、昆仑山等地带。高氟水主要分布于长白山区、辽东山地、松辽平原中部、黄淮海平原中部、山西省中部盆地、内蒙古高原、西北内陆盆地洪水冲积倾斜平原前缘地区；此外，我国东南丘陵温泉分布区地下水的氟含量较高，一般大于 5mg/L，最高达 35mg/L；西藏南部地区温泉的氟含量也比较高。高砷水主要分布在新疆塔里木盆地的渭干河流域和准噶尔盆地的奎屯河下游地区。我国含铁地下水分布较广，青藏高原、三江平原、辽河平原、江汉平原等地区的分布比较集中。地下水的含铁量通常在 10mg/L 以下，个别可高达 30mg/L。地下水中的锰常与铁共存，但含量比铁少。我国地下水含锰量一般不超过 3mg/L，个别高达 10mg/L。

1.1.3 非常规水源

非常规水源是常规水源的重要补充，在缓解水资源供需矛盾、提高区域水资源配置效率和利用效益等方面具有重要作用。广义的非常规水源涵盖常规水源以外的一切其他水源，主要包括再生水、集蓄雨水、淡化海水、微咸水和矿坑水等。

1. 再生水

再生水是指废水或雨水经适当处理后，达到一定的水质指标，满足某种使用要求，可以进行有益使用的水。和海水淡化、跨流域调水相比，再生水具有明显的优势。从经济的角度看，再生水的成本最低；从环保的角度看，污水再生利用有助于改善生态环境，实现水生态的良性循环。

城市和工业由未受污染的天然水体取水，一般是比较经济的。要满足用户对水质的要求，特别是生活饮用水要求而进行的水处理比较易行，也比较经济。当水资源短缺危机出现时，为减少由天然水体取水的量，可以采取循环回用使用过的污、废水的方法。将污染较轻的工业冷却水循环使用比较简单。将含废弃物较多的城市污水和工业废水再生回用，以满足用水水质要求而进行的水处理则会相对复杂一些。尽可能多的污、废水再生回用，可以显著减少由天然水体取水的量，缓解水资源危机，同时也减少了向天然水体排放的污水量，减轻对水体的污染。

工业企业内部水的循环重复利用，是再生水中应用最广的一种。工业企业内部用水方案多种多样，对水质要求各不相同，将不同来源的废水循环重复利用于不同用途，虽仍需进行水的处理，但往往比排入天然水体要简单得多，也更经济。在工业区各工厂之间进行水的重复利用，常可取得比在一个工厂内更好的效果。城市污水回用于工业，需要进行比排入天然水体更复杂的水处理；但对于水资源短缺的地区，这在许多方案中仍是比较合理的一种。此外，也可将城市污水回用于公用设施和住宅冲洗厕所、浇灌绿地、景观用水、浇洒道路等。

2. 集蓄雨水

雨水是一种重要的淡水资源。现代大城市市区面积很大，大部分地面为不透水铺面覆盖，遇到暴雨会形成洪涝灾害。如将雨水大部分贮积起来，则可获得可观的淡水资源。在城市适当地方或住宅小区贮积雨水，并经适当处理，便可用于浇灌绿地、浇洒道路、水景以及下渗补充地下水，改善生态环境，缓解水资源危机，还可以减少城市洪涝灾害。

3. 淡化海水

海水含盐量高，一般海水含盐量约为 35000mg/L，而且其所含的各种盐类或离子的质量比例基本上一定，这是海水与其他天然水源有所区别的一个显著特点。其中，海水的氯化物含量最高，硫化物次之，再次为碳酸盐，其他盐类含量极少。海水一般须经淡化处理才可作为居民生活用水。

海水可大量用作工业冷却用水，从而减少城市对淡水的需求。我国沿海地区的 11 个省和直辖市，有超过 18000km 的海岸线，人口占全国的 40%以上，社会生产总值占 60%左右，是经济最为发达的地区。该地区特别是新开发区域的淡水供给量不足，已经成为经济发展的重要阻碍因素，因此，大力发展海水利用刻不容缓。我国目前用海水作为冷却水约有 100 亿 m^3，而美国、欧盟、日本等国海水利用总和已达到 2000 亿 m^3 左右。我国利用海水的潜力很大，利用海水是缓解沿海地区淡水资源危机的重要途径。

4. 微咸水

微咸水是指矿化度在 2.0～5.0g/L 的水。据统计，我国地下微咸水资源约有 200 亿 m^3，开发利用微咸水资源，可以提高水资源利用率，促进水资源的可持续发展，有效缓解我国水资源的缺乏。

通常，凡是地表土壤存在盐渍化现象地区的地下水，以及流经该地区地表汇集而成的水，如坑塘、洼淀积水，大多数都是咸水或微咸水。微咸水广泛分布于我国各地，其储蓄量大。据有关部门统计，我国地下微咸水大多数存在于地表下 10～100m 处，宜于开采利用。从形成与分布的地理位置看，我国微咸水主要分布于易发生干旱的华北、西北以及沿海地带。其中，黄河区域矿化度为 2～5g/L 的微咸水资源量为 30 亿 m^3，海河区域为 22 亿 m^3，黄淮海平原地区的微咸水可利用量多达 54 亿 m^3。

淡水资源的短缺使得对微咸水利用的依赖性日益增加，也使得微咸水的利用途径更为广泛。我国缺水的地区除了充分利用微咸水进行农田灌溉和发展养殖业以外，还可以通过淡化技术处理，将其用于人畜饮用，以减少对深层地下淡水的开采。

5. 矿坑水

矿坑水是指在矿产资源的开采过程中从岩层中涌出的水。矿坑水本来是清洁的水，但由于生产污染，矿坑水色泽浑浊、悬浮物含量高、沉积物量大，如果未经处理排放，会对河流造成严重的污染。

通常，煤矿的生产煤水比在 1∶0.5～1∶5 之间，个别矿井达 1∶10 以上，矿坑日涌水量少则几千立方米，多则数万立方米。把矿坑水作为资源加以利用，是解决矿区水资源日趋紧张问题的重要途径。据统计，我国有 70%的煤矿区面临缺水，其中 40%严重缺水。但我国也面临矿坑水流失严重的问题。据统计，我国煤矿每年排水总量达 38 亿 m³，但其利用率还不足 30%。矿坑水被当作水害加以防治和治理，导致大量的矿坑水白白流失，不仅造成了水资源的大量浪费，而且还严重污染了自然环境。

1.2 我国饮用水水质标准的发展

国家或地区的饮用水水质标准变化一定程度上反映了当地的经济发展水平与人民生活质量。与此同时，随着科学技术的不断发展与我国人民生活水平的不断提高，饮用水安全正日益受到重视，相关水质标准也在不断完善和发展。

1.2.1 我国的饮用水标准发展历程

我国最早的饮用水水质地方标准是上海市于 1927 年颁布的《上海市饮用水清洁标准》，最早的饮用水企业标准是北京市自来水公司于 1937 年颁布的《水质标准表》。这两部水质标准主要包括人的感官性状指标和预防传染病两个方面的项目。新中国成立后，我国多次制定与修订了生活饮用水卫生标准。

1. 20 世纪 50 年代

新中国成立后，卫生部颁布了第一部饮用水水质标准——《自来水水质暂行标准》。该标准自 1955 年 5 月起在部分城市试行，之后以《饮用水水质标准》正式发布，1956 年 12 月 1 日起在全国实施。这一标准的水质指标包括 4 个方面，共计 15 项：物理指标为透明度、色度、嗅和味 3 项；细菌指标为细菌总数和总大肠菌群 2 项；化学指标为总硬度、pH 值、氟化物、酚和剩余氯 5 项；有害元素指标为砷、铅、铁、铜和锌 5 项。使用这一标准不久后，又修订发布了《生活饮用水卫生规程》，于 1959 年 11 月 1 日起在全国施行。该标准的水质指标修订包括 4 个方面，共计 17 个项目：物理指标为浑浊度、色度、嗅和味 3 项；细菌指标为细菌总数、大肠菌值、总大肠菌群及肉眼可见物 4 项；化学指标与有害金属元素指标较《饮用水水质标准》没有变化。

这一时期的标准与新中国成立之前的地方标准和企业标准相比，增加了对金属离子的关注度。

2. 20 世纪 70 年代

《生活饮用水卫生标准》TJ 20—76（试行）于 1976 年 12 月 1 日起试行。该标准的水质指标包括 4 个方面，共计 23 项：物理指标 3 项没有变化；细菌指标为细菌总数、总大肠菌群及肉眼可见物 3 项；化学指标为总硬度、pH 值、氟化物、酚、阴离子合成洗涤剂、氰化物、剩余氯 7 项；有害元素指标为砷、汞、铅、铁、锰、硒、镉、铬、铜、锌 10 项。

这一时期的标准开始重视重金属离子和洗涤剂等生活必需化学品对人体健康的危害。

3. 20 世纪 80 年代

《生活饮用水卫生标准》GB 5749—85 于 1986 年 10 月 1 日起正式实施。水质指标增加至 5 个方面，共计 35 项：物理指标和细菌指标各 3 项，与之前的标准相比没有变化；化学指标为总硬度、溶解性总固体、pH 值、硫酸盐、硝酸盐、氟化物、氰化物、氯化物、氯仿、四氯化碳、酚、滴滴涕❶、六六六❷、苯并（a）芘、阴离子合成洗涤剂、剩余氯 16 项；有害金属元素指标 11 项，新增 1 项银；新增放射性指标这一大类，其中包含总 α 放射性和总 β 放射性指标 2 项。

《生活饮用水卫生标准》GB 5749—85 第一次列入放射性指标，并在化学指标方面增加了有机化合物指标的内容。

4. 21 世纪初

2006 年，卫生部和国家标准化管理委员会联合发布了《生活饮用水卫生标准》GB 5749—2006，该标准为强制性标准。标准的制定是对建设部 1992 年组织中国城镇供水协会编制的《城市供水行业 2000 年技术进步发展规划》、卫生部 2001 年颁布的《生活饮用水水质卫生规范》，以及建设部 2005 年颁布的《城市供水水质标准》CJ/T 206—2005 的提升。同时，标准的制定参考了世界卫生组织、欧盟、美国、俄罗斯和日本的相关标准。该标准规定了生活饮用水水质卫生要求、生活饮用水水源水质卫生要求、集中式供水单位卫生要求、二次供水卫生要求、涉及生活饮用水卫生安全产品卫生要求、水质监测和水质检验方法。该标准适用于城乡各类集中式供水的生活饮用水，也适用于分散式供水的生活饮用水。水质指标由水质常规指标、饮用水中消毒剂常规指标和水质非常规指标组成，还对农村小型集中式供水和分散式供水部分水质指标及限值进行了规定。与 GB 5749—85 相比，水质指标由 35 项增加至 106 项，增加了 71 项，其中常规指标 42 项，非常规指标 64 项，修订了 8 项。其中：微生物指标由 2 项增至 6 项，饮用水消毒剂由 1 项增至 4 项，毒理指标中无机化合物由 10 项增至 21 项，有机化合物由 5 项增至 53 项，感官性状和一般理化指标由 15 项增至 20 项，放射性指标中修订了总 α 放射性。

标准明确了生活饮用水是指供人生活的饮水和生活用水，生活饮用水水质应符合下列基本要求，保证用户饮用安全：不得含有病原微生物；化学物质不得危害人体健康；放射性物质不得危害人体健康；感官性状良好；应经消毒处理。标准还明确当发生影响水质的突发性公共事件时，经市级以上人民政府批准，感官性状和一般化学指标可适当放宽。

这一标准重点加强了对微生物、有毒有害金属和有机物等污染物的控制要求，基本实现了与国际饮用水水质标准接轨。同时结合我国的实际情况，对于小型集中式供水和分散式供水提出了过渡性技术要求。

随着我国经济的快速发展，人们对水质要求越来越高，各地开始制定更加严格的地方标准。2018 年，上海市出台了地方标准——《生活饮用水水质标准》DB31/T 1091—2018，包含 111 项检测指标；2020 年 4 月 21 日，深圳市《生活饮用水水质标准》DB4403/T 60—2020 正式发布，并于 2020 年 5 月 1 日起正式实施，包含水质指标 116 项，其中常规指标 52 项，非常规指标 64 项。

5.《生活饮用水卫生标准》GB 5749—2022

2022 年 3 月 15 日，《生活饮用水卫生标准》GB 5749—2022 颁布，水质指标由

---

❶ 滴滴涕：DDT，双对氯苯基三氯乙烷。

❷ 六六六：六氯环己烷。

GB 5749—2006 的 106 项调整为 97 项，包括常规指标 43 项，扩展指标 54 项。增加了 4 项指标，包括乙草胺（0.0003mg/L）、高氯酸盐（0.07mg/L）、2-甲基异莰醇（2-MIB，10ng/L）、土嗅素（10ng/L）。删除了 13 项指标，包括耐热大肠菌群、三氯乙醛、硫化物、氯化氰（以 CN-计）、六六六（总量）、对硫磷、甲基对硫磷、林丹、滴滴涕、甲醛、1,1,1-三氯乙烷、1,2-二氯苯、乙苯。更改了 3 项指标的名称，包括耗氧量（COD_{Mn}❶法，以 O_2 计）名称修改为高锰酸盐指数（以 O_2 计）、氨氮（以 N 计）名称修改为氨（以 N 计）、1,2-二氯乙烯名称修改为 1,2-二氯乙烯（总量）。更改了 8 项指标的限值，包括硝酸盐（以 N 计）：原 10mg/L，地下水源限制时为 20mg/L，现 10mg/L，且不再对地下水源放宽限制；浑浊度：原 1NTU，水源与净水技术条件限制时为 3NTU，现 1NTU；高锰酸盐指数（以 O_2 计）：原 5mg/L，现 3mg/L；游离氯：原 300mg/L，现 250mg/L；硼：原 0.5mg/L，现 1.0mg/L；氯乙烯：原 0.005mg/L，现 0.001mg/L；三氯乙烯：原 0.07mg/L，现 0.02mg/L；乐果：原 0.08mg/L，现 0.006mg/L。增加了总 β 放射性指标进行核素分析评价的具体要求及微囊藻毒素-LR 指标的适用情况。同时，删除了对农村小型集中式供水和分散式供水部分水质指标及限值的暂行规定。

水质参考指标由 GB 5749—2006 的 28 项调整为 55 项。其中增加了 29 项指标，包括钒、六六六（总量）、对硫磷、甲基对硫磷、林丹、滴滴涕、敌百虫、甲基硫菌灵、稻瘟灵、氟乐灵、甲霜灵、西草净、乙酰甲胺磷、甲醛、三氯乙醛、氯化氰（以 CN 计）、亚硝基二甲胺、碘乙酸、1,1,1-三氯乙烷、乙苯、1,2-二氯苯、全氟辛酸、全氟辛烷磺酸、二甲基二硫醚、二甲基三硫醚、碘化物、硫化物、铀、镭-226；删除了 2 项指标，包括 2-甲基异莰醇、土臭素；更改了 3 项指标的名称，包括二溴乙烯名称修改为 1,2-二溴乙烷、亚硝酸盐名称修改为亚硝酸盐（以 N 计）、石棉（> 10μm）名称修改为石棉（纤维 > 10μm）；更改了 1 项指标的限值，石油类（总量）：原 0.3mg/L，现 0.05mg/L。

新的《生活饮用水卫生标准》GB 5749—2022 于 2023 年 4 月 1 日起实施。一方面，许多水质指标的限值都有所提高，反映了人民从健康用水到对高品质饮用水的需求，体现了人民对美好生活的向往；另一方面，部分水质指标有所放宽，水质指标的总数也有所减少，这也说明，饮用水水质标准的制定越来越符合我国国情，水质标准的修订已成为国计民生的重要保障。附表 A 中给出了最新的水质标准。

1.2.2 世界主要组织、国家和地区的饮用水卫生标准

饮用水的安全性对人体健康至关重要。世界各国（地区）也对饮用水的水质标准极为关注，主要组织、国家和地区都有不同的饮用水水质标准。最具有代表性和权威性的是世界卫生组织（World Health Organization，WHO，也简称世卫组织）饮用水卫生准则，它是世界各国制定本国饮用水水质标准的基础和依据。比较有影响的水质标准包括：欧盟（EU）颁布的《饮用水指令》（*Drinking Water Directive*）、美国联邦环境保护局（US EPA，也简称 EPA）颁布的《安全饮用水法案》（*Safe Drinking Water Act*，SDWA）和日本的饮用水水质标准。

---

❶ COD：化学需氧量（Chemical Oxygen Demand）；COD_{Mn}：高锰酸盐指数。

1. 世界卫生组织

1958 年，WHO 颁布了《国际饮用水标准》(*International Standards for Drinking-Water*)，并经 1963 年、1971 年和 1976 年 3 次修订后，于 1985 年颁布了《饮用水水质准则》(*Guidelines for Drinking-Water Quality*)，强化了对饮用水水质影响人类健康的关注。WHO 多次修订再版《饮用水水质准则》，1992 年颁布第二版，2004 年颁布第三版，2011 年颁布第四版。2011 年版的修订内容包括显著提升对确保饮用水微生物安全性的指导，对许多化学物质指标的规定进行修订，并增加了许多新的化学物质指标。2011 年修订的《饮用水水质准则》中，水质指标包括：①用于饮用水的微生物质量验证准则指标，3 项；②饮用水中有健康意义的化合物准则指标，91 项；③饮用水中放射性组分指标，2 项；④饮用水中含有的能引起用户不满的物质指标，30 项。

WHO 于 2011 年修订的《饮用水水质准则》作为世卫组织成员国建立本国水质标准的基础，是世界性的权威饮用水水质标准。该标准以消除水中有害成分或尽可能降低指标值为目的，保证饮用水的安全。我国标准大部分指标值与之相当，硝酸盐、氟化物、氰化物、汞、锰、铜等指标限值略低于 WHO 标准。

2. 欧盟

欧盟制定的饮用水水质标准称为 EEC 饮用水指令。1998 年 11 月修订的《饮用水指令》(*Drinking Water Directive*，98/83/EEC) 列出了 48 项水质指标，分为微生物学指标（2 项）、化学物质指标（26 项）、指示性指标（18 项）和放射性指标（2 项），作为欧盟各国制定本国水质标准的重要参考。该标准先后于 2003 年 11 月和 2009 年 8 月进行过修订，现在执行的是 2009 年 8 月修订的版本，没有增加指标数目，对指标的限值进行了修订，同时增加了对瓶装水和灌装水的限制。

我国饮用水标准中的大部分指标达到了 EU 标准，但丙烯酰胺、三卤甲烷（THMs，总）、环氧氯丙烷、氯乙烯、三氯乙烯等有机物指标值高于 EU 相应指标值。我国饮用水标准中无机物指标大部分和 EU 标准相当。

3. 美国联邦环境保护局

美国联邦环境保护局在 1974 年制定了第一部饮用水水质标准，即《安全饮用水法案》，首次针对 18 种污染物进行暂行规定；经过几次修正后，于 1986 年颁布了《安全饮用水法案修正案》(*Safe Drinking Water Act Amendments*)，规定了实施饮用水水质规则的计划，确立了饮用水水质标准的法律行为；此外，制定了《国家饮用水基本规则和二级饮用水规则》(*National Primary and Secondary Drinking Water Regulations*)，对 83 种饮用水中的污染物规定了最大污染物浓度（MCL）和最大污染物浓度目标值（MCLG）。最大污染物浓度是指饮用水中污染物的最大允许浓度，是强制性标准；最大污染物浓度目标值是指饮用水中的污染物不会对人体健康产生未知或不利影响的最大浓度，是非强制性健康指标。《国家饮用水基本规则》是强制性标准，公共供水系统必须满足该标准的要求；《国家二级饮用水规则》是非强制性的指导标准，主要涉及会引起皮肤或感官问题的参数。1988 年，美国联邦环境保护局又增补了《铅铜污染控制法案》，并于 1996 年颁布了《安全饮用水法案第二次修正案》，确立了 85 项水质指标，包括微生物指标 8 项，消毒副产物 4 项，消毒剂 3

项，无机化合物 16 项，有机化学物质 53 项，放射性组分 4 项。该法案即为现行美国饮用水水质标准。

4. 日本

日本最新饮用水水质基准的制定以 2003 年 5 月 30 日颁布的《饮用水水质基准》（第 101 号厚生省令）为基础，到目前为止，共经历了 7 次改动。目前，日本最新的水质基准于 2015 年 4 月 1 日正式实施。这一水质基准包括三类指标：

（1）根据日本自来水法第 4 条规定必须要达到的标准，即法定标准，共 51 项。

（2）可能在自来水中检出，水质管理上需要留意的项目，即水质目标管理项目，共 26 项，其中农药类项目含 120 种。

（3）需要讨论的项目 47 项。这些指标的毒性评价还未确定，或者在自来水中的存在水平还不清楚，所以还未被确定为水质基准项目或者水质目标管理项目。

与我国现行标准相比，日本最新的饮用水水质标准在总硬度、总溶解性固体以及农药等指标上的要求更为严格。此外，日本最新的饮用水标准中还增加了环境干扰化学物质等指标，这是未来生活饮用水标准的新趋势。

5. 其他国家和地区

世界各国（地区）主要以上述 4 种水质标准为基础，制定本国（地区）的国家（地区）标准。如南非参考了 WHO/EEC/EPA3 种标准，欧盟国家参考 EEC 标准；我国香港地区的水质标准则以 WHO 为基础。在制定本国（地区）标准的过程中，各国（地区）根据实际情况作了相应的调整，从而表现出相应的特色。

总之，我国生活饮用水卫生标准的发展趋势是与国际接轨，同时更符合我国现状和国情，各地也正在相继出台并不断更新和完善新的地方标准。

1.3 深度处理技术发展概况

常规的水处理工艺无法适应水源的变化和满足水质标准提升的需要。对于水中有机污染物，特别是对于溶解性有机物和氨氮等的去除效果有限，为此，往往需要在常规处理的基础上，增加适合的深度处理单元。深度处理单元置于常规处理工艺之后，其作用主要是进一步降低水中有机和无机污染物，满足对高品质饮用水的需求。

目前，常用的深度处理方法主要包括臭氧-生物活性炭（O_3-BAC）和膜滤处理技术。

1.3.1 臭氧-生物活性炭

臭氧-生物活性炭技术是集臭氧氧化、活性炭吸附和生物处理为一体的饮用水深度处理技术。臭氧-生物活性炭最早于 1961 年在德国开始应用，并在 20 世纪 70 年代开始大规模研究和应用，其中具有代表性的是瑞士的 Lengg 水厂和法国的 Rouen La Chapella 水厂。水中的有机物经臭氧氧化后，可生物降解性有所提高，从而有利于后续活性炭对有机物的去除，并可延长活性炭的使用周期。O_3-BAC 的发展较为成熟，现已广泛用于欧洲国家，如法国、德国、意大利、荷兰等的上千座水厂中。该技术在欧洲已被公认为对于处理污染原水、减少饮用水中有机物浓度最为有效的技术。目前，该项技术在我国也已得到快速推广应用。

1. 应用现状

1）国外应用现状

（1）欧洲

欧洲普遍采用 O_3-BAC 工艺，提高整体工艺出水水质。

1961 年，德国 Dusseldorf 的 Amstaad 水厂在世界上首次采用臭氧-活性炭联用处理工艺，在水源受污染的情况下提高出水水质并去除水中嗅味。处理流程如图 1-1 所示。结果表明，臭氧-生物活性炭联用处理后，出厂水水质明显提高，活性炭使用周期也显著延长。该案例成功开启了臭氧-生物活性炭技术在饮用水领域大规模的研究和应用推广。

图 1-1　德国 Dusseldorf 的 Amstaad 水厂工艺流程

西班牙的 Sant Joan Despi 水厂从 Liobregat 河取水，由于工业废水和生活污水的污染，该厂分别于 1992 年和 1993 年在原有的活性炭滤池处理的工艺基础上增加活性炭（BAC）滤池和臭氧处理，形成如图 1-2 所示的工艺流程。该厂最大臭氧投加量为 4mg/L，生物活性炭池炭层高度 1.5m，滤速为 10.8m/h，接触时间 8.3min。通过对不同工况比较发现，臭氧-生物活性炭对 DOC[1]、RDOC[2] 和 BDOC[3] 的去除率分别为 29.9%～53.6%、26.6%～54.0% 和 50.0%～52.0%。增加臭氧和生物活性炭处理可以有效地提高 DOC 的去除率，增加管网的微生物稳定性。

图 1-2　西班牙的 Sant Joan Despi 水厂工艺流程

（2）日本

日本的活性炭滤池分为上向流和下向流两种，上向流生物活性炭池也称为流动床生物活性炭池，炭颗粒推荐粒径较小，为 0.32～0.55mm；在沉淀池后的下向流生物活性炭池推荐粒径为 1.2mm；砂滤池后的下向流生物活性炭池为了保证出水浊度等指标，其炭颗粒推荐粒径较前者小，大约为 0.55～0.8mm。

图 1-3 和图 1-4 分别是日本大阪村野净水厂、猪明川净水厂的工艺流程，两个水厂均取用淀川水，但活性炭滤池分别采用上向流和下向流工艺，其与砂滤的位置顺序也不同。村野净水厂生产能力为 55 万 t/d，猪明川水厂处理流量为 8 万 t/d。运行结果表明，两种工

---

[1] DOC：溶解性的有机碳，Dissolved Organic Carbon。

[2] RDOC：难以被生物降解的 DOC，Refractory DOC。

[3] BDOC：可生物降解的 DOC，Biodgradable DOC。

艺对三卤甲烷前体物质、嗅味、TOC[1]和COD_{Mn}去的除效果没有明显差异，说明在整个工艺流程中，臭氧-生物活性炭处理与砂滤池的位置关系不影响整体工艺对有机物和三卤甲烷的去除效果。

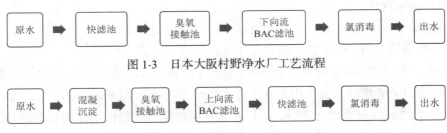

图 1-3　日本大阪村野净水厂工艺流程

图 1-4　日本大阪猪明川净水厂工艺流程

（3）美国

美国自来水厂通常采用混合、絮凝、沉淀、砂滤的常规处理和颗粒状活性炭滤池联用工艺，不设臭氧氧化单元。炭池多采用下向流炭滤池形式。

2）我国应用现状

我国于 1985 年建成了国内首座采用臭氧-活性炭工艺的自来水成——北京田村山自来水厂。1995 年，大庆石化总厂建成了两个深度处理水厂，采用了原水→混凝→沉淀→砂滤→臭氧接触池→活性炭过滤的处理工艺，处理水量为 36000m³/d；此后，昆明自来水公司在水厂建设中也采用了臭氧活性炭工艺。国内臭氧-生物活性炭技术的研究快速开展推广，相继新建或改建了上海周家渡水厂、常州自来公司第二水厂、桐乡果园桥水厂、广州南洲水厂和嘉兴石臼漾水厂等。

北京田村山自来水厂是我国第一个采用臭氧-活性炭工艺的大型城市自来水厂，其工艺流程如图 1-5 所示。该厂处理水量 17 万 m³/d，臭氧的设计投加量为 2mg/L，接触反应时间为 10min。生物活性炭池为下向流式虹吸滤池形式，炭层厚 1.5m，滤速为 10m/h，吸附时间为 9min。经过处理后，出水色度小于 5 度，无嗅味，浑浊度小于 0.2NTU，NO_2-N 由 0.03mg/L 降到 0.01mg/L，COD_{Mn} 由 4mg/L 降至 3mg/L 左右。

图 1-5　北京田村山水厂工艺流程

2004 年，广州市建成了当时国内最大的采用臭氧-生物活性炭工艺的水厂——南洲水厂，设计供水能力 100 万 m³/d。由于该厂水源水质较好，因此预臭氧投加量仅为 0.5mg/L，其工艺流程如图 1-6 所示。活性炭池采用 V 形滤池，滤料为粒径（1.5 ± 0.2）mm 煤质柱状活性炭，厚 2m，下垫 0.5m 石英砂。设计滤速约为 9m/h，运行周期为 7d。监测表明，炭滤出水较砂滤出水的 COD_{Mn} 去除率为 45.5%，氨氮去除率为 26.9%，AOC 去除率为 26.5%。

---

[1] TOC：总有机碳，Total Organic Carbon。

图 1-6 广州市南洲水厂工艺流程

2004 年，浙江省嘉兴市建成了处理流量为 17 万 m³/d 的石臼漾水厂，常规处理包含陶粒滤池和生物接触氧化池两条平行工艺，其中生物接触氧化池的工艺流程如图 1-7 所示。该厂臭氧投加量为 2mg/L，采用 3 点投加，投加比例为 4：3：3，接触时间顺水流方向依次为 2min、4min、4min。生物活性炭池采用 V 形滤池，空床接触时间 11.3min，炭层厚度 2.2m。活性炭选择 8×30 目原煤破碎柱状炭。深度处理工艺对氨氮的去除率为 70%～100%，出水不高于 0.05mg/L；COD 去除率为 25%～45%，平均为 32.7%，出水在 2.5mg/L 左右；水样 Ames 试验呈阴性。

图 1-7 嘉兴市石臼漾水厂工艺流程

2006 年，石臼漾水厂进行扩建，针对一期臭氧接触池出水余臭氧浓度较高、未能充分利用臭氧的问题，扩建的石臼漾水厂在臭氧接触池中放置了含催化剂的填料，如图 1-8 所示。相比于之前的工艺，含催化剂的填料将出水余臭氧从原先的 0.03～0.43mg/L 降至 0.008～0.02 mg/L，并使溴酸盐降低了 57%。催化臭氧-生物活性炭对 COD_{Mn} 的去除效果达到 50%，高于未加催化填料时的 32.7%；对 DOC 的去除率达到 76%，比改造前高 14%。

图 1-8 嘉兴市石臼漾水厂扩容后工艺流程

总的来说，目前我国的 O_3-BAC 水厂多采用传统的下向流生物活性炭池的方式，经过 30 多年的实践，总结出该方式存在的如下问题：

（1）炭池内滤料在反冲后，细颗粒主要聚集在滤层上部，活性炭颗粒级配不合理，导致截污能力主要集中在炭层上部，造成水头损失增长。因此，下向流生物活性炭池水头损失大，反冲频率高。

（2）微生物不能均匀分布在整个滤层，限制了生物降解的效果。炭表面累积的微生物及非生物颗粒会随水流流出，影响出水生物安全性。

（3）常规工艺改造多采用混凝-沉淀-砂滤-臭氧生物活性炭工艺。砂滤能控制生物活性炭池进水浊度，延长生物活性炭池的过滤周期，但是砂滤进水不能大量投加消毒剂。这是因为含有消毒剂的砂滤出水进入生物活性炭池时，生物活性炭上的生物膜会受到干扰或者破坏，降低其对有机物的去除效果。但是，但对于高温及藻类暴发的季节，砂滤进水不投加消毒剂，容易导致砂滤内藻类和微生物泛滥，严重影响砂滤效果。

（4）水厂升级改造新建臭氧-生物活性炭深度处理时，需要增设二次提升泵房，以满足生物活性炭池水头的要求，不利于占地面积受限的水厂进行升级改造。

2. 技术原理

臭氧-生物活性炭技术主要是通过臭氧氧化分解水中的有机物和还原性物质，最大程度降低炭滤池中的负荷，并且在水中起到充氧的作用，进而使炭滤池中可以很好地进行生物氧化反应。臭氧-生物活性炭法处理常置于砂滤池之后，进水浑浊度一般在 1NTU 以下。在生物活性炭池前增加臭氧氧化，可以提高生物活性炭池的生物降解效果，有效延长其使用寿命。一方面，臭氧部分打断炭炭键，使其变成易于生物降解的小片段的 DOC 和 AOC❶，不仅可以促进生物膜内分子扩散作用，还能够将难以被生物降解的污染物转化为易于被生物降解的物质，降低难降解物质泄漏的风险，这一作用的明显表征就是 UV_{254} 的降低；另一方面，臭氧提高了水中溶解氧的浓度，从而促进活性炭表面好氧微生物的生长，增加生物膜的生物活性，提高生物降解效率。

在水处理中，臭氧-生物活性炭对水中污染物有双重作用。在运行初期，由于炭粒表面尚未形成生物膜，有机物的去除以 GAC❷ 吸附为主。当炭粒表面和某些大孔内表面形成生物膜后，有机物的去除以生物降解为主，同时也具有吸附作用。研究表明，臭氧-生物活性炭还能有效去除水中的氨氮等污染物，显著延长活性炭的再生周期。

3. 处理效能

臭氧-生物活性炭技术的适用范围广，对大多数微量有机污染物均有去除效果。Ormad 等研究表明，臭氧-生物活性炭工艺对甲草胺、DDT 和阿特拉津等 22 种农药的去除达到 90%。此外，臭氧-生物活性炭工艺对嗅味物质、三卤甲烷前体物、药物和个人护肤品（PPCPs）均有较好的去除作用；对其他有机物，如儿茶酚类化合物、多环化合物和酚类等也有一定的去除效果。

除对特定目标污染物的去除研究外，臭氧-生物活性炭对有机物的去除一般都通过综合指标化学需氧量（COD）和总有机碳（TOC）等进行衡量。尽管在常规的臭氧投加量范围（0~3mg/L）中，臭氧能够部分分解大分子有机物，提高有机物的可生化性；但是臭氧-生物活性炭技术并不能完全矿化大分子的腐殖酸和蛋白质等。近年来，研究者多采用分子量的分布来表征水中有机物的组成。研究表明，臭氧能够将分子量大于 10kDa❸ 的有机物氧化为分子量小于 1kDa 的有机物；活性炭主要吸附分子量小于 3kDa 的有机物，尤其是分子量为 500~1000Da 的有机物，其对分子量大于 10kDa 的大分子有机物则去除效果不佳；生物处理对分子量小于 1kDa 的有机物有很好的去除率。

有机物可生物降解特性通常采用 BDOC 和 AOC 来表征，而 BDOC 和 AOC 是细菌等微生物在配水管网中生长的主要因素。因此，控制出厂水中 BDOC 和 AOC，对保障龙头水水质十分重要。

4. 影响因素

（1）臭氧投加量及投加方式

臭氧氧化是臭氧-生物活性炭技术中的重要步骤，臭氧的投加量及投加方式将对整个工

---

❶ AOC：可生物同化有机碳，Assimilable Organic Carbon。

❷ GAC：颗粒活性炭，Granular Activated Carbon。

❸ 1Da = 1.66054×10^{-27}kg。

艺的处理效果产生影响。

臭氧投加量需要根据水质、处理目的、技术经济比较综合分析确定，饮用水处理中的臭氧投加量一般为 0.5~3.0mg/L。首先，可以根据水源中有机物分子量分布情况来决定臭氧投加量。当水中相对分子量大于 10kDa 的有机物所占比例较高时，可增加臭氧投加量来增强吸附和可生化性，提高后续生物活性炭工艺去除效果；当水中相对分子量小于 3kDa 的有机物所占比例较高时，则不宜增加臭氧投加量，因为增加臭氧投加量会降低该类有机物的吸附和可生化性，降低后续生物活性炭工艺的处理效果，并影响整个工艺对 DOC 的处理效果。其次，需要考虑控制臭氧氧化的副产物。例如，当水中 AOC 占 TOC 的比例高时，可以适当减小臭氧投加量，降低 AOC 的生成量，保证后续生物活性炭池出水的生物稳定性；反之，则可以提高臭氧投加量，改善生物活性炭池的营养负荷。另外，在对溴酸盐进行控制时，由于 GAC 对溴酸盐的去除率在三个月内维持在 50%~80%，三个月后逐渐下降，九个月后基本没有去除，因此当水中溴离子浓度很高时，应控制臭氧的投加量。再者，要提高臭氧利用率。在保证处理效果达到处理要求的前提下，减小臭氧投加量，实现技术经济最优化。

在臭氧的投加方式上，为保证曝气效果，多采用微孔曝气，并随水流方向设置 2~3 个投加点，且臭氧接触反应时间应不低于 10min。

（2）主要运行参数

生物活性炭的主要运行参数包括滤速、空床接触时间（EBCT）、炭床高度等。在滤床接触表面不变的情况下，滤速v、空床接触时间和炭床高度H的关系如式 (1-1) 所示。

$$EBCT = \frac{H}{v} \tag{1-1}$$

张金松等研究指出，在相同的接触时间下，生物活性炭的处理效果与滤速无明显的相关性，而与接触时间有关。Hozalski 等指出，生物活性炭池的EBCT在 4~20min 内的变化对 TOC 的去除影响很小。朱斌等研究发现，当炭层高度相同时，改变EBCT分别为 14min、18min 和 24min，对 COD_{Mn} 的去除效率影响很小，其变化率小于 2%；对 UV_{254} 的去除效果有一定影响，变化率在 6% 左右。当滤速相同时，改变炭层高度对有机物去除效果有较大影响；COD_{Mn} 和 UV_{254} 的去除率随炭层高度增加而增加，而且在炭层高度低于 1.0m 时，这种影响较大；当炭层高度大于 1.8m 后，增加炭层高度对去除率的影响较小。

EBCT对 TOC 的去除有影响的主要原因如下：TOC 可分为可被微生物快速降解、可被微生物缓慢降解和不能被微生物降解的三类 BDOC。当实际的EBCT小于$EBCT_{min}$时，增加EBCT可以有效提高对有机物的去除效果；当实际的EBCT大于$EBCT_{min}$时，增加EBCT对有机物去除效果的提高作用逐渐减弱（图 1-9）。

目前，运行过程中，EBCT一般为 10~20min，这个时间范围大于$EBCT_{min}$，因此，进一步增加EBCT并不能很有效地提高 TOC 的去除效果；同时，出水中仍然含有大量能被微生物缓慢降解的 BDOC。因此，虽然采用了臭氧-生物活性炭的工艺，但并不能完全避免微生物在供水管网中的生长。

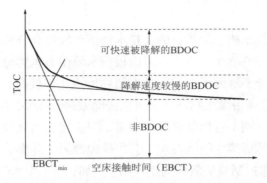

图 1-9　TOC 的生物降解性分类示意图

（3）活性炭颗粒

一般认为，活性炭颗粒对处理效果的影响主要体现在粒径大小、碘值和亚甲基蓝值等指标上。首先，活性炭粒径越小，比表面积越大，吸附速率越大；但是过细的活性炭颗粒填充的炭床存在水头损失大、反冲洗活性炭流失量大等问题。其次，碘值和亚甲基蓝值越大，说明吸附容量越大，越利于对有机物去除效果的提高。但是也有研究发现，当水厂运行 3 年甚至更长的时间后，活性炭的碘值和亚甲基蓝值均有明显的下降，而处理效果却能保持稳定。这表明活性炭滤池内的微生物的降解功能发挥了重要作用，说明在活性炭吸附饱和之后，碘值和亚甲基蓝值对生物降解作用没有指示意义，而原水水质是影响吸附饱和的时间的主要因素。因此，再兼顾活性炭制作成本等因素，目前活性炭生物滤池多采用 8 × 12 目或 8 × 30 目的颗粒活性炭作为填料。

针对活性炭的其他特征对处理效果的影响方面，已有研究表明，柱状破碎炭对阿特拉津的去除率为 73% 左右，高于柱状活性炭 65% 的去除率。柱状破碎炭柱内各炭层深度的生物量都大于柱状炭，说明由于破碎炭表面比较粗糙，形态不规则，因此较表面相对规则的柱状炭更适合微生物生长，促进了微生物的降解作用。

因此，在生物活性炭池的填料选择中，活性炭的种类是否能提高微生物的降解作用值得探讨。

（4）水温

温度变化对生物膜中微生物活性的影响仍存有争议。一些研究者认为降低温度（低于 9℃）会影响生物的生长和有机物的去除；另外一些研究则发现水温的变化对总生物量、AOC/DOC（6~10℃）、TOC（5~30℃）的去除没有显著影响。

5. 生物安全性研究

臭氧-生物活性炭深度处理技术在饮用水中微量污染物的去除上卓有成效，保障了出水的化学安全性。同时，出水中 AOC 和 BDOC 的明显下降使细菌生长繁殖所需的营养基质相应减少，提高了出水的生物稳定性。

生物活性炭上生长的微生物数量、活性以及微生物结构群落是影响处理效果的关键因素。由于微生物群落结构根据不同的水源水质而改变，因此，控制微生物数量及活性成为控制水质净化系统运行效果的关键因素。过量的生物膜生长将堵塞颗粒活性炭的孔，丝状菌和真菌会导致水头损失的增加，影响产水量，并且可能导致滤床上浮。研究表明，生物膜活性增长和厚度的增加存在一个临界值。在临界值以内，生物膜的厚度成为"活性厚度"，超过这个厚度，营养物质和氧气扩散进入生物膜就会受限，成为"不活跃"生物膜；若生物膜过薄，则不能有效地去除水中的污染物。但是，在生物活性炭池使用过程中，不可避免地存在出水细菌数多、细小活性炭颗粒与微生物泄漏问题，一定程度上影响了饮用水的微生物安全性。

研究发现，生物活性炭池出水中的细菌数往往高于进水中的细菌数，一般来说，范围在 1～10000CFU/mL。已有研究发现，在不同的滤速条件下，炭池出水嗜冷菌和嗜温菌的数量较原水分别有 20～200 倍和 4～12 倍的增长。活性炭池的通水系数为 4000 时，炭池出水中的细菌总数最高可以达到 7000CFU/mL；另外，在活性炭池出水中发现有大肠杆菌。也有研究指出，活性炭柱出水中无脊椎动物的种类多样性明显高于进水，出水达到进水的近 30 倍。泄漏的微生物中不可避免地存在致病菌，被活性炭包裹的微生物对消毒有更强的抗性，因此，必须严格控制。

考虑到臭氧-生物活性炭出水的生物安全性问题，基于物理化学方法去除水中微污染物的新技术——膜滤技术，已成为市政饮用水研究和应用的热点。

1.3.2　膜滤技术

膜（Membrane）分离技术被称为"21 世纪的水处理技术"，在饮用水处理领域的应用日益广泛。微滤（Microfiltration，MF）膜和超滤（Ultrafiltration，UF）膜分离技术在饮用水领域的应用已有 30 余年。根据原水特点，膜处理可以替代传统水处理方法中的混凝、沉淀和过滤等全部工艺流程，或者沉淀和过滤部分工艺，也可替代过滤工艺。即便是孔径较大的微滤膜也可以去除用粒状过滤无法去除的微粒、部分细菌和大肠菌群等。无论是在水质方面还是在设备方面，膜处理较传统处理工艺都更具有安全性和可靠性。

随着传统饮用水处理技术越来越难以完全满足日渐提升的生活饮用水卫生标准，以及膜生产技术的快速发展和生产成本的降低，膜分离技术的研究和应用逐渐成为饮用水处理领域的热点。

膜滤过程是以选择性透过膜为分离介质，在两侧施加某种推动力，使原料侧组分选择性地透过膜，从而达到分离或提纯的目的。这种推动力可以是压力差、温度差、浓度差或电位差。在水处理领域中，广泛使用的推动力为压力差和电位差，其中压力驱动膜滤工艺主要有微滤、超滤、纳滤（Nanofiltration，NF）和反渗透（Reverse Osmosis，RO）等；电位差驱动膜滤工艺主要有电渗析（Electrodialysis，ED）。压力差驱动膜滤对水中杂质去除范围如图 1-10 所示，在允许压差范围内，去除能力随膜孔径的减小而增大。

1. 微滤（MF）

微滤是在液体压力差的作用下，利用膜对被分离组分的尺寸选择性，将膜孔能截留的微粒及大分子溶质截留，从而使膜孔不能截留的微粒及小分子溶质透过膜的分离过程。

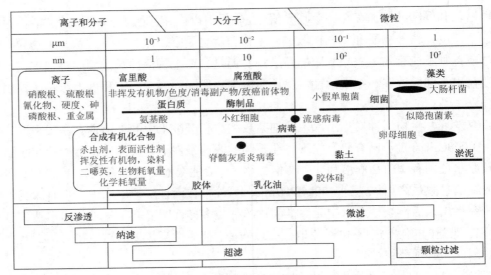

图 1-10　压力驱动膜可去除的杂质范围

微滤能截留粒径在 0.1～1μm 之间的颗粒，微滤膜允许大分子有机物和溶解性固体（无机盐）等通过，但能阻挡住悬浮物、细菌、部分病毒及大尺寸的胶体，微滤膜两侧的运行压差作为有效推动力，一般为 0.7bar[1]。

1）微滤的基本原理

微滤膜的截留机理因其结构上的差异而不尽相同。通过电镜观察分析，微滤膜的截留作用大致可分为机械截留、吸附截留和架桥截留，如图 1-11 所示。

机械截留是指膜具有截留比其孔径大或与其孔径相当的微粒等杂质的作用，即筛分作用。除了膜孔径截留作用之外，膜孔表面吸附也起一定作用。通过电镜可以观察到，在孔的入口处，微粒也可能因架桥作用而被截留。

对微滤膜的截留作用来说，筛分作用仍是主要的，但微粒等杂质与孔壁之间的相互作用也不可忽略。

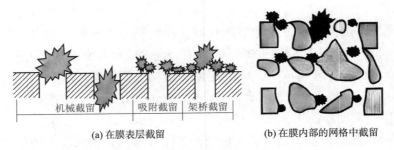

图 1-11　微滤的截留机理

2）微滤的操作模型

微滤有两种操作模型：死端过滤和错流过滤。

---

[1] 1bar = 10^5Pa。

（1）死端过滤

死端过滤，也称无流动过滤，操作过程如图 1-12（a）所示。在死端过滤时，水和小于膜孔径的溶质在压力差的驱动下透过膜，大于膜孔径的颗粒被截留，堆积在膜面上。随着操作时间的延长及压力的影响，颗粒在膜面的厚度逐渐增大，过滤阻力也越来越大，在压力不变的情况下，膜的渗透速率将下降。所以，死端过滤只能是间歇式的，必须周期性地停止运行，需要清洗膜表面的污染层或更换膜。

死端过滤操作简便易行，适用于实验室等小规模场合，对于固体含量低于 0.1% 的料液通常采用这种形式；固体含量在 0.1%～0.5% 的料液则需要进行预处理；而对于固体含量超过 0.5% 的料液通常采用错流过滤。

（2）错流过滤

错流过滤的操作过程如图 1-12（b）所示。原料液沿膜表面平行流动，以浓缩液流出，渗透液则沿垂直膜的方向流出。与死端过滤操作不同的是，原料液流经膜表面时产生的高剪切力可使沉积在膜表面的颗粒返回主体流，从而被带出微滤膜组件，使该污染层不再无限增厚，保持在一个较薄的稳定水平。因此，一旦污染层达到稳定，膜的渗透速率就将在较长的一段时间内保持在相对高的水平。错流过滤操作对减少浓差极化和结垢是十分必要的。微滤的错流过滤技术发展很快，有代替死端过滤的趋势。

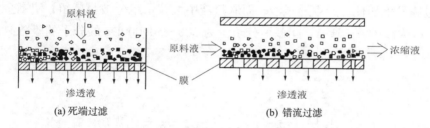

图 1-12　微滤膜的操作模型

3）微滤膜特点

（1）微滤膜孔径分布均匀、过滤精度高、可靠性强。

（2）孔隙率大、过滤速度快。

（3）微滤膜整体性强、不脱落、不对物料产生二次污染，且膜层薄、对物料吸附少，可减少损失。

4）微滤膜材料

在选择微滤膜材料时，要考虑材料的加工要求、耐污染能力和化学稳定性等方面的需求。常用的制备微滤膜的材料主要包括有机高分子材料和无机材料，如表 1-1 所示：

常用的微滤膜材料　　　　　　　　　　　　　　　　　　　　　表 1-1

有机高分子材料	天然高分子材料		纤维素酯类（硝酸纤维素、醋酸纤维素、再生纤维素）
	合成高分子材料	亲水性材料	聚醚砜（Polyethersulfone，PES）、磺化聚砜（Sulfonated Polysulfone，SPSF）、聚丙烯腈（Polyacrylonitrile，PAN）、聚酰胺（Polyamide，PA）、聚酯（Polyester，PET）、聚碳酸酯（Polycarbonate，PC）、聚砜（Polysulfone，PSF）、聚酰亚胺（Polyimide，PI）、聚醚酰亚胺（Polyetherimide，PEI）

有机高分子材料	合成高分子材料	疏水性材料	聚四氟乙烯（Polytetrafluoroethylene，PTFE）、聚乙烯（Polyethylene，PE）、聚丙烯（Polypropylene，PP）、聚偏氟乙烯（Polyvinylidene Fluoride，PVDF）、聚氯乙烯（Polyvinyl Chloride，PVC）
无机材料	金属（不锈钢、钨，钼）、微孔玻璃和碳化硅		

2. 超滤（UF）

早在 1861 年，Schmidt 首次在过滤领域提出超滤概念。20 世纪 70～80 年代，超滤技术高速发展，应用面越来越广，使用量越来越大。目前，我国已开发了多种不同结构形式的超滤反应器，并在饮用水处理等多个领域广泛应用。

超滤能截留 0.002～0.1μm 之间的颗粒和杂质，超滤膜允许小分子物质和溶解性固体等通过，但能有效阻挡住胶体、蛋白质、微生物和大分子有机物，用于表征超滤膜的切割分子量一般介于 1000～100000Da 之间，超滤膜两侧的运行压差一般为 1～7bar。

1）超滤的基本原理

超滤是在静压差的推动作用下进行的液相分离过程，为筛孔分离过程，其工作原理如图 1-13 所示。超滤和微滤都是在一定的压力差作用下，原料液中的水和小的溶质粒子从高压侧透过膜到低压侧，产生透过液，而原料液中大粒子组分被膜截留，使剩余滤液中的浓度增大，成为浓缩液。通常，能截留分子量为 500～500000Da 的分子的膜分离过程称为超滤。

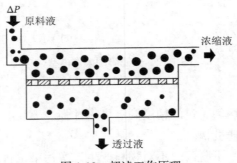

图 1-13　超滤工作原理

2）超滤的操作模型

由于膜结构和分离目的不同，超滤有三种操作模型：重过滤、间歇错流过滤和连续错流过滤。

（1）重过滤

重过滤主要用于大分子和小分子的分离，可分为连续式和间歇式两种。连续式重过滤操作见图 1-14，料液中含有不同分子量的溶质，通过不断地加入纯水以补充料液的体积，小分子组分逐渐地被滤出液带走，从而达到提纯大分子组分的目的。

重过滤操作设备简单、能耗低，可克服高浓度料液渗透速率低的缺点，能更好地去除渗透组分，但浓差极化和膜污染严重，尤其是在间歇操作中，膜容易被污染。

（2）间歇式错流过滤

超滤膜间歇错流过滤操作如图 1-15 所示。用料液泵将料液从贮罐送入超滤膜装置，通过此装置后再回到贮罐中。随着溶剂不断滤出，贮罐中料液的液面下降，溶液浓度升高。间歇式错流过滤具有操作简单、浓缩速度快、所需膜面积小等优点，但截留液循环时耗能较大。该种操作模型通常在实验室或小型处理工程中采用。

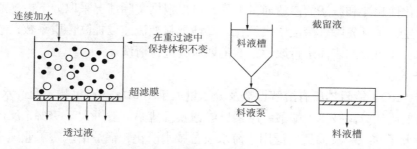

图 1-14　连续式重过滤操作示意图　　图 1-15　间歇式错流过滤操作示意图

（3）连续式错流过滤

超滤膜的连续错流操作根据组件的配置分为单级和多级两类。超滤膜多级连续错流过滤操作如图 1-16 所示。此种操作形式有利于提高分离效率，因为除最后一级在高浓度下操作渗透速率较低外，其他级操作的浓度不高，渗透速率相应较高。采用多级操作所需膜总面积小于单级操作，接近间歇操作，而停留时间、所需贮槽体积均小于相应的间歇操作。

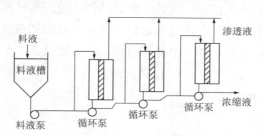

图 1-16　多级连续错流过滤操作示意图

3）超滤膜材料

我国于 20 世纪 70 年代开始研究超滤膜，并成功研制出醋酸纤维管式超滤膜；20 世纪 80 年代成功研制出聚砜中空纤维超滤膜；同时，在荷电膜、成膜机理和膜污染机理等方面也取得了进展。目前我国已有聚丙烯腈（Polyacrylonitrile，PAN）、聚丙烯（Polypropylene，PP）、聚乙烯（Polyethylene，PE）、聚偏氟乙烯（Polyvinylidene fluoride，PVDF）等十余个品种的超滤膜。

目前，行业内制作超滤膜丝常用的材料是聚偏氟乙烯（PVDF）。同时，外压式的过滤方式也保证了其较低的预处理要求和更好的截留污染物性能，结合方式灵活的反洗和气洗等运行工艺，可以保证超滤膜元件的稳定运行和良好的产水水质，从而使后续的纳滤膜系统运行更为稳定。

4）超滤过程中的浓差极化

在压力驱动膜滤的过程中，由于膜的选择透过性，水和小分子可以透过膜，而大分子溶质则被膜拦截并不断累积在膜表面上，使溶质在膜面处的浓度C_m高于溶质在主体溶液中的浓度C_b。在浓度梯度的作用下，溶质由膜表面向主体溶液反向扩散，形成边界层，使流体阻力与局部渗透压增加，从而导致水的通量下降，这种现象称为浓差极化。浓差极化导致膜的传质阻力增大，渗透通量减少，改变了膜的分离特性。由于进行超滤的溶液主要含有大分子，其在水中的扩散系数极小，导致超滤的浓差极化现象较为严重。

浓差极化使超滤和微滤的渗透通量下降，可以根据实际情况采取如下措施避免或减弱该现象的发生：①预先除去溶液中大颗粒；②增加料液流速以提高传质系数；③选择适当的操作压力；④对膜的表面进行改性；⑤定期对膜进行清洗。

3. 反渗透

反渗透（RO）能阻挡所有溶解性盐及分子量大于100Da的有机物，允许水分子透过，属于最精密的膜法分离技术。醋酸纤维素反渗透膜脱盐率一般可大于95%，反渗透复合膜脱盐率一般大于98%。反渗透广泛用于海水及苦咸水淡化，锅炉给水、工业纯水及电子级超纯水制备，饮用纯净水生产，废水处理及特种分离等过程，在离子交换前使用反渗透，可大幅度降低操作费用和废水排放量。反渗透膜的运行压力，当进水为苦咸水时一般大于5bar，当进水为海水时一般低于84bar。

（1）渗透现象与渗透压

渗透是指稀溶液中的溶剂（水分子）自发地透过半透膜（反渗透膜）向浓溶液（浓水）侧的溶剂（水分子）流动的现象。渗透压定义为某溶液在自然渗透的过程中，浓溶液侧的液面不断升高，稀溶液侧的液面相应降低，直到两侧形成的水柱压力抵消了溶剂分子的迁移，溶液两侧的液面不再变化，渗透过程达到平衡点，此时的液柱高差称为该浓溶液的渗透压。荷兰化学家范特霍夫提出了一个普遍适用的渗透压公式：

$$\Pi V = iRT \tag{1-2}$$

式中：i——范特霍夫因子；

$\quad\ \Pi$——溶液的渗透压；

$\quad\ V$——溶液的体积；

$\quad\ R$——气体摩尔常数；

$\quad\ T$——溶液的热力学温度。

（2）反渗透的机理

在进水（浓溶液）侧施加操作压力克服自然渗透压，当高于自然渗透压的操作压力施加于浓溶液侧时，水分子自然渗透的流动方向就会逆转，进水（浓溶液）中的水分子部分通过膜成为稀溶液侧的净化产水，此过程称为反渗透，如图1-17所示。

目前，对于反渗透膜的透过机理仍有不同的解释，主要有溶解-扩散模型和优先吸附-毛细孔流模型，其中优先吸附-毛细孔流模型常被引用。该理论以吉布斯吸附为依据，认为膜表面优先吸附水分子而排斥盐分，因而在固-液界面上形成厚度为$(5\sim10)\times10^{-10}$m，相当于约$1\sim2$个水分子厚度的纯水层。在压力作用下，纯水层中的水分子不断通过毛细管流过反渗透膜，形成脱盐过程。当毛细管孔径为纯水层的两倍时，可达到最大的纯水通过量，对应的毛细管孔径称为反渗透膜的临界孔径。当孔隙大于临界孔径时，透水性增大，但盐分容易从孔隙中透过，导致脱盐率下降；反之，若孔隙小于临界孔径，脱盐率增大，而透水性下降。因此，在制膜时应获得最大数量的临界孔。

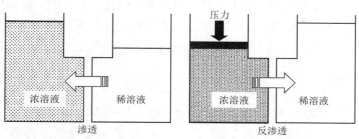

图 1-17　渗透与反渗透示意图

4. 膜滤技术在我国城镇饮用水中的应用与发展

在 20 世纪 90 年代甚至更早，我国一些科研单位和高校就开始了超滤技术的研究，后来也有水厂进行了超滤技术在市政工程应用的探索。如天津市的杨柳青水厂，该水厂采用混凝-超滤工艺处理滦河原水，工程采用国产内压式超滤膜，并用浸没式超滤膜回收内压式膜的反冲洗水；系统产水能力为 $5000m^3/d$，占地面积 $390m^2$。该工程于 2008 年建成，是采用国产 PVC 材质中空纤维膜的示范工程。

目前，微滤和超滤技术的应用与发展较快。相较于常规水处理流程，微滤和超滤技术更加节地、节能，整体成本不断下降，与常规水处理越来越接近。但是，微滤和超滤技术对水中的有机物和氨氮的处理能力非常有限，不能作为深度处理工艺用于饮用水处理中。

反渗透技术最早用于海水淡化，在水处理中也有较早应用。和超滤相比，反渗透可以持续、有效地去除水中的有机物，但也同步去除了水中几乎所有的有益元素，而且能耗巨大，不太适合于市政饮用水的处理。

纳滤（Nanofiltration，NF）起源于 20 世纪 70 年代，是伴随着反渗透的诞生而发展起来的一种新型膜技术，具有较低的溶质截留率和更大的渗透通量。最早的商品化纳滤膜是美国 Film Tec 公司在 20 纪 80 年代中期相继开发出的 NF40、NF50、NF70 等型号纳滤膜。直到 20 世纪 90 年代中期，纳滤膜技术才开始飞速发展。我国从 20 世纪 90 年代初期开始纳滤膜的相关研究，近些年，纳滤技术在国内受到水处理领域科技工作者广泛的关注。大量的试验和工程应用结果表明，纳滤是一种可靠、稳定的膜过滤技术，可同步截留水中的多价盐、有机物和细菌等多种有机、无机和微生物组分，适合在市政饮用水中广泛应用。

1.4　饮用水纳滤处理技术

1.4.1　饮用水纳滤处理技术

膜技术不断发展，微滤（MF）、超滤（UF）、纳滤（NF）和反渗透（RO）等技术已在世界范围内得到广泛应用。纳滤和反渗透可以为工业应用提供大量的高品质用水，水质优于传统处理方法，可去除海水、地表水和地下水中的各种有机和无机杂质。

纳滤膜处理技术的膜孔径达到纳米级。相比于反渗透工艺，纳滤操作压力低，既能去除水中溶解性有机物和无机离子，又能保留水中部分微量元素，故在市政饮用水深度处理中受到广泛重视，在中小型水厂乃至日产 30 万 m³/d 以上的大型水厂中也开始应用。

1.4.2　纳滤膜

纳滤膜是一种特殊的分离膜，因能截留物质的大小约为 1nm 而得名。纳滤的操作区间介于超滤和反渗透之间，因此纳滤也被称为"致密超滤"和"疏松反渗透"，它截留有机物的分子量大约为 200~400Da，截留溶解性盐的能力为 20%~98%，对单价阴离子盐溶液的脱除率低于高价阴离子盐溶液，如氯化钠及氯化钙的脱除率为 20%~80%，而硫酸镁及硫酸钠的脱除率为 90%~98%。纳滤膜的运行压力一般为 3.5~16bar。纳滤能够有效去除二价和多价离子和分子量大于 200Da 的各类污染物质，部分去除单价离子和分子量低于 200Da 的物质；纳滤膜的分离性能明显优于超滤和微滤，与反渗透膜相比还具有部分去除单价离子、渗透压低、操作压力低、能耗低等优点。

1.4.3　纳滤在饮用水处理中的应用

微滤膜、超滤膜技术在固液分离和细菌去除等方面的特点和经济性，使其能够很好地替代混凝沉淀、砂滤等传统水处理工艺，应用于饮用水处理中。但是，原水中的三卤甲烷前体物和农药等低分子量有机化合物无法用微滤膜、超滤膜去除。具有多种分离性能的纳滤膜除了可以去除微滤膜、超滤膜能够去除的物质外，还可以去除上述低分子量有机化合物。目前国内外市政供水工程中纳滤典型项目如表 1-2 所示。纳滤既能去除硬度成分，又能用于苦咸水脱盐，还能去除水中的有机污染物，满足我国安全供水需求。

国内外纳滤典型项目统计　　　　　　　　　　　　　　　表 1-2

编号	所处地区	工程名称	水厂规模/（万 m³/d）	预处理工艺	运行年份	水源类型
1	国外	Mery-sur-Oise，法国巴黎	34.0	压力罐式微滤	1999	地表水
2		Palm Beach Country System，美国佛罗里达	8.67	多介质过滤	2001	地下水
3	国内	拷潭高级净水厂，台湾高雄	30.0	超滤	2004	地表水
4		阳泉水厂，山西阳泉	3.5	自清洗微滤	2016	地下水
5		城市供水水质提升（一、二、三期工程），宁夏吴忠	12.0	超滤	2016	沿岸线地下水
6		张家港第四水厂，江苏苏州	20.0	超滤	2019	地表水
7		张家港第三水厂，江苏苏州	10.0	微滤	2020	地表水

（1）安全供水的需求

纳滤膜能够有效地降低硬度，去除硫酸盐、氯化物、硝酸盐、氟和砷等污染物。目前，在国内城镇供水领域已建成投产的纳滤系统多用于脱盐与软化。

苦咸水地区的地下水中，总硬度及硫酸盐、氟、重金属等含量一般偏高，水厂出厂水水质较难达到生活饮用水卫生标准；部分地区虽然没有超出生活饮用水卫生标准的规定要求，但饮用水中的硬度接近国家限值，当地居民反映在烧开后水杯内有白色沉淀，感观较差；此外，管网系统结垢严重，影响人民生活质量和身体健康。随着人民生活水平的不断提高，安全供水的刚性需求促使大量苦咸水地区的城镇供水实施水质提标改造工程。纳滤技术优良的脱盐效果已逐渐成为苦咸水脱盐软化的首选，并得到了大规模的工程应用。

对于靠近海洋的地表水源，受海水倒灌发生咸潮的影响，原水中氯离子含量超标，常规的净水工艺不能有效去除氯离子，导致咸潮期间水厂出厂水水质达不到生活饮用水卫生标准。纳滤膜工艺对氯离子也具有较好的去除效果，能有效保障受咸潮影响区域的饮用水水质安全。如福州市长乐二水厂，总设计产水规模为 10 万 m³/d，每年 10 月份以后原水氯化物指标不断升高，最高时段原水氯化物可达 1000mg/L，常规自来水处理工艺无法处理水中氯化物，严重影响供水水质。为充分保证城市饮用水品质，长乐二水厂采用纳滤处理工艺进行了深度处理改造，以降低产水中的氯离子含量及总含盐量。长乐二水厂纳滤膜系统设计进水氯离子 1500mg/L，产水氯离子要求 ≤ 150mg/L，纳滤膜系统已于 2018 年 10 月建成。

对于硬度和硫酸盐、氯化物含量超标的微污染地表水，纳滤工艺也有很好的处理效果。南水北调东线工程中的部分重要调蓄水库是当地重要的地表水源地，同时存在严重的有机物和溶解性无机盐等问题，容易导致受水区域饮用水水质不稳定。纳滤工艺可以有效地降低硬度，并去除硫酸盐、氯化物等污染物，在南水北调东线的相关受水区域是一种经济、有效的解决方法。

（2）同城同质供水的需求

为了提升城镇供水系统的安全保障性能和供水水质，多地实施了优质原水的引水工程。当优质的外引水规模不能完全满足城市的供水需求时，会造成同一城市不同水厂的原水水质存在差别，在净水工艺相同的情况下就会出现"同城不同质"的供水情况。目前，饮用水厂采用的混凝＋沉淀＋砂滤的常规工艺和臭氧-生物活性炭深度处理工艺，对水中硬度、氯化物、硫酸盐等的去除效果不明显。因此，以当地水作为水源的水厂采用纳滤膜工艺进行深度处理改造，目的主要集中在对硬度、氯化物及硫酸盐等无机盐的去除，使相关水厂出厂水质对标以外引水为水源的水厂，实现"同城同质"供水的需求。

（3）高品质供水的需求

随着人们对高品质饮用水的需求日趋提高，居民对饮用水健康安全问题十分关注，原水水质相对较好的部分经济发达地区陆续发布了更加严格饮用水水质控制地方标准。我国已于 2022 年颁布新的《生活饮用水卫生标准》GB 5749—2022，在满足国家和地方饮用水标准的前提下追求更高品质的供水水质，实现供水行业的高质量发展。

纳滤膜可在高效去除水中微量有毒有害有机物和致嗅味物质的同时，保留水中对人体有益的矿物元素，如部分钙、镁和多数一价离子，实现由安全供水向提供高品质饮用水发展的目标。纳滤产水中溶解性有机物浓度很低，TOC 通常不高于 0.5mg/L；纳滤技术能高效、稳定地去除消毒副产物前体物，减少消毒剂的投加剂量，进一步降低消毒副产物的生成。同时，纳滤膜对新《生活饮用水卫生标准》GB 5749—2022 中增加的致嗅味物质土臭素和 2-甲基异莰醇也有很好的去除效果。

（4）新污染控制的需求

化学品的大量生产和使用对环境与人类健康具有潜在和隐蔽的危害。2022 年，我国出台了《新污染物治理行动方案》，饮用水中新污染物的治理和水质安全保障是其最重要的组成部分。原水中可能存在低浓度新污染物，如农药、内分泌干扰物（EDCs）、药物及个人护理品（PPCPs）、化学致嗅物、阻燃剂、多环芳烃和全氟化合物（PFAS）等，这些水质标准外的新污染物对传统的净水工艺提出了新的挑战。纳滤技术在应对新污染物方面存在优势，有望满足新污染物控制的需求。

1.5 本章小结

本章首先从常规水源地表水、地下水和非常规水源介绍了我国水源水质的现状。而后论述了我国饮用水卫生标准的发展以及世界主要组织、国家和地区的饮用水水质标准，并对臭氧-生物活性炭和膜滤深度处理技术的原理、发展历程进行了简单介绍。最后，结合臭氧-生物活性炭、微滤和超滤、反渗透技术在饮用水中应用时的局限性，重点叙述了纳滤技术在饮用水处理方面的需求、优势和前景。

纳滤是一种非常有效的分离方法，和其他水处理技术相比，纳滤既可以高效分离水中的杂质，能去除各种杂质，如细菌、有机污染物和高价离子等；同时，还可以保留饮用水中的部分微量营养元素，是一种绿色的饮用水处理新技术。

参 考 文 献

[1] SCHÄFER A I, FANE A G. Nanofiltration: Principles, Applications and Novel Materials[M]. Wiley, 2021.

[2] ORMAD M P, MIGUEL N, CLAVER A, et al. Pesticides removal in the process of drinking water production[J]. Chemosphere, 2008, 71(1): 97-106.

[3] 黄美心, 邹苏红, 张金松. 臭氧-生物活性炭技术在我国饮用水深度处理的研究进展[J]. 城镇供水, 2021, (3): 46-50.

[4] 朱斌, 王海亮, 陆在宏. 臭氧生物活性炭净水工艺参数选择及影响因素研究[J]. 净水技术, 2006, (4): 23-6.

[5] 中国土木工程学会水工业分会给水深度处理研究会. 给水深度处理技术原理与工程案例[M]. 北京: 中国建筑工业出版社, 2013.

[6] 张林生, 卢永, 陶昱明. 水的深度处理与回用技术[M]. 3 版. 北京: 化学工业出版社, 2016.

[7] 董秉直, 曹达文, 陈艳. 饮用水膜深度处理技术[M]. 北京: 化学工业出版社, 2006.

[8] 李圭白, 张杰. 水质工程学[M]. 2 版. 北京: 中国建筑工业出版社, 2013.

[9] 段冬, 张曾荣, 芮旻, 等. 纳滤在国内市政给水领域大规模应用前景分析[J]. 给水排水, 2022, 48(3): 1-5.

CHAPTER TWO

第 2 章

纳滤技术基础

Nanofiltration Technology for
Drinking Water Treatment

纳滤（NF）是一种以膜两侧的压力差为驱动的膜分离技术。纳滤膜的分离机理介于超滤和反渗透膜，又和两者有所区别。一方面，纳滤膜具有超滤的空间位阻效应；另一方面，纳滤膜常用的制备材料是聚酰胺薄膜复合材料（Polyamide Film Composite，PFC），在化学结构上与反渗透膜接近，具有反渗透的溶解-扩散效应。此外，纳滤膜还有荷电性，当纳滤膜和水接触后因表面官能团离解或者吸附水中的带电溶解物而具备荷电。这些官能团在天然水体中可能是酸性的或碱性的，也可能同时具有酸性和碱性基团，取决于膜的制造工艺与过程。官能团的离解受到 pH 值的强烈影响，在特定 pH 值下有不同的等电点，所以纳滤膜的分离作用受到膜表面电荷种类和强度，以及溶液中离子静电作用的影响。

目前，描述纳滤传质过程的数学模型主要有：①非平衡热力学（S-K）模型；②溶解-扩散模型；③电荷模型；④细孔模型；⑤静电排斥和立体位阻模型；⑥道南-立体细孔（DSPM）模型；⑦神经网络模型。纳滤膜的性能可能受到操作压力和料液流速、操作时间、溶质回收率等因素的影响。常用来制备纳滤膜的材料有交联全芳香族聚酰胺（Polyamide Aromatic，PARA）、聚哌嗪酰胺（Polypiperazine Amide，PPA）、磺化聚砜（Sulfonated Polysulfone，SPSF）等。本章将在介绍纳滤膜原理和传质模型的基础上，阐述纳滤膜水化学和纳滤膜材料等相关内容。

2.1　纳滤技术原理

纳滤与反渗透没有明显的界线。纳滤膜对溶解性盐或溶质不是完美的阻挡层，这些溶质透过纳滤膜能力的高低取决于盐分或溶质及纳滤膜的种类。透过率越低，纳滤膜两侧的渗透压就越高，越接近反渗透过程；相反，透过率越高，纳滤膜两侧的渗透压就越低，渗透压对纳滤过程的影响就越小。

对于反渗透膜，其分离尺寸与聚合物网格尺寸相当，分离层通常被认为是致密无孔结构，跨膜传质过程遵循溶解-扩散机制，利用水和溶质在聚合物分离层中扩散速率和溶解性的差异实现选择性分离。对于超滤膜，由于膜孔尺寸较大（2～50nm），其跨膜传质主要以孔流形式为主，利用孔道的筛分效应截留较大尺寸的溶质，而允许溶剂和较小尺寸的溶质通过。原子力显微镜和电子显微镜的直接观测结果以及诸多溶质在纳滤膜中的传质研究结果均表明纳滤膜具有纳米级孔道。因此，纳滤膜应被视为有孔膜，不能简单地用溶解-扩散机制来解释其分离行为。孔道对溶质的筛分作用是纳滤膜分离性能的基础，同时，纳滤膜表面及孔道中荷电基团与荷电溶质的静电相互作用也会显著地影响纳滤膜对荷电分子或离子的选择性。除此之外，纳滤传质过程中的介电排斥现象也逐渐被认识。水分子结构在纳米级孔道中相比在自由空间中更加有序，从而降低了水的介电常数。当离子从高介电常数介质进入低介电常数介质时，自由能变化为正值。

由热力学第二定律可知，离子进入纳米孔道会受到排斥，而这种排斥作用与离子的荷电性无关，与离子价态有关，价态越高，所受排斥作用越大。引入介电排斥作用可更有效地解释高价离子在纳滤膜中的传质行为。综上，纳滤膜独特的纳米级孔道结构和复杂的膜-溶质相互作用导致其具有与超滤膜和反渗透膜相区别的分离机理。

纳滤过程可以用包含推动力和阻力因素的经验公式［式(2-1)和式(2-2)］表示：

$$J_W = \frac{(\Delta p - \delta_1 \Delta \Pi_1 + \delta_2 \Delta \Pi_2)}{\mu_p \cdot R_t} \tag{2-1}$$

$$R_t = R_m + (R_{ai} + R_{ao}) + R_p + R_g + R_c \tag{2-2}$$

式中：　J_W——溶剂通量，m/s；

　　　　Δp——膜两侧的压力差，Pa；

　δ_1、δ_2——膜浓水及淡水侧的浓差极化因子；

$\Delta \Pi_1$、$\Delta \Pi_2$——浓水及淡水侧渗透压，Pa；

　　　　μ_p——透过液的黏度，Pa·s；

　　　　R_t——纳滤过程总过滤阻力，m^{-1}；

　　　　R_m——纳滤膜自身阻力，m^{-1}；

　　　　R_{ai}——膜内部的吸附阻力，m^{-1}；

　　　　R_{ao}——膜面的吸附阻力，m^{-1}；

　　　　R_p——孔堵塞的阻力，m^{-1}；

　　　　R_g——凝胶层形成的阻力，m^{-1}；

　　　　R_c——粘结层阻力，m^{-1}。

纳滤过程中阻力的形成除了膜自身的因素外，还受到料液性质的影响，如式 (2-2)所示。料液组成不同，所形成的膜吸附、孔堵塞、凝胶层和粘结层的阻力也各不相同，从而使纳滤膜在处理不同料液时呈现出不同的过滤结果。在影响纳滤过程的阻力因素中，膜自身阻力可用未被污染的纳滤膜过滤纯水求得，而其他几种过滤阻力往往难以准确确定。纳滤过程中，如果料液浓度不高，则渗透压相比于膜两侧的机械压力差而言均可忽略。此时，纳滤膜的通量主要受机械压力差和阻力的共同影响。一般而言，压力差的升高有助于通量的提高，但压力差的升高也会造成膜自身的压实，从而使膜自身阻力增加。在两种因素的影响下，膜通量并不一定会随压力差的升高呈现出单调递增的关系，而更可能呈现出波动性关系。

同理，溶质穿过纳滤膜的过程也受到推动力和阻力的共同作用，其渗透公式可表达为式 (2-3)：

$$J_i = B_i \left(\frac{c_{m,i} - c_{p,i}}{c_{b,i}} \right) \tag{2-3}$$

式中：　　　J_i——组分i的通量，mol /(m^2 · s)；

　　　　　B_i——组分i的物质穿透系数，m /s；

$c_{b,i}$、$c_{p,i}$、$c_{m,i}$——组分i在料液主体内、透过液内及膜面处的浓度，mol /m^3。

2.2　纳滤膜性能指标

2.2.1　纳滤膜性能指标

1. 膜通量与截留率

在一定时间内，通过测量和计算透过纳滤膜的原水体积，可以得到膜通量，如式 (2-4)

所示。

$$J = \frac{V}{At} \tag{2-4}$$

式中：J——室温下的膜通量，$L/(m^2 \cdot h)$；

　　　V——透过液的体积，L；

　　　A——膜的有效面积，m^2；

　　　t——透过纳滤膜相应体积水量所需要的时间，h。

　　实际测量过程中，通常根据膜元件的温度校正系数将膜通量的温度校正到 25℃，如式 (2-5)所示。

$$J' = J \times k \tag{2-5}$$

式中：J'——25℃下的膜通量，$L/(m^2 \cdot h)$；

　　　k——膜元件的温度校正系数。

　　为了避免膜片初始通量所带来的差异，可以采用比通量［式 (2-6)］的形式进行评价。

$$J_R = \frac{J'}{J_0} \tag{2-6}$$

式中：J_R——纳滤膜的比通量；

　　　J_0——纳滤膜的纯水通量，$L/(m^2 \cdot h)$。

　　采用表观截留率对纳滤膜的截留性能进行表征，如式 (2-7)所示。

$$R = \left(1 - \frac{C_p}{C_b}\right) \times 100\% \tag{2-7}$$

式中：R——表观截留率；

　　　C_p——进料液浓度，mg/L；

　　　C_b——渗透液浓度，mg/L。

　　2. 膜产水通量衰减系数

　　与初始纯水通量相比，纳滤膜受到污染后的纯水通量会出现下降，通常可用污染前后纯水通量的比值关系（即产水通量衰减系数）来衡量膜受污染的程度：

$$m_f = \frac{J_{0w} - J_{fw}}{J_{0w}} \tag{2-8}$$

式中：m_f——产水通量衰减系数；

　　　J_{0w}——纳滤膜初始纯水通量，$L/(m^2 \cdot h)$；

　　　J_{fw}——膜污染后的纯水通量，$L/(m^2 \cdot h)$。

　　3. 淤泥密度指数

　　淤泥密度指数（Silt Density Index，SDI，也称污染密度指数）是水质指标的重要参数之一，代表了水中颗粒、胶体和其他能阻塞各种膜滤设备的物质的含量。SDI 值是通过测量直径 47mm、孔径 0.45μm 膜的流速衰减确定的。在膜孔径为 0.45μm 时，胶体物质比砂、水垢等硬颗粒物质更易堵塞膜，因此选择这一膜孔径进行测试。

2.2.2　纳滤膜性能测试

1. 膜通量与无机盐离子截留率测试

1）测试装置

膜通量与无机盐离子截留率测试装置如图 2-1 所示。

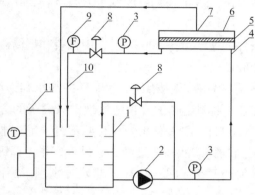

1—测试液水箱；2—增压泵；3—压力表；4—测试液进口；5—纳滤膜；6—纳滤膜评价池；7—透过液出口；8—截止阀；
9—流量计；10—浓缩液出口；11—温度控制系统

图 2-1　纳滤膜性能测试装置示意图

2）测试条件

《纳滤膜测试方法》GB/T 34242—2017 给出了家用纳滤膜及工业用纳滤膜的测试条件，如表 2-1 所示。

纳滤膜通量及无机盐离子截留率测试条件　　　　　　表 2-1

测试液类型	测试液浓度/（mg/L）	pH 值	测试温度/℃	测试压力/MPa	膜面流速/（m/s）	适用膜种类
NaCl	250 ± 5	7.5 ± 0.5	25.0 ± 0.2	0.41 ± 0.02	≥ 0.45	家用纳滤膜
CaCl$_2$	250 ± 5	7.5 ± 0.5	25.0 ± 0.2	0.41 ± 0.02	≥ 0.45	
MgSO$_4$	250 ± 5	7.5 ± 0.5	25.0 ± 0.2	0.41 ± 0.02	≥ 0.45	
NaCl	2000 ± 20	7.5 ± 0.5	25.0 ± 0.2	0.41 ± 0.02	≥ 0.45	工业用纳滤膜
CaCl$_2$	2000 ± 20	7.5 ± 0.5	25.0 ± 0.2	0.41 ± 0.02	≥ 0.45	
MgSO$_4$	2000 ± 20	7.5 ± 0.5	25.0 ± 0.2	0.41 ± 0.02	≥ 0.45	

3）测试步骤

根据《纳滤膜测试方法》GB/T 34242—2017，纳滤膜通量和截留率测试步骤如下：

（1）同一纳滤膜样品中截取若干个试样（不少于 4 个），试样应无折皱、破损等缺陷，试样的尺寸应满足完全覆盖纳滤膜评价池的密封圈的要求。纳滤膜评价池构造见图 2-2，单个评价池内膜片的有效膜面积不小于 $2.5 \times 10^{-3} \mathrm{m}^2$，根据评价池过流截面积及膜面流速确定浓水流量$Q_c$。

（2）用去离子水将待测试样漂洗干净并浸泡 30min。

（3）按照纳滤膜的种类，配制相应浓度（见表 2-1）的测试液作为测试溶液（体积不少于 10L），按照表 2-1 调节测试液温度并用盐酸或氢氧化钠溶液调节 pH 值。

（4）将纳滤膜试样安装入纳滤膜评价池，脱盐层应朝向评价池的进水侧。

（5）开启增压泵，缓慢调节截止阀，将运行压力调至表 2-1 对应的测试压力，并使浓水流量不低于Q_c。

（6）在恒温、恒压条件下稳定运行 30min 后，用秒表和量筒测量一定时间内透过液的体积（单个试样不少于 20mL）。

（7）若测试液为氯化钠水溶液，则按照《工业循环冷却水和锅炉用水中氯离子的测定》GB/T 15453—2018 的规定分别测定测试液和透过液中氯离子的含量；若测试液为氯化钙水溶液，则按照《生活饮用水标准检验方法 第 4 部分：感官性状和物理指标》GB/T 5750.4—2023 的规定分别测试测试液和透过液的总硬度，并计算钙离子的含量；若测试液为硫酸镁水溶液，则按照 GB/T 5750.4—2023 的规定分别测定测试液和透过液的总硬度，并计算镁离子的含量。

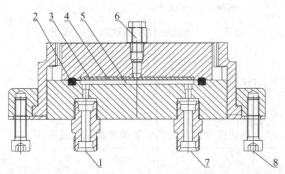

1—评价池进液口；2—密封圈；3—多孔支撑板；4—纳滤膜；5—进液凹槽；6—透过液收集口；7—评价池浓缩液出口；8—固定螺栓

图 2-2　纳滤膜评价池构造示意图

2. 低分子量有机物截留率测试

根据《纳滤膜测试方法》GB/T 34242—2017，纳滤膜对低分子量有机物截留率的测试装置如图 2-1 所示，测试步骤如下：

（1）同一纳滤膜样品中截取若干个纳滤膜试样（不少于 4 个），试样应无折皱、破损等缺陷，试样的尺寸应满足完全覆盖纳滤膜评价池的密封圈的要求。

（2）用去离子水将待测试样漂洗干净并浸泡 30min。

（3）用去离子水和单一规格的聚乙二醇，配制聚乙二醇溶液（体积不少于 10L，浓度为 100mg/L ± 5mg/L），按照表 2-1 调节测试液温度并用盐酸或氢氧化钠溶液调节 pH值。

（4）将试样装入纳滤膜评价池，脱盐层应朝向评价池的进水侧。

（5）开启增压泵，缓慢调节截止阀，将运行压力调至与相应膜种类离子脱除率测试相同的测试压力。

（6）在恒温、恒压条件下稳定运行 30min 后，用秒表和量筒测量一定时间内透过液的体积（单个试样不少于 20mL）。

（7）按照《超滤膜测试方法》GB/T 32360—2015 第 5 章规定的方法分别测定测试液和透过液的聚乙二醇含量。

3. 纳滤膜表面 Zeta 电位测试方法

1）测试原理

在膜分离过程中，膜表面上某些功能基团的离解或者质子化，或者由于某些吸附作用使得膜表面呈荷电性，进而使膜-液界面处与溶液主体呈不同的电荷分布状态，可以用双电层结构理论描述，其中 Zeta 电位的大小反映出膜表面的荷电性能。Zeta 电位无法直接测定，可以通过流动电位法间接测量。

2）测试装置

《纳滤膜表面 Zeta 电位测试方法　流动电位法》GB/T 37617—2019 给出了平板纳滤膜表面 Zeta 电位测试方法，其他类型纳滤膜可以参考这一标准，其测试装置如图 2-3 所示。

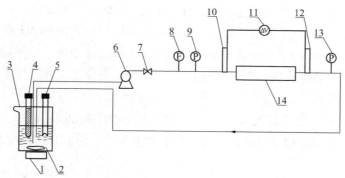

1—磁力搅拌器；2—磁子；3—烧杯；4—在线 pH 计；5—在线电导率仪，与温度计一体；6—水泵；7—调节阀；
8—流量计；9、13—压力表；10、12—Ag/AgCl 电极；11—电压表；14—样品池

图 2-3　纳滤膜表面 Zeta 电位测试装置示意图

3）测试主要试剂

（1）测试用水

测试用水应符合《分析实验室用水规格和试验方法》GB/T 6682—2008 第 4.3 条规定的三级水要求。

（2）试验药品

KCl：优级纯；HCl：分析纯；NaOH：分析纯。

4）测试条件

（1）电解质溶液

温度：25℃±2℃；浓度：1mmol/L KCl 溶液；

（2）测试要求

pH 值测试范围：3～10；压力：0.03～0.06MPa；流量：（100±20）mL/min。

5）测试步骤

（1）佩戴无粉尘乳胶手套，将 2 片测试平板纳滤膜样品分别粘贴于片样品台上，使两片平板纳滤膜的功能层相对，而后把样品台固定在样品池上。

（2）用二通管代替样品池连通电解质溶液的流路，首先用测试用水循环清洗电解质溶液的流路，再用 1mmol/L KCl 电解质溶液润洗，时间应不少于 3min。

（3）卸下二通管，把样品池安装于电解质溶液的流道上；把电解质溶液注入样品端，进行润洗，样品池应不漏液；设定样品池的最高进口压力，调整样品池的流道高度直至电解质溶液流量 Q 在（100 ± 20）mL/min。

（4）设定不同的样品池进口压力 p_0，记录样品池出口压力 p_1，并记录不同压力下的电解质溶液的流量 Q，计算样品池两端压力降 Δp，绘制 Δp-Q 曲线。Δp-Q 曲线的线性相关系数应在 0.99 以上，否则，应重新安装样品池，并调整电解质溶液流量，再次测试 Δp-Q 曲线。

（5）设定不同的样品池进口压力 p_0，记录样品池出口压力 p_1 和样品池两端的流动电压 ΔU，计算样品池两端压力降 Δp，绘制 Δp-ΔU 曲线，计算 Δp-ΔU 曲线的斜率 $\dfrac{\mathrm{d}U}{\mathrm{d}p}$；同时记录电解质溶液的 pH 值、电导率值，按式 (2-9) 计算此 pH 值下的 Zeta 电位。

（6）用 0.1mol/L HCl 溶液和 0.1mol/L NaOH 溶液调节电解液的 pH 值，在 pH 值为 3～10 范围内进行不同 pH 值的 Zeta 电位测试。每个 pH 值测试 2 次，取平均值，两次变化不大于 5%；计算平板纳滤膜样品在不同 pH 值下的 Zeta 电位值，并绘制平板纳滤膜样品的 Zeta 电位-pH 值电位曲线，从曲线上记录样品的等电点。

（7）测试完成后，将样品池取下，用二通管连接电解质溶液的流路。用测试用水清洗电解质溶液的流道 2 次，清洗结束后将电导率计擦拭晾干。将 pH 计放入 3mol/L 的 KCl 保护液中。

6）结果计算

纳滤膜表面的 Zeta 电位按式 (2-9) 计算：

$$\xi = \frac{\mathrm{d}U}{\mathrm{d}p} \times \frac{\eta}{\varepsilon \times \varepsilon_0} \times \kappa \tag{2-9}$$

式中：ξ——Zeta 电位，mV；

$\dfrac{\mathrm{d}U}{\mathrm{d}p}$——单位压力的流动电位，mV/Pa；

κ——电导率，S/m；

η——电解液的黏度，Pa·s，对于稀溶液，取 25℃水的黏度 0.890×10^{-3}Pa·s；

ε_0——真空绝对介电常数，值为 8.85×10^{-12}，F/m；

ε——电解质溶液的相对介电常数，无量纲，对于稀溶液，取 25℃下水的相对介电常数 78.36。

4. SDI 值测试

目前行业内公认的标准测试方法是美国材料测试标准（*American Standard for Testing Material*，ASTM）方法 4189-95。

1）测定方法

SDI 测定是在直径 47mm、孔径 0.45μm 的微孔滤膜上连续加入一定承受压力（30psi，相当于 2.1bar）的被测定水，记录滤得 500mL 水所需的时间 T_i（s）和 15min 后再次滤得 500mL 水所需的时间 T_f（s），按式 (2-10) 求得纳滤膜表面 SDI：

$$SDI = [100 \times (1 - T_i/T_f)]/15 \tag{2-10}$$

其中，15 代表 15min。当水中的污染物质较高时，滤水量可取 100mL、200mL、300mL 等，间隔时间可改为 10min、5min 等，式 (2-10) 中的 15 也相应调整为 10、5 等。

2）测试步骤

（1）将 SDI 测定仪连接到取样点上（此时测定仪内不装滤膜）。

（2）打开测定仪上的阀门，对系统进行彻底冲洗，持续数分钟。

（3）关闭测定仪上的阀门，然后用钝头的镊子把 0.45μm 孔径滤膜放入滤膜夹具内。

（4）确认 O 形圈完好，将 O 形圈准确放在滤膜上，随后将上半个滤膜夹具盖好，并用螺栓固定。

（5）稍开阀门，在水流动的情况下，慢慢拧松 1～2 个蝶形螺栓，以排除滤膜处的空气。

（6）确认空气已全部排尽且保持水流连续的基础上，重新拧紧蝶形螺栓。

（7）完全打开阀门并调整压力调节器，直至压力保持在 30psi 为止（如果整定值达不到 30psi，则可在现有压力下试验，但不能低于 15psi）。

（8）用合适的容器来收集水样，在水样刚进入容器时即用秒表开始记录，滤得 500mL 水样所需的时间记为 T_i（s）。

（9）水样流动 15min 后（包含收集初始 500mL 水的时间），再次用容器收集 500mL 水样，并记录收集水样所花的时间，记为 T_f（s）。

（10）关闭取样进水球阀，松开微孔膜过滤容器的蝶形螺栓，将滤膜取出保存（作为进行物理化学试验的样品）。

2.3　纳滤膜发展与建设形式

2.3.1　有机纳滤膜

纳滤膜的截留能力由膜表面活性层的材料决定。虽然已经开发了多种材料，但现在实际工程中应用的膜材主要还是交联全芳香族聚酰胺和聚哌嗪酰胺类。此外，磺化聚砜（SRSF）虽然有较大的孔径，但由于其具有较大的静电效应，可以阻隔带电溶质，因此也被用作纳滤膜材料。另外，中空纤维式纳滤膜则使用芳香族聚酰胺（PARA）作为材料。

1. 交联全芳香族聚酰胺

交联全芳香族聚酰胺材料的超薄膜活性层是通过基于水溶性多官能胺和油溶性多官能酸化合物之间的界面反应的界面聚合法制成的。交联全芳香族聚酰胺的代表性化学结构式见图 2-4。

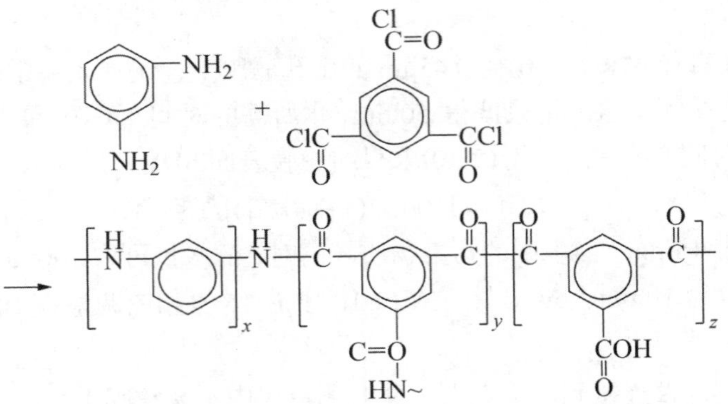

图 2-4　交联全芳香族聚酰胺的代表性化学结构式

2. 聚哌嗪酰胺

聚哌嗪酰胺是耐碱性的材料，线性聚哌嗪酰胺可用于不对称膜的制作；随着复合膜化成功，现在开始应用于纳滤膜的实际工程中。交联聚哌嗪酰胺的代表性化学结构式见图 2-5。

聚哌嗪酰胺膜具有较大的孔径，因此在低压下可以得到更高的过滤水量，并且由于静电效应而具有很好的脱盐性能，但它对低分子量有机化合物并不具有高截留性。带正、负电性的各种聚哌嗪酰胺膜已经在实际项目中得到了应用。

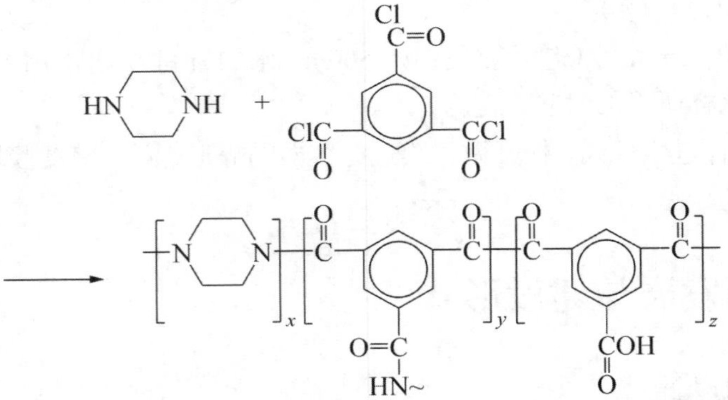

图 2-5　交联聚哌嗪酰胺的代表性化学结构式

3. 磺化聚砜

磺化聚砜是一种引入磺酸基加强负电特性的材料，最初是由将具有耐久性的聚砜材料用于反渗透膜的制作，通过磺化加入亲水基的路径开发而来。磺化聚砜的代表性化学结构式见图 2-6。磺化聚砜膜比起其他材料具有更高的耐热性，是一种化学性能稳定的聚合物，一般采用聚合物涂层法制作。

现在市场上的纳滤膜孔径越大，脱盐率就越低。负电荷型膜因为其特有的溶质截留特性而在多个领域的实际应用中得到了研究。另外，水中的污染物质多带负电荷，因此负电荷型膜比其他膜更难受到污染。

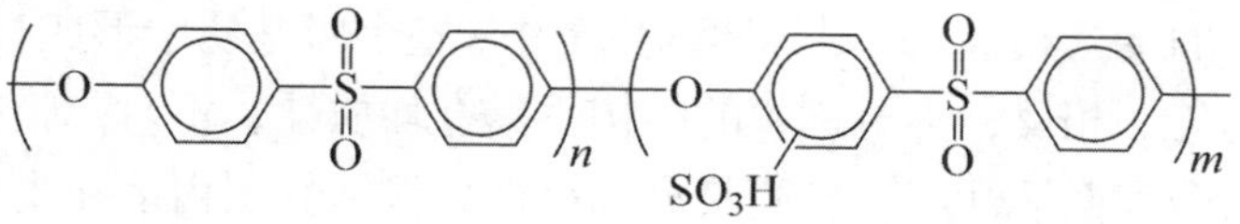

图 2-6 磺化聚砜的代表性化学结构式

4.芳香族聚酰胺

芳香族聚酰胺是用于中空纤维式纳滤膜的材料,其代表性化学结构式见图 2-7,为二氨基二苯砜,是一种加入了哌嗪的芳香族聚酰胺,同时具有优良的耐氯性。

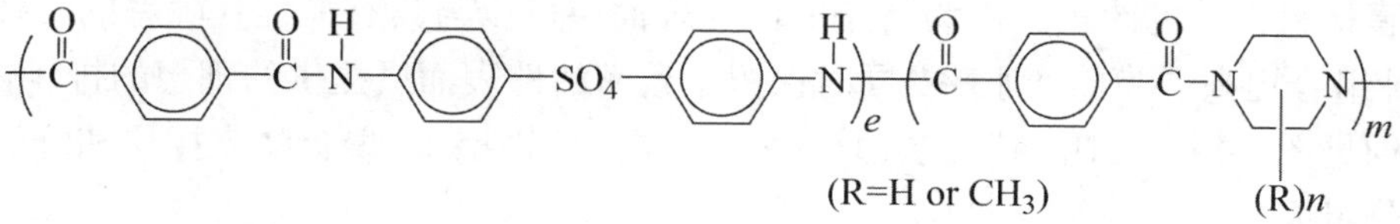

(R=H or CH₃)

图 2-7 芳香族聚酰胺的代表性化学结构式

2.3.2 有机纳滤膜材料的发展

纳滤膜的发展最早可追溯到 20 世纪 70 年代。J. E. Cadotte 等为了提升芳香聚酰胺反渗透膜的抗氧化性能,选用具有两个仲胺基团的哌嗪分子作为水相胺单体进行界面聚合成膜,由此获得了疏松的反渗透膜。1984 年,Film Tec 公司正式将此类膜命名为纳滤膜,引领了此后纳滤膜技术的极速发展。聚哌嗪酰胺纳滤膜也被普遍认为是纳滤膜发展的标杆产品。

纳滤膜材料的发展,包括合成和改性天然聚合物与各种制造形式的耦合,在工业规模的膜分离应用的开发中起着不可或缺的作用。在这一过程中,必须考虑膜的选择性、渗透性、力学稳定性、耐化学性和热稳定等特性,这在很大程度上取决于材料的类型以及在制造过程中优化控制变量。

用于纳滤膜制造的许多原材料中,最基本的类型包括各种形式的改性天然醋酸纤维素材料,以及各种合成材料。这些合成材料主要由聚酰胺、聚砜、乙烯基聚合物、聚呋喃、聚苯并咪唑、聚碳酸酯、聚烯烃和聚乙内酰脲组成。特定聚合物的不同化学性质和相关的生产动力学因素产生了各种膜选择性和生产率组合的独特属性。

通过从均相聚合物溶液中沉淀而产生的多孔材料被称为相转化膜,包含对称(均质)结构和非对称结构。相转化膜的生产过程包括五个基本步骤:①生产均相聚合物溶液;②浇铸聚合物膜;③从聚合物膜中部分蒸发溶剂;④将聚合物膜浸入沉淀溶液中;⑤将溶剂交换为沉淀剂。

通过在热浴溶液中进行处理,可以使沉淀的膜上的缺陷得以重组。这些步骤的环境条件变化都可能生成系统性能不同的各种膜结构。典型的膜结构轮廓可以覆盖从指状的轮廓分明的空腔到排列成致密海绵结构的孔的范围,这些结构的差异受膜材料以及加工手段的影响。

对称膜和不对称膜都可以通过相转化工艺生产。这两种膜类型之间的差异在于产生膜的环境条件及产生的结构轮廓。在对称膜的生产中，整个膜基质中形成材料具有均质条件，使得聚合物结构均匀。相反，不对称膜的结构不具有均质性，不对称膜在生产过程中形成亚微米级厚度的致密表面活性层，使膜具有选择性，该活性层由多孔支撑结构支撑。活性层与多孔支撑结构的结合产生了既具有选择性又具有机械稳定性的膜材料，从而提高了产水率。相比于对称膜，不对称膜的生产过程中活性层相对更薄，其跨膜的水头损失明显小于与之相当的对称膜片所产生的水头损失。

相转化膜的另一种分类是复合膜。在这样的膜中，构成活性表面的材料不同于支撑材结构的材料。这些膜是通过将活性表面层（例如聚砜）压到支撑层上制成的，通常被认为是对膜材料设计的改进，因为特定的活性表面层可以与具有最佳孔隙率的支撑层相匹配，这种组合提高了膜的产水率，同时保留了致密活性表面层提供的理想的排斥性能。复合膜结构见图 2-8，其中的特征层由聚酰胺膜层（活性层）、聚合物支撑层和纤维背衬材料三部分组成。

活性层或膜组件是由单个薄膜层或薄膜的复合层形成的聚合物，或者聚合物的组合。这些聚合物通常为直链化合物，如乙酸纤维素，或芳香族化合物，如聚酰胺。不同聚合物之间发生多种相互作用，形成膜和穿过膜的溶质之间的活性层。膜组件主要依靠共价力和离子力成膜，其次依靠偶极力，分散力和氢键。

纳滤膜一般由纤维素化合物、脂肪族或芳香族聚酰胺以及薄膜复合材料的活性层构成。三乙酸纤维素在许多脱盐处理中被用作活性薄膜。以纤维素衍生物为材料的膜具有良好的性能，这是由于其结晶性能和亲水性能提高了耐用性和输水能力。纤维素膜会因水解而发生化学降解，并因氧化而发生生物降解，它们必须在 pH 值为 4.0～6.5 的环境温度下配合杀菌剂进行操作，以避免降解。

聚酰胺膜也是纳滤中常选用的一种膜。芳香族聚酰胺由于其机械、热、化学和水解稳定性及其具有选择透过性，通常比脂肪族聚酰胺更受青睐；而脂肪族聚酰胺是多孔的，因此不具有永久选择性。20 世纪 70 年代后期，交联全芳香族聚酰胺薄膜复合膜的成功开发，标志着膜技术取得重大进步。薄膜复合材料能够比先前的材料以更少的能量诱导流体通过，从而得以大规模应用。

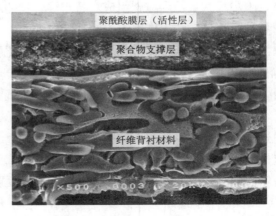

图 2-8　复合膜结构（Toray Membrane America，Inc.）

2.3.3　有机纳滤膜的改性

过滤是使水通过多孔介质，去除水中的颗粒物的过程。这种多孔介质可以是天然的，如砂、砾石和黏土，也可以是由各种材料制成的膜。目前，微滤膜主要用于去除悬浮固体、原生动物和细菌，超滤膜还可用于去除病毒和胶体，纳滤膜可用于去除硬度、重金属和溶解有机物。虽然商用膜在许多应用场景中表现良好，但保护现有水资源和生产新水资源的现实需求要求膜具有更高的生产率、选择性、污垢阻力和稳定性，且成本更低、制造缺陷更少。

为改善纳滤膜的性能，人们从原水的预处理、后期的洗涤及构建自身具有良好抗污染性能的纳滤膜方面开展了大量卓有成效的工作。纳滤膜改性的出发点主要有以下三方面：①改善纳滤膜的亲疏水性以增加渗透通量；②增强纳滤膜的抗污染能力；③开发新型纳滤膜材料。

在纳滤膜改性的过程中，有时会改善某一个性能，有时可以同时改善多个性能。纳滤膜改性的方法可归纳为表面改性、共混改性、其他改性方法三类。

1. 表面改性

（1）表面接枝聚合

表面接枝聚合是提高膜性能的一种重要化学改性方法。该方法主要通过紫外、高能射线辐照或自由基引发剂等在表面产生自由基或活性离子，诱导易聚合单体在膜表面接枝（Graft from）；或通过官能团的化学反应将聚合物固定在膜表面（Graft to）。

通过调整接枝物的种类、浓度、辐照时间、辐照距离等，可以方便地调节膜表面荷电性、粗糙度、亲水性及分离性能等。由于可供选择的接枝物种类较多，操作简单易行，表面接枝聚合因此在纳滤膜改性中的应用较为广泛。

（2）涂覆

涂覆是膜改性最常用的方法，通过在膜表面涂覆带有特定功能团的高分子，以降低粗糙度、改变荷电性、提高亲水性，从而达到降低膜污染的目的。功能高分子可以是有机物或无机物，一般涂覆选用的高分子含有羟基、羧基或环氧乙烷等亲水性基团，如海藻酸钠、聚乙烯醇、聚乙烯亚胺等。近年来，两性离子聚合物也被用于膜的涂覆改性。

（3）化学功能化处理

化学功能化处理是通过水解、氧化、取代等反应在膜中或膜表面引入羟基、胺基、羧基等官能团以改善膜性能的方法。经化学功能化处理后，聚合物膜的本体或表面引入的官能团能使改性后的膜亲水性增强、水通量增大、抗污染性能提高且性能更加稳定。

化学功能化处理可以在成膜前或成膜后进行，应用较为广泛。成膜前的化学功能化处理实际上是一种本体改性的方法，即首先对成膜物质进行化学改性，然后通过相转化等方法成膜，改性引入的基团不仅存在于膜表面，也存在于膜孔内部。如对聚砜、聚醚砜等聚合物进行磺化处理，磺化试剂有浓硫酸、发烟硫酸、三甲基硅氯磺酸、SO_3、SO_3-磺酸三乙酯复合物、氯磺酸等。其中，在上述聚合物的磺化过程中，如果反应时间过长或温度过高，浓硫酸和发烟硫酸易使聚砜类高分子主链断裂，降低膜材料的机械强度。SO_3 的磺化属于异相反应，反应效率不高；而三甲基硅氯磺酸磺化的过程中高分子链上带有硅烷基团，可以在均相体系中实现磺化，因此相比于 SO_3 磺化更易进行。需要指出的是，氯磺酸相对廉价，并且只要反应条件控制得当，磺化中伴随的链的断裂、支化及交联等反应可以得到控制。

（4）等离子体改性

所谓等离子体是指物质中的粒子所带电荷相反但数量相等的一种状态。其中，低温等离子体可以通过低压辉光放电等方式得到，电场中加速的电子与气体分子碰撞，使气体分子离解成电子、离子或自由基，形成了高度电离但总体呈电中性的等离子体。

等离子体处理则是在等离子状态下，用非聚合性气体与膜表面作用形成活性自由基的物理和化学过程。非聚合性气体包括反应性气体，如 O_2、N_2、CO_2、H_2O 和 NH_3 等；以及非反应性气体，如 Ar、He 等。一般采用反应性气体进行等离子体处理时，气体原子可以结合到聚合物链上形成官能团；而采用非反应性气体进行等离子体处理时，惰性气体原子并不与聚合物链结合。

通常，经等离子体处理后，膜的亲水性增强，从而赋予膜良好的抗污染性能。其具体作用主要体现在等离子体处理时，等离子体中的自由基、离子、电子等高能态粒子与膜表面作用，通过①刻蚀与沉积作用，使聚合物链发生断链、降解和交联等反应，在膜表面产生极性基团，常见的极性亲水基团有羟基、氨基、羰基等；②聚合物链上产生自由基等活性基团，活性基团与氧气反应，在膜表面形成极性基团；而增强亲水性。

2. 共混改性

共混改性是一种简便易行的膜改性方法，通常是在聚合物基体中加入一些功能性物质，包括聚合物、小分子无机纳米粒子、纤维等，达到增强聚合物或改善其他性能的目的。共混改性的效果常与共混物的种类、用量、结构及与聚合物基体的相容性有关。

近年来，有研究者将纳米碳基材料，如石墨烯、碳纳米管等，以及纳米 TiO_2、SiO_2、ZnO、金属有机框架材料和管状埃洛石等引入到复合纳滤膜功能层中，改善膜的抗污染性。

将三乙烯四胺改性多壁碳纳米管与聚醚砜共混改性制备了荷正电纳滤膜。研究表明，与未加碳纳米管的聚醚砜相比，加入 0.4%（质量分数）碳纳米管的膜通量提高 130%，为 $84L/(m^2 \cdot h)$，对阴离子染料罗丹明 B 及结晶紫的脱除率分别为 99.23% 和 98.43%，降低了膜的粗糙度，增加膜平滑度，抗污染性增强。采用壳聚糖改性活性炭粒子再与聚醚砜共混相转化制膜。研究表明，改性碳加入量为 0.5%（质量分数）时，膜的亲水性增强，膜的接触角由 65° 降为 48°，通量恢复率由纯聚醚砜的 40.4% 增加为 80.9%。

此外，还可利用表面活性剂在成膜过程中的独特成孔等作用。Nikooe 等在 PVDF 的铸膜液中加入 Brij-58 表面活性剂，通过相转化法制备出抗污染纳滤膜。研究表明，当加入量为 4% 时，膜的接触角为 46°，通量增大 $24L/(m^2 \cdot h)$，恢复率（FRR）为 90%，对活性染料的脱除率达到 90%。

此外，还有研究者将本身具有抑菌、杀菌功能的物质与聚合物共混，提高膜的抗污染能力。将聚醚砜磺化处理，然后与罗丹宁混合，原位制备含有聚罗丹宁的铸膜液，最后采用相转化法制备了磺化聚醚砜/聚罗丹宁共混膜。研究表明，聚罗丹宁纳米粒子的存在，使膜通量在操作压力为 0.5MPa 时比不含聚罗丹宁纳米粒子的磺化聚醚砜膜增加了 79L/(m²·h)，大肠杆菌、金黄色葡萄球菌灭活率达 100%，杀菌效果良好，极大地增强了膜的抗污染能力。

3. 其他改性方法

层层自组装、电纺等方法也被用于抗污染纳滤膜的制备。如前所述，氧化石墨烯表面含有丰富的羧基、羟基及环氧基团，易实现功能化，可采用共混的方法将其引入，增强膜的亲水性。事实上，相比于共混，层层自组装形成的层间空间更有利于提高通量，并可在一定程度上增加膜的选择性，因此备受关注。以溴化聚苯醚（BPPO）为支撑层，层层自组装氧化石墨烯（GO）构建抗污染纳滤膜，采用乙二胺（EDA）为交联剂，在层间及石墨烯与基膜间形成化学键，增强石墨烯膜的稳定性。结果表明，BPPO/EDA/GO 膜在水中浸泡1 个月后仍具有良好的通量及脱盐率。当 GO 添加量为 65mg/m² 时，膜对 Na^+，SO_4^{2-}、$MgSO_4$，$NaCl$ 的脱除率分别为 52.6%、48% 和 36.3%，通量约为 41L/(m²·h)；并且膜对大肠杆菌具有一定的抑制作用；当 GO 添加量为 52mg/m² 时，BPPO/EDA/GO 膜的抑菌率为57.14%。以碱改性聚丙烯腈为基膜，聚二烯丙基二甲基氯化铵为阳离子聚电解质，氧化石墨烯、氧化碳纳米管为阳离子荷负电组装物，利用静电自组装制备了三明治结构的纳滤膜，并通过改变氧化石墨烯/氧化碳纳米管的浓度比调控膜结构。随着浓度比的增加，膜的接触角增大，粗糙度减小，通量减小。当两者浓度比为 10：1 时，膜对酸性 B、亮蓝 A 和甲基蓝的脱除率分别达到 92%、97.91% 和 99.3%，通量约为 27.71L/(m²·h)，且不可逆水通量恢复率仅为 4.4%，呈现出良好的抗污染性能。

2.3.4　无机纳滤膜

用于膜分离的材料可以分为有机膜、无机膜和杂化膜三种。有机膜材料制备工艺简单，易于工业化，且价格便宜，但稳定性较差，实际应用中的长期使用性能和可再生性是重大的挑战。相比于有机高分子膜，无机膜材料成本较高，但具有良好的热稳定性和化学稳定性以及高机械强度，且污染后易于清洗和再生，近年来受到广泛关注。

相比于有机聚合物材料，无机材料具有优异的化学和热稳定性。常用的无机膜材料包括陶瓷膜、玻璃膜、金属膜和沸石膜，而无机纳滤膜以陶瓷膜为主。

陶瓷膜由金属或非金属氧化物烧结而成。陶瓷膜除具有优异的热稳定性，其使用温度远高于聚合物材料外，还具有优异的机械强度和化学稳定性。

平板陶瓷膜具有化学稳定性高、热稳定性优异、透水阻力小、抗污性好、可靠性高、易于清洗再生、使用寿命长、易于控制膜层平均孔径及易于升级模块化结构等优点，可有效解决现有中空纤维膜、有机平板膜在工程应用过程中存在的使用寿命短、易受酸碱腐蚀等问题。目前陶瓷膜在水处理方面主要用于处理含油废水、纺织废水、医药废水、生活污水和放射性废水等。通过陶瓷膜分离技术对各类废水加以处理，回收再利用，实现"变废为宝"，不仅可减少清洁水资源消耗，还可减少废水排放，降低环保压力。

目前，在陶瓷膜制备工艺中，为减小膜层孔径，提高过滤精度，保持较高的渗透通量，常常将陶瓷膜构造成非对称结构。非对称结构陶瓷膜主要包含三层结构：支撑体、过渡层和活性分离层（即膜层）。图 2-9 为非对称陶瓷膜的典型三

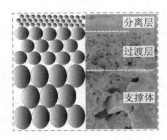

图 2-9　非对称陶瓷膜的三层结构

层结构，其中：支撑体具有较大的孔径和孔隙率，可降低过滤阻力并增加陶瓷膜的渗透性，提供整个陶瓷膜必要的机械强度。过渡层位于大孔支撑体和活性分离层之间，为与活性分离层相匹配，过渡层孔径逐渐缩小。根据制备工艺需求，可将过渡层构造成一层或多层结构。制备超滤膜时，微滤层为过渡层。制备纳滤膜时，微滤层和超滤层都可称为过渡层。

如果成膜介质粒径小于多孔载体的孔径，成膜过程中会发生渗漏现象，制备过渡层可以防止成膜介质向多孔载体渗漏。活性分离层即膜层，该层直接与流体接触，是决定非对称结构陶瓷膜分离精度和渗透通量的结构层。

在实际应用中，陶瓷膜具有许多有机多孔膜无法比拟的优点，因此在较为苛刻的过滤条件下成为最佳选择。陶瓷膜具有优异的化学稳定性，可以抵抗酸、碱和有机溶剂的化学侵蚀，不仅可以处理含酸、碱和有机溶剂的废水，还可经受酸洗或碱洗，从而延长陶瓷膜的使用寿命，并拓宽其应用范围。陶瓷膜还具有机械强度较高、热稳定性良好、膜孔径分布可控、使用寿命较长等优点。此外，陶瓷膜组件和膜装置易升级、占地面积小、能耗低、自动化程度高、操作简便。

2.3.5　纳滤膜建设形式

从建设形式上看，纳滤膜有压力式和浸没式两种，在市政饮用水厂的建设中建设和设计单位应对两种纳滤膜建设形式进行比选，分析哪种形式更符合要求。

1. 压力式纳滤膜

压力式纳滤膜也可称为柱状纳滤膜。例如中空纤维纳滤膜，即将中空纤维膜丝装入圆柱形压力容器中，纤维束的开口端用专用树脂浇铸成管板，配备相应的连接件，包括进水端、产水端和浓缩水端，这就形成了一个膜柱或一个标准膜组件；通过将不同数量的压力式膜组件并联组装成一个膜堆，并将若干个膜堆并联组成不同处理规模的压力式纳滤膜处理系统。压力式纳滤膜系统是目前市政饮用水厂常用的一种纳滤膜建设形式。压力式纳滤膜按分离方式可分为外压式过滤和内压式过滤两种常见形式。

（1）外压式过滤

外压式过滤指原水从膜的外侧进入，从膜内流出，如图 2-10 所示。其过滤能量来自于负压抽水，适用于大、小尺寸污染物过滤。

（2）内压式过滤

内压式过滤指原水从膜的内侧进入，从膜外流出，如图 2-11 所示。为了防止膜入口处堵塞，使用内压式过滤需要对原水进行预处理，而内压式过滤也因此更适用于小尺寸污染物的分离。

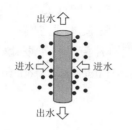
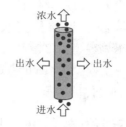

图 2-10　外压式过滤示意图　　　　图 2-11　内压式过滤示意图

2. 浸没式纳滤膜

地表水中含有高浓度的胶体颗粒,需要使用砂滤或微滤和超滤低压膜工艺进行预处理。尽管预处理增加了总成本,但其对于减缓压力式纳滤膜的膜污染是必需的。例如,Van der评估了纳滤膜直接处理地表水的可行性。研究表明,尽管采用空气冲洗和每 10～30min 向前冲洗的组合方式对膜进行周期性冲洗,膜污染仍不断发生;系统运行 8h 后,渗透通量从 80～90L/(m² · h)降至约 60～75L/(m² · h)。

但对于浸没式纳滤而言,不经预处理,采用浸没式平面膜组件直接处理地表水,就能够获得可以稳定运行的优质水,如图 2-12 所示。Takahiro Fujioka 等使用新型浸没式平板纳滤膜组件对地表水直接进行过滤。实验室试验结果表明,直接处理河流和大坝水的过程中,跨膜压力(Transmembrane Pressure,TMP)在 24d 内仅增加了 10kPa。纳滤系统对色度的降低率和有机物的截留率保持在较高水平(高于 80%),并且可以稳定运行。此外,纳滤系统对带负电荷的微量有机化合物(Trace Organic Chemicals,TOrCs)的截留率高于 50%,而对不带电或不带正电荷的 TOrCs 的截留率均低于 50%。在某饮用水处理厂进行的纳滤试验表明,浸没式纳滤直接处理地下水带来的膜污染可以忽略不计,在 35d 内,TMP 仅增加了 3kPa,此时,系统的分离性能仍维持在较高水平:总有机碳(TOC)去除率高于 70%。浸没式纳滤膜表现出低能耗和处理效果良好的特点,具有广阔的应用前景。

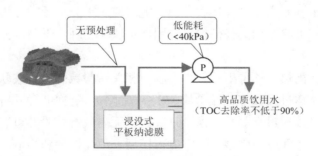

图 2-12　浸没式纳滤平面膜组件处理地表水处理流程示意图

2.4　纳滤模型

描述纳滤传质过程的数学模型,建立了纳滤膜的结构参数、分离性能与料液性质之间的关系。纳滤膜结构参数包括膜的等效厚度、膜的孔径和膜的面电荷密度等。纳滤模型建立的意义在于通过膜分离过程评价膜的性能，或是根据膜的性能参数预测膜的分离效果，筛选出合适的纳滤膜。目前描述膜的分离过程的模型主要有：①非平衡热力学 Spiegler-Kedem（S-K）模型；②溶解-扩散模型；③电荷模型；④细孔模型（Pole Model）；⑤静电排斥和立体位阻模型（Electrostatic and Steric-Hinderance Model）；⑥道南-立体细孔（DSPM）模型；⑦神经网络模型。

2.4.1 非平衡热力学（S-K）模型

1. 非平衡热力学模型的定义

非平衡热力学模型（Non-equilibrium Thermodynamic Model），又称不可逆热力学模型（Irreversible Thermodynamic Model）。该模型将膜比作一个"黑匣子"，膜两侧溶液存在或施加的势能差就是溶质和溶剂组分通过膜的驱动力。根据溶剂通量和溶质通量与浓度差和压力差在接近平衡时的线性关系进行膜厚方向积分，可获得膜的截留率R与溶液通量F的简单方程，也就是著名的 S-K 方程。

$$R = 1 - \frac{c_p}{c_m} = \frac{\sigma(1-F)}{1-\sigma F} \tag{2-11}$$

其中

$$F = \exp\left[-\frac{J_v(1-\sigma)}{P}\right] \tag{2-12}$$

式中：c_p——原料液膜表面的溶质浓度；

c_m——透过液的溶质浓度；

σ——膜的反射系数；

P——膜的透过系数；

J_v——二元物系透过膜的体积通量。

2. 非平衡热力学模型的应用与局限性

S-K 方程是非平衡热力学在描述膜分离性能时应用十分广泛的方程。然而，非平衡热力学模型无法提供有关膜结构的任何信息，因此无法从物理化学角度分析溶质在膜内的传递过程。

但是，根据非平衡热力学得出的 S-K 方程对相关试验数据进行关联与分析，可以确定膜的反射系数和溶质透过系数等特征参数。另一方面，如果已知膜的结构参数和带电特性，上述膜特征参数则可以通过某些数学模型来确定，无需进行试验即可表征膜的传递分离机理。这些数学模型有空间电荷模型、固定电荷模型、细孔模型和静电位阻模型等。

2.4.2 溶解-扩散模型

1. 溶解-扩散模型

溶解-扩散模型将膜的活性表面层看作致密无孔的膜，假定溶质和溶剂先溶解在均质的膜表面皮层内，然后各自在浓度或压力造成的化学位的作用下透过膜，再从膜下游解吸。如果假定膜内浓度呈线性分布，则任一组分在膜中的扩散传递可用 Fick 定律描述。根据

Fick 定律在膜两侧进行积分得：

$$J_i = \frac{D_{iM}}{L}(C_{i1M} - C_{i2M}) \tag{2-13}$$

式中：D_{iM}——组分 i 在膜内的平均扩散系数；

　　　　L——膜的厚度；

C_{i1M}、C_{i2M}——原料液侧、透过液侧膜表面溶解的 i 组分的质量浓度。

再由相界面的热力学平衡条件可以得到：

$$\left.\begin{array}{l} J_w = \dfrac{D_w C_w \overline{V}_w}{RTL}(\Delta p - \Delta \pi) = \dfrac{P_w}{L}(\Delta p - \Delta \pi) = A(\Delta p - \Delta \pi) \\[3mm] J_s = \dfrac{D_{sM} r_{s1}}{L r_{s1}}(C_{s1} - C_{s2}) = \dfrac{D_{sM} K}{L}(C_{s1} - C_{s2}) = \dfrac{P_s}{L}(C_{s1} - C_{s2}) = B(C_{s1} - C_{s2}) \end{array}\right\} \tag{2-14}$$

式中：J_w——溶剂通量；

　　　　J_s——溶质通量；

　　A、B——膜常数，由试验确定；

　　　$\overline{V}_w$——溶剂的偏摩尔体积；

　　　C_{s1}——原料液的浓度；

　　　C_{s2}——透过液的浓度；

　　　D_w——扩散系数；

　　　C_w——浓度；

　　　R——摩尔气体常数；

　　　T——温度；

　　　L——与扩散过程相关的长度或特征尺度；

$\Delta p - \Delta \pi$——相界面压力差；

　　　P_w——简化方程过程中的中间量。

2. 溶解-扩散模型的应用与局限性

由于膜表面有孔存在，溶解-扩散模型和试验结果往往存在一定偏差，原因是水分子在膜内的状态也是影响膜性能的重要因素。该模型是以纯扩散为基础的模型，适用于水含量低的膜，但是其本身就存在局限性。例如，模型假设通量随推动力线性增加，那么当推动力无限大时，通量也是无限大，这点可能适用于孔道模型，但不能用于以浓度梯度为推动力的溶解-扩散模型。对于截留率，根据该模型计算得到的总是正值，但在试验中却可能出现负值。同时，模型假设溶质溶剂在对流传递的过程中互不影响，并根据理想的热力学情况，忽略了浓度对扩散系数的影响；但是，在膜分离过程中，这些假设都是不能成立的。

3. 不完全溶解-扩散模型

不完全溶解-扩散模型承溶解-扩散模型认在膜表面存在不完善之处，并考虑了溶剂和溶质在微孔中的流动，溶剂通量 J_w 和溶质通量 J_s 可以描述如下：

$$\left.\begin{array}{l} J_w = A(\Delta p - \Delta \pi) + K_3 \Delta P \\[2mm] J_s = B(C_{s1} - C_{s2}) + \dfrac{P_3}{L}\Delta P C_{s1} \end{array}\right\} \tag{2-15}$$

式中：K_3——伴生系数，可被看作微孔流动的伴生传递；

　　ΔP——溶剂在微孔中的流动压力；

　　P_3——压力的一个因素，与模型的压力相关性有关。

其余符号同前所述。

2.4.3　电荷模型

根据膜内电荷及电势分布情形的不同，电荷模型可分为空间电荷模型（Space Charge Model）和固定电荷模型（Fixed Charge Model）。

1. 空间电荷模型

空间电荷模型假设膜由孔径均一而且其壁面上电荷均匀分布的微孔组成，微孔内的离子浓度和电场电势分布、离子传递和流体流动分别由 Poisson-Boltzmann 方程、Nernst-Planck 方程和 Navier-Stokes 方程等来描述。空间电荷模型最早由 Osterle 等人提出，有 3 个表征膜的结构特性的模型参数，包括膜的微孔半径、活性分离层的开孔率与厚度之比和膜微孔表面电荷密度或微孔表面电势。运用空间电荷模型，不仅可以描述诸如膜的浓差电位、流动电位、表面 Zeta 电位和膜内离子电导率、电气黏度等动电现象，还可以表示荷电膜内电解质离子的传递情形。将空间电荷模型与非平衡热力学模型相结合，可以推导出一定浓度的电解质溶液的膜反射系数和溶质透过系数与上述 3 个模型参数的数学关联方程。但是，由于运用空间电荷模型时，需要对 Poisson-Boltzmann 方程等进行数值求解，计算工作十分繁重，因此其应用多局限于理论计算，难以与实际结合。

2. 固定电荷模型

固定电荷模型假设膜是一个凝胶相，其中电荷分布均匀，贡献相同。由于固定电荷模型最早由 Teorell、Meyer 和 Sievers 提出，因而通常又被人们称为 Teorell-Meyer-Sievers（TMS）模型。其基本方程为表示界面离子浓度分配的 Donnan（道南）方程、膜内离子传递的 Nernst-Planck 方程及膜内外电中性方程。固定电荷模型对膜结构进行了简化，忽略了孔结构的影响，其计算结果只在膜孔径较小和膜表面电荷密度较低时与空间电荷模型一致。但由于数学分析简单，且大多数纳滤膜的结构满足模型假设的限制条件，固定电荷模型在表征纳滤膜的截留特性、膜电位、膜内溶剂及电解质渗透速率等方面有广泛应用。

固定电荷模型假设离子浓度和电势在膜内任意方向分布均一，而空间电荷模型则认为两者在径向和轴向存在一定的分布，因此可以认为固定电荷模型是空间电荷模型的简化。

2.4.4　细孔模型

1. 细孔模型的定义

细孔模型基于 Stokes-Maxwel 摩擦模型，在 Stokes-Maxwel 摩擦模型的基础上引入立体阻碍影响因素。该模型假定多孔膜具有均一的细孔结构，细孔的半径为r_p，膜的开孔率与膜厚之比为$A_k/\Delta x$，溶质为具有一定大小的刚性球体，且圆柱孔壁对穿过其圆柱体的溶质影响很小，膜孔半径（r_s）可以通过 Stokes-Einstein 方程进行估算：

$$r_s = \frac{kT}{6\pi m D_s}$$ (2-16)

膜的反射系数和膜的溶质透过系数可以根据以下方程得到：

$$\begin{cases} \sigma = 1 - H_F S_F \\ P = H_D S_D D_s \left(\dfrac{A_k}{\Delta x}\right) \end{cases}$$ (2-17)

式中：σ——膜的反射系数；

　　P——溶质透过系数；

　　S_D——扩散条件下涉及膜材料的参数；

　　S_F——透过条件下涉及膜材料的参数；

　　D_s——分子扩散系数；

　　m——溶剂黏度；

　　k——波尔兹曼常数；

　　T——温度；

　　H_F——透过条件下溶质在膜的细孔中的分配系数；

　　H_D——扩散条件下溶质在膜的细孔中的分配系数。

2. 细孔模型的应用与局限性

如果已知膜的微孔结构和溶质大小，就可通过该模型计算出膜参数，从而得知膜的截留率与膜透过体积流速的关系。反之，如果已知溶质大小，并由试验得到的其透过膜的截留率与膜透过体积流速的关系求得膜参数，也可借助于细孔模型来确定膜的结构参数。在该模型中，孔壁效应被忽略，仅对空间位阻进行了校正，该模型适合用于电中性溶液。

2.4.5　静电排斥和立体位阻模型

静电排斥和立体位阻模型假定膜分离层由孔径均一、表面电荷分布均匀的微孔构成，既考虑了细孔模型所描述的膜微孔对不同大小中性溶质的位阻效应，又考虑了固体电荷所描述的膜的带电特性对离子的静电排斥作用，因而该模型能够根据膜的带电细孔结构和溶质的带电性及大小来推测膜对带电溶质的截留性能。其结构参数包括孔径 r_p，开孔率 A_k，孔道长度即膜分离层厚度 Δx，电荷特性则表示为膜的体积电荷密度 X（或膜的孔壁表面电荷密度 q）。模型假设膜内均为点电荷，且分布同样遵守 Poisson-Boltzmann 方程，该模型可以通过在孔壁处的无因次电荷分布梯度小于 1 的条件下的道南平衡方程来求解。由此模型可得反射系数和溶质渗透系数的方程为：

$$S_S = 1 - H_{F,2} K_{F,2} - t_2 (H_{F,1} K_{F,1} - H_{F,2} K_{F,2})$$ (2-18)

$$P_S = \frac{(v_1 + v_2) D_2 H_{D,2} K_{D,2} t_1}{v_2} \cdot \frac{A_k}{\Delta x}$$ (2-19)

式中：S_S——反射系数；

　　P_S——溶质渗透系数；

　　t_1——阳离子的传递数；

t_2——阴离子的传递数。

考虑位阻效应（扩散和透过条件下溶质i的平均传质系数$\overline{K}_{D,i} = \overline{K}_{F,i} = 1$）时，静电排斥和立体位阻模型与细孔模型的表述是基本一致的；考虑静电效应（$H_{D,i} = H_{F,i} = S_{D,i} = S_{F,i}$）时，静电排斥和立体位阻模型与固定电荷模型符合得非常好。这样可以说静电排斥和立体位阻模型是细孔模型和固定电荷模型的综合。

2.4.6 道南-立体细孔模型

道南-立体细孔（Donnan-Steric Pore Model，DSPM）模型是由 Bowen 和 Mukhtar 等提出的一个杂化（Hybrid）的模型。该模型用于表征两组分及三组分的电解质溶液的传递现象。该模型认为膜是均相、同质且无孔的，但是离子在极细微的膜孔隙中的扩散和对流传递过程会受到立体阻碍作用的影响。后来 Bowen 等将该模型称为道南-立体细孔模型。该模型对膜的结构参数和电荷特性参数的假定与静电排斥和立体阻碍模型所假定的模型参数完全相同。道南-立体细孔模型是了解纳滤膜分离机理的一个重要途径。用于预测硫酸钠和氯化钠的纳滤过程的分离性能时，该模型与试验结果较为吻合。

2.4.7 神经网络模型

1. 人工神经网络的定义

人脑由许多复杂的神经元网络组成，能快速理解感觉器官传来的信息，具有很强的学习能力和创造能力，并能从环境中学习知识并以此创造新的知识。科学家们通过对大脑工作机理的长期研究，逐渐发展了一门新兴的学科——人工神经网络（Artificial Neural Networks，ANN）。人工神经网络使电脑具有人脑的某些机能属性，可以更好地解决科学技术领域的难题。

人脑由约 10^{11} 个高度互连的单元组成，这些单元被称为神经元。神经元由三部分组成：树突、细胞体和轴突。树突是树状的神经元纤维接收网络，它将电信号传到细胞体，由细胞对信号进行整理分析并进行处理。轴突是单根长纤维，它把细胞体的输出信号导向其他神经元。一个神经细胞的轴突和另一个神经细胞树突的结合点称为突轴。神经元的排列方式和突轴的强度决定了神经网络的功能。

人工神经网络虽没有人脑复杂，但与人脑有着一些相同的特点：首先，两者都由高度互连的可计算单元构成；其次，网络的功能由单元之间的连接状况决定。神经网络是一个高度非线性动力学系统，其模型基础为神经元的数学模型，具有高度非线性、并行性、良好的容错性等特点，以及强大的联想记忆、自适应和自学习等功能。

2. 人工神经网络的学习方式

神经网络通过向环境学习获取知识并不断改进自身性能。一般情况下，性能的改善是按某种预定的度量，通过调节自身参数的权值等逐步达到的。人工神经网络的学习方式主要有 3 种类型：监督学习、非监督学习和强化学习。

（1）监督学习

监督学习需要外界存在一个"教师"，它可对给定一组输入提供相应的输出，这组已知的输入-输出数据称为训练样本集，神经网络可根据已知输出与实际输出之间的误差型号差值来调节系统参数，如图 2-13 所示。

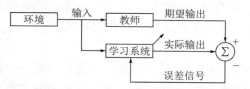

图 2-13　监督学习流程示意图

（2）非监督学习

非监督学习时不存在外部"教师"，学习系统完全按照环境提供数据的某些统计规律来调节自身参数或结构，如图 2-14 所示。这是一种自组织过程，可以表示外部输入的某种固有特性，如聚类或某种统计上的分布特征。

图 2-14　非监督学习流程示意图

（3）强化学习

强化学习介于上述两者之间，外部环境对系统输出结果只给出评价信息而不是正确答案，学习系统通过强化受激的动作来改善自身的性能，如图 2-15 所示。

图 2-15　强化学习流程示意图

3. 人工神经网络的学习规则

在人工神经网络学习的过程中，为了得到目标输出，需要不断调整权值和阈值。这种调节具有一定的规则，即为人工神经网络的学习规则。

（1）误差纠正学习

$$e_k(n) = d_k(n) - y_k(n) \tag{2-20}$$

式中：$e_k(n)$——误差信号；

$\quad\quad d_k(n)$——真实值；

$\quad\quad y_k(n)$——输出值。

误差纠正学习的最终目的是使目标函数 $e_k(n)$ 达到最小，以使网络中每一输出单元的实际输出逼近应有输出。一旦确定了目标函数形式，误差纠正学习就变成了一个典型的最优化问题。最常用的目标函数是均方误差判据，定义为误差平方和均值 J，如式 (2-21) 所示。误差纠正学习规则仅对连续激活函数，并只对有监督学习方式有效。

$$J = E\left[\frac{1}{2}\sum_k e_k^2(n)\right] \tag{2-21}$$

式中：E——期望算子。

（2）Hebb 学习

Hebb 学习是由神经心理学家 Hebb 提出的学习规则。该规则为当某一突触或连接两端的神经元同步激活时，该连接的强度应增强，反之减弱。

（3）竞争学习

竞争学习过程中，网络各输出单元互相竞争，最后只有一个最强者激活。最常见的一种情况是输出神经元之间有侧向抑制性连接，此时原来的输出单元中如有某一单元较强，则它将获胜并抑制其他单元，最后只有此最强者按激活状态处理。

4. 神经网络模型的分类

（1）线性神经网络模型

线性神经网络是最简单的一种神经网络，它由一个或多个线性神经元组成。线性网络是基于最小二乘算法（Least Squares Method，LSM）的 Widrow-Hoff 学习规则来调节网络的权值和阈值。Widrow-Hoff 学习规则的权值变化量正比于网络的输出误差及网络的输入量。该算法无需求导数，因此比较简单，同时又具有收敛速度快和精度高的优点。但它只能反映输入和输出样本间的线性映射关系，且只能解决线性可分问题。图 2-16 给出了线性神经元模型，其传递函数为线性函数purelin( )。线性神经元的输出可以取任意值，输入和输出关系为：

$$y = \text{purelin}(wp + b) \tag{2-22}$$

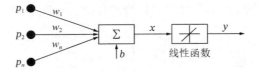

图 2-16　线性神经元结构示意图

对线性神经网络的训练可以调用train( )函数完成。利用train( )函数对线性神经网络进行训练，实际上是根据所给出的"输入—目标"样本矢量集，调用神经网络生成时所定义的权值和阈值学习函数learnwh( )对网络不断进行调节，最终使网络输出接近目标输出的过程。

线性神经网络模型的训练过程如图 2-17 所示。

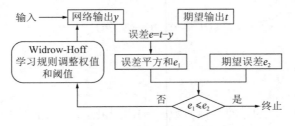

图 2-17　线性神经网络训练过程示意图

（2）BP 神经网络模型

线性网络只解决线性可分的分类问题，解决非线性分类问题需要用到多层网络。

1986 年，以 Rumelhart 和 McCelland 为首的科学家提出了一种按误差逆向传播算法训练的多层前馈网络，即 BP 神经网络，它也是目前应用最广泛的神经网络模型之一。BP 神经网络主要有输入层、中间层（神经元层）和输出层组成。输入层各神经元负责接收外部环境信息，并传递给中间层各神经元；中间层负责信息处理变换，根据信息变化能力的需求，中间层可以设计为单隐层或多隐层结构；最后一个隐层传递输出各神经元的信息，经过进一步处理后，完成一次学习的正向传播处理过程，由输出层向外界输出信息处理结果。

当实际输出与期望输出不等时，就开始进行误差的反向传播。误差按梯度下降的方式向隐层、输入层逐层反传修正权值。在周而复始的信息正向传播和误差反向传播过程中，各层的权值得到不断调整，一直进行到网络输出的误差减少到可以接受的水平，或者预先设定的学习次数为止，这就是神经网络学习训练的过程。BP 神经网络能学习和存贮大量输入—输出模式映射关系，而无需提供描述这种映射关系的数学方程。学习规则为最速下降法，通过误差反向传播来不断调整网络的权值和阈值，使网络的误差平方和最小。BP 神经网络与线性神经网络模型示意图较为类似，不同的是 BP 传输函数是非线性的，如图 2-18 所示。

BP 神经网络具有n个输入，每个输入都通过一个适当的权值w与下一层相连，网络输出可表示为$y = f(wp + b)$。在 BP 多层网络中，隐层神经元的传递函数通常使用logsig( )和tansig( )函数，如采用logsig( )函数的输出为：

$$y = \text{logsig}(wp + b) \tag{2-23}$$

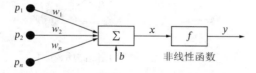

图 2-18 BP 神经网络结构示意图

如果多层 BP 神经网络的最后一层是 sigmoid 型神经元，那么网络的输出将限制在一个很小的范围内。如果最后一层是 purelin 型线性神经元，那么网络的输出可以取任意值。

典型的多层 BP 神经网络结构如图 2-19 所示。BP 神经网络的学习过程分为两个阶段：第一阶段是输入已知学习样本，通过设置的网络结构和前一次迭代的权值和阈值，从网络第一层向后计算各神经元的输出；第二阶段对权值和阈值进行修改，从最后一层向前计算各权值和阈值对总误差的影响，据此对各权值和阈值进行修改；这两个阶段往复进行，直到收敛。

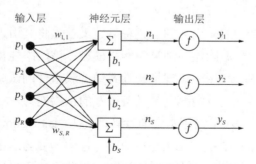

图 2-19 典型多层 BP 神经网络结构示意图

近年来，对于 BP 神经网络的研究较为广泛，出现了几种基于标准 BP 算法的改进算法，包括动量 BP 算法（MOBP）、学习率可变的 BP 算法（VLBP）、弹性算法（RPROP）、变梯度算法（CGBP）、SCG 算法、拟牛顿算法、LM 算法等。

对于一个给定的问题，采用哪种训练方式训练速度最快，很难预知。因为问题的复杂性、训练样本集的数量、网络权值的阈值和数量、误差目标和网络的用途等因素都不尽相同。但是，大量试验表明，对于包含较多权值的函数逼近网络，LM 算法的收敛速度最快，且精度很高。每种算法都有其优越性，因此，对于具体的问题要通过分析比较才能知道最优算法。

（3）径向基神经网络模型

1988 年，Moody 和 Darken 提出了一种神经网络结构，即径向基函数（RBF）神经网络。RBF 神经网络包括输入层、隐层（径向基层）和输出层。输入信号传递到隐层，隐层节点函数一般为具有辐射作用的高斯函数，输出层节点通常是简单的线性函数，其结构如图 2-20 所示。

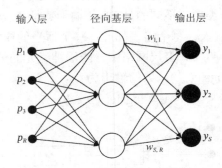

图 2-20　RBF 神经网络结构示意图

RBF 神经网络拓的扑结构根据具体问题而定，具有自学习、自组织、自适应功能，它对非线性连续函数具有一致逼近性，学习速度快，可以进行大范围的数据拟合，可并行高速处理数据。目前，RBF 神经网络已经成功地用于非线性函数逼近、时间序列分析、数据分类、模式识别、信息处理、系统建模、控制和故障诊断等领域。

5. 神经网络在纳滤中的应用

最近十余年，人工神经网络已经开始被应用到膜技术领域，为膜过程的研究和应用提供了一种非传统的表达工具。到目前为止，采用 ANN 进行研究的膜过程包括微滤（MF）、超滤（UF）、纳滤（NF）以及反渗透（RO）等。

Bowen 等在成功地将 ANN 引入超滤过程后，又首先将其引入到纳滤过程，建立了预测纳滤膜对无机盐截留率的单隐层前馈神经网络模型。该网络能预测单组分溶液与混合物溶液两种情况下的截留率。利用中试规模的卷式纳滤膜组件的试验数据，对模型进行训练和测试，结果表明，模型在两种情况下都具备很好的预测能力。

Shetty 等在用纳滤脱除城市饮用水中消毒副产物（Disinfection By-Products，DBPs）前体物的研究中引入了 ANN 方法。DBP 是在消毒过程中，氯与水中的有机物发生化学反应而生成的化合物，其成分复杂，理化性质不清楚，因此无法用机理或模型来描述其纳滤过程。统计学方法检验的结果表明，在水源、膜种类及操作条件变化时，ANN 预测结果与实验数据在 95% 的置信水平上没有差别。

Chen 等将 ANN 与遗传算法（Genetic Algorithm，GA）结合，考察天然有机物（Natural

Organic Matter，NOM）对纳滤膜的污染情况，旨在实现大规模纳滤工厂的成本优化。NOM 是纳滤处理天然水源时造成膜污染的重要因素，但其污染机理十分复杂，难以用现有的机理模型描述。根据试验数据建立了预测大规模纳滤系统的膜污染状况的神经网络，并根据结果估算投资与运行维护成本，最后，运用 GA 方法实现系统的成本优化。对一个处理量为 38 万 t/d 的纳滤工厂的模拟优化计算表明，ANN 与 GA 的结合对操作成本的优化起着很重要的作用。这一研究拓展了 ANN 在膜技术中的应用。

2.5　纳滤膜水化学

水溶液中的元素以不同的形态存在，形态的相对浓度很大程度上取决于一系列特定的溶液条件，包括料液浓度、pH 值、氧化还原电位、温度和压力等。而元素的形态以及所在的水环境条件也会影响纳滤膜的截留性能。本节主要介绍物质在水中的化学形态的影响因素、纳滤膜截留效果产生影响的化学过程及纳滤膜性能的影响因素等。

2.5.1　物质化学形态的影响

1. 离子强度对化学形态的影响

在非常稀的溶液中，离子种类的活度受邻近带电离子存在的影响最小，不同物质的摩尔活度与浓度容易测出，这样的稀溶液称为理想溶液。在浓度较高的溶液中，物质的活度通常低于它们的浓度，物质的活度和浓度之间的差异比较明显。通常情况下，水化学中大量的化学表达式是根据物质的浓度写成的，且浓度和活度存在如下关系：

$$\{S_i\} = \gamma_i[S_i] \tag{2-24}$$

式中：$\{S_i\}$——离子 i 的活度；

　　　$[S_i]$——离子 i 的浓度；

　　　γ_i——校正系数。

其中，γ_i 可以由 Davies 经验公式推出：

$$\ln \gamma_i = -AZ_i^2 \left(\frac{I^{\frac{1}{2}}}{I + I^{\frac{1}{2}}} - bI \right) \tag{2-25}$$

式中：I——溶液中离子强度，由式(2-26)计算；

　　　A——由系统绝对温度决定的介电常数；

　　　b——经验常数，介于 0.2～0.3 之间；

　　　Z_i——离子 i 的电荷数。

$$I = \frac{1}{2} \sum_i Z_i^2 [S_i] \tag{2-26}$$

用 Davies 经验公式得到的活度系数可以用来修正适合于理想条件的热力学平衡常数。

2. 温度和压力对化学形态的影响

化学动力学参数通常是在 25℃、1atm 的条件下测量得到，在其他温度和压力条件下，需要进行修正。热力学平衡常数对温度和压力的依赖可以描述为：

$$\left(\frac{\partial \ln K}{\partial T}\right)_P = \frac{\Delta H^o}{RT^2} \tag{2-27}$$

$$\left(\frac{\partial \ln K}{\partial P}\right)_T = \frac{\Delta V^o}{RT^2} \tag{2-28}$$

式中：ΔH^o、ΔV^o——反应在标准条件下发生时的净焓变和净体积变；

　　　　K——平衡常数；

　　　　T——热力学温度。

假定这些参数在一定范围内相对恒定，那么对表达式积分可以得到：

$$\ln\frac{K_2}{K_1} = -\frac{\Delta H^o}{R}\left(\frac{1}{T_2} - \frac{1}{T_1}\right) \tag{2-29}$$

$$\ln\frac{K_2}{K_1} = -\frac{\Delta V^o(P_2 - P_1)}{RT} \tag{2-30}$$

在膜滤系统中，除了考虑温度和压力对物质分布的影响外，还需要考虑这些参数对纳滤膜性能的影响。

2.5.2　影响纳滤截留的化学过程

决定水溶液中溶质形态，并由此对纳滤膜的排斥产生影响的主要化学转化过程主要包括：酸碱转化作用、络合作用、沉淀作用、氧化还原作用和吸附作用等。以下将简要描述每一种转化过程对纳滤膜截留的影响。然而，目前往往还不能够完全清楚地说明纳滤过程中物质的化学形态，因此讨论在纳滤膜过滤中物质的形态变化也至关重要。

1. 酸碱转化作用

溶质的酸碱变化会引起相关的质子的增加或减少，从而导致溶液形态的变化，这也会影响纳滤膜的排斥程度。这种变化或多或少地涉及荷电物质的形成，也会涉及相关固态物质的改变。

在水体系中存在许多质子增加或电荷变化的例子。比如自然水域最常见的弱酸体系有碳酸盐、硅酸盐、氨、磷、硫和硼酸等。在大多数情况下，去质子化导致负电荷物质的形成，在这些情况下，纳滤膜的截留率增加，这是因为纳滤膜表面一般带负电。然而，纳滤膜的排斥程度随着进水浓度的增加而减少。当阳离子浓度增大时，膜表面的负电荷基团的屏蔽效果增强，从而降低了表面共离子排斥作用。

2. 络合作用

溶液中阳离子和阴离子的相互作用可以形成可溶性的络合物，络合物的种类取决于溶液的 pH 值、反应物浓度、温度等条件。如图 2-21 所示，对于铀酰离子 UO_2^{2+}，在典型的水与大气平衡的条件下（$P_{CO_2} = 10^{-3.5}$atm），阴离子碳铀酰电荷占主导地位；当 pH 值为 6.5 和 5.5 左右时，单价阴离子羟基碳酸盐为优势形态分布，但在更强的酸性条件下时，这种优势被优势阳离子 UO_2OH^+ 和 UO_2^{2+} 所取代。

纳滤膜对不同形态的离子截留效果差异很大。带负电荷的纳滤膜会对阴离子态的物质产生高截留率，当 pH 值低于 6～7 时，纳滤膜的截留率会大大降低。

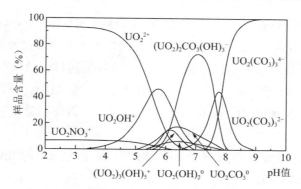

图 2-21　不同 pH 值下铀酰离子的形态分布

3. 沉淀作用

固体物质的沉淀作用会加强纳滤膜对固体物质的截留，但沉淀和截留行为的相关关系会因浓差极化效应变得更加复杂。

溶液中的氢氧根或碳酸盐的沉淀作用会影响许多物质的膜过滤行为。因此，铁盐和铝盐很容易在较大 pH 值范围内形成氢氧化物固体，并被纳滤膜保留。然而，这些物质的沉淀受 pH 值的影响，某些条件下离子强度可能会降低。如在较低 pH 值条件下，Fe^{3+}、$FeOH^{2+}$、$Fe(OH)^{2+}$ 在溶液中起主导作用，物质形态发生变化，可以通过纳滤膜；出于同样的原因，在较高 pH 值条件下，形成的 $Fe(OH)_4^-$ 和 $Al(OH)_4^-$ 等阴离子形态被纳滤膜截留。在这种情况下，截留的程度取决于离子强度，随着离子强度的增加，纳滤膜的截留率将增加。

4. 氧化还原作用

氧化还原作用可能引起物质形态的巨大变化，例如溶解态和沉淀态，物质带负电、不带电和带正电等性质的变化，进而影响纳滤膜的截留效果。表 2-2 列出了不同 pH 值条件下水体中常见物质发生的半反应。如果产物是固态而反应物是溶解态，或者相反，氧化还原作用可能会引起纳滤膜对相应元素的截留效果发生较大变化。如果氧化还原转化导致最初存在的物质的电荷发生变化，则观察到的排斥反应的变化可能不那么剧烈，但其作用仍然显著。

水体及饮用水处理中存在污染物的半反应　　　　　　　　　　　　　　表 2-2

半反应	pH 值
$NO_3^- + 8e^- + 10H^+ \Longrightarrow NH_4^+ + 3H_2O$	< 9.24
$NO_3^- + 8e^- + 9H^+ \Longrightarrow NH_3 + 3H_2O$	> 9.24
$SO_4^{2-} + 8e^- + 9H^+ \Longrightarrow HS^- + 4H_2O$	> 7.02
$SO_4^{2-} + 8e^- + 10H^+ \Longrightarrow H_2S + 4H_2O$	< 7.02
$MnO_2(s) + 4H^+ + 2e^- \Longrightarrow Mn^{2+} + 2H_2O$	—
$Fe(OH)_3(s) + 3H^+ + e^- \Longrightarrow Fe^{2+} + 3H_2O$	—

5. 吸附作用

溶解在水中的胶体或其他污染物被吸附到纳滤膜，或者吸附到积聚在纳滤膜表面的微粒，均会影响纳滤膜的截留特性。以 U（Ⅵ）为例，pH 值低于 6 时，水溶液中铀酰的主要形态为 UO_2^{2+} 和 UO_2OH^+，在 CO_2 分压升高的体系中，铀主要形态为 UO_2CO_3。这些形态的物质不会因筛分效应或道南效应截留，而较容易通过带负电荷的纳滤膜。但在含 U（Ⅵ）的原水中添加无定形氧化铁，在 pH 值低于 6 的区域内，可以诱导 U（Ⅵ）有效吸附在氧化物表面，进而形成铀-氧化铁形态。此时，吸附作用就显著改变了纳滤膜的截留率。

以上发生在饮用水中的化学过程会影响纳滤膜的截留效果。除此以外，纳滤膜本身的性能对截留率也有较大影响。

2.5.3　纳滤膜性能的影响因素

纳滤膜的性能主要包括选择性、通量、截留能力和稳定性等。膜的选择性受膜孔径及其分布、组分在膜中溶解的扩散性、荷电性及密度、选择载体组分等因素的影响；膜的通量及截留率受膜厚度、驱动力、供料组成、供料组分性质、渗透压等因素的影响；膜的稳定性则受膜的化学和机械稳定性、吸附作用、组件构型、供料速率和切向速度等因素的影响。在实际操作过程中，膜的选择性往往较为固定，可变的性能主要是膜的通量、截留能力和稳定性等，这些性能往往受到以下因素的影响：

1. 操作压力

操作压力对膜性能的影响可以用纳滤过程中包含推动力和阻力因素的经验公式来表示。式 (2-1) 和式 (2-2) 表明，料液浓度与压力以及水通量上升呈现正相关关系。式 (2-3) 表明，盐通量与压力无直接关系，只是膜两侧盐浓度的函数。随着压力增加，透过膜的水量增大，而盐量不变，故脱盐率增大；与此同时，组分在透过液内的浓度减小，膜两侧盐浓度差增大，从而降低脱盐率。这两方面的共同作用导致脱盐率增加逐渐变缓。

2. 运行时间

膜通量会随着运行时间的延长而降低，尤其是在运行初期，通量下降较快，此后通量逐渐趋于稳定。有学者认为产生此现象的原因是膜在一定压力下运行时被压实，这个压实过程在初期是迅速的，造成通量快速下降，此后压实作用逐渐变弱，因此通量渐渐趋于稳定。

3. 溶质回收率

随着溶质回收率的提高，水通量、溶质截留率均有所下降。溶质回收率越高，浓缩液的最终浓度也越高，此时料液的渗透压增大，有效操作压力下降，同时因浓度升高，膜污染加剧且通量下降。随料液浓度升高，溶质穿过膜的推动力变大，更多的溶质穿过膜进入透过液侧，纳滤膜对溶质的截留率下降。

4. 溶质特性

溶质分子粒径是影响纳滤膜截留性能的一个重要因素，小分子比大分子更易穿过膜，当分子粒径增大时，截留率往往上升。纳滤膜的截留相对分子质量越小，截留率越低，截留相对分子质量越小的纳滤膜，对同一相对分子质量的有机物的截留率则越高。

溶质分子的极性会降低纳滤膜的截留率。分子两极中带有与膜相反电荷的那一极更易于接近膜面，并且易进入膜孔与膜内部结构中，从而使截留率下降。与具有同样粒径的非极性分子相比，极性分子具有较低的截留率。

溶质的荷电情况也会影响截留率。当溶质所带电荷与膜面所带电荷相同时，膜对该溶质有较高的截留率，反之亦然。对于小孔径的纳滤膜，溶质电荷对截留率的影响较小；而对于大孔径膜，电荷的影响较大。当孔径非常大时，溶质的电荷可能会成为高荷电纳滤膜截留率的决定性因素。

5. 浓差极化

浓差极化会增大纳滤膜内侧的渗透压，减小有效操作压力。同时，浓差极化现象会造成溶质在膜面沉积，形成阻力层，阻止溶剂的通过，即浓差极化的存在会降低纳滤膜的通量。浓差极化层对溶质渗透性的影响比较复杂，其中某些溶质的浓度比主体料液中的高，增大了这些溶质穿过纳滤膜的推动力，从而使截留率降低；同时因浓差极化层的存在，增加了某些溶质的扩散阻力，又使这些溶质的渗透性降低。

6. 共离子和道南效应

纳滤膜对离子的截留率受共离子的影响强烈。对同一种纳滤膜而言，在分离同种离子且该离子浓度恒定的条件下，共离子价数相等，共离子半径越小，膜对该离子的截留率越低。纳滤膜对二价离子的截留率较一价离子的截留率高得多。这主要是由于离子半径和静电斥力的作用影响。

道南（Donnan）离子效应是溶质截留的主要机理之一。对于不同自由离子的离子选择性纳滤膜，离子的分布平衡会导致离子穿过纳滤膜，由于 Donnan 效应，穿透率随离子浓度的变化而改变。例如，如果溶液中含有 Na_2SO_4 和 NaCl，纳滤膜对 SO_4^{2-} 的截留率要比 Cl^- 高；当 Na_2SO_4 浓度增加时，纳滤膜对 Cl^- 的截留率下降。为了维持电中性，Na^+ 也会穿过膜。

7. 离子浓度

离子浓度的增加会导致纳滤膜浓水侧的渗透压增大，降低有效渗透压力，从而使通量下降。此外，较高的离子浓度也会降低膜与荷电粒子间的吸引或排斥力，使纳滤膜截留溶质的能力下降。水通量取决于进料液的离子浓度，较高的离子浓度会造成水通量的急剧减小，离子的截留率也随离子浓度的增加而下降。

8. 膜通量

在某一较长时间段内进行纳滤操作发现，初始通量大的纳滤过程，透过液总量并不一定多，因为此时通量随操作时间衰减较快。初始通量大时，溶质在水分子的带动下向膜面运行的速度快，单位时间内被膜截留的溶质多，溶质此时更易在膜面沉积造成污染，从而使通量快速衰减，最终通量稳定在一个较小值上。初始通量可通过控制初始操作压力来控制，运行初期使用较小压力，然后再慢慢增加压力，可以延缓污染速度并减少不可逆污染。

对于纳滤过滤而言，存在一个渗透通量值J_c，这个J_c被称作临界通量。如果过程的初始通量$J_0 < J_c$，则通量不随时间衰减；反之，若$J_0 > J_c$，就会出现明显的膜污染，通量也将随时间衰减。临界通量有两种极端表现形式，一种即所谓强临界通量，它与相同跨膜压差

（TMP）条件下的纯水通量相等；另一种是弱临界通量，它是一个稳定的通量，过程开始时就迅速形成并保持下去。临界通量越高，对膜过程越有利。

9. 温度

温度升高，水的黏度系数降低，过滤水量增大。一般而言，纯水渗透量的增量比溶质扩散性的增量要小，因此温度升高将使溶质渗透性增大，最终使截留率降低。可以通过理论归一化通量（Hagen-Poiseuille）方程和杜邦方程表征温度对纳滤膜通量的影响。

（1）理论归一化通量方程

式 (2-31)为 Hagen-Poiseuille 方程，该方程表示了通过膜孔的流动体积流量F_W与黏度、孔径、孔隙率、施加压力ΔP和膜厚度间的关系（Cheryan，1986）。

$$F_W = \frac{\Delta P}{R_W} = \frac{\varepsilon r^2 \Delta P}{8\delta\mu} = \frac{1}{\mu}\frac{\varepsilon r^2 \Delta P}{8\delta}\tag{2-31}$$

式中：ε——孔隙率；

$\quad\quad r$——孔半径；

$\quad\quad \mu$——透过液的黏度系数；

$\quad\quad \delta$——膜的厚度；

$\quad\quad R_W$——流经管道的阻力。

假定纳滤膜的孔隙率、孔隙半径、黏度和厚度为常数，则可以引入温度校正因子TCF：

$$\mathrm{TCF} = \frac{F_T}{F_{25℃}} = \theta^{(T-25℃)}\tag{2-32}$$

式中：TCF——温度校正因子；

$\quad\quad T$——温度，℃。

上式中的θ可通过作图或线性回归的方法确定，将该式代入到 Hagen-Poiseuille 方程中得：

$$\lg\frac{F_T}{F_{25℃}} = \lg\frac{\mu_{25℃}}{\mu_T} = (T-25℃)\lg\theta\tag{2-33}$$

然后以$\lg\frac{\mu_{25℃}}{\mu_T}$对$(T-25℃)$进行回归或作图来求解$\lg\theta$，理论推导的结果如式 (2-34)所示。一般膜厂家会为其产品开发温度校正方程式，该温度方程式同时考虑了水和膜的温度变化的影响，可以计算黏度随温度的变化。

$$\mathrm{TCF} = \frac{F_T}{F_{25℃}} = 1.026^{(T-25℃)}\tag{2-34}$$

（2）基于运行数据的温度校正因子

另一种理论是通过运行数据建立传质系数与温度的统计关系，从而得出 TCF。该方法假定已对膜进行了有效清洁，考虑了温度对水和膜的影响。

$$\mathrm{TCF} = \frac{F_T}{F_{25℃}} = \theta^{(T-25℃)}\tag{2-35}$$

取对数可得：

$$\lg\frac{F_T}{F_{25℃}} = \lg\frac{\mathrm{TCF}_{25℃}}{\mathrm{TCF}_T} = (T-25℃)\lg\theta\tag{2-36}$$

同理，将运行数据的$\lg\frac{\mathrm{MTC}_{25℃}}{\mathrm{MTC}_T}$对$(T-25℃)$作图，斜率即$\lg\theta$。

（3）杜邦方程

杜邦 B-10 膜的 TCF 通常用于归一化通量，公式如式 (2-37)所示（PEM，1982）。1.03 的数值和理论的 θ（$\theta = 1.026$）基本一致。

$$\text{TCF} = \frac{F_T}{F_{25℃}} = 1.03^{(T-25℃)} \tag{2-37}$$

2.6　本章小结

本章重点介绍了纳滤膜原理，纳滤膜一方面具备超滤膜的空间位阻效应，另一方面具有溶解-扩散效应，同时受膜表面荷电的影响。纳滤膜的性能受到操作压力和料液流速、操作时间、溶质回收率等因素的影响，可以通过膜通量、产水率或截留率来表示。常见的纳滤模型包括：非平衡热力学模型、溶解-扩散模型、电荷模型、细孔模型、静电排斥和立体位阻模型、道南-立体细孔模型和神经网络模型等，并仍在不断发展。压力式有机纳滤膜系统是目前市政饮用水厂应用较多一种，同时无机纳滤膜相关的研究也值得广泛关注。

参 考 文 献

[1] 方彦彦, 李倩, 王晓琳. 解读纳滤：一种具有纳米尺度效应的分子分离操作[J]. 化学进展, 2012, 24(5): 863-70.

[2] 彭辉. 操作因素对纳滤膜分离性能的影响[D]. 成都: 四川大学, 2005.

[3] LI C, SUN W, LU Z, et al. Ceramic nanocomposite membranes and membrane fouling: A review[J]. Water Research, 2020, 175.

[4] SCHÄFER A I, FANE A G. Nanofiltration: Principles, Applications and Novel Materials[M]. Wiley, 2021.

[5] VAN DER BRUGGEN B, VANDECASTEELE C. Removal of pollutants from surface water and groundwater by nanofiltration: overview of possible applications in the drinking water industry[J]. Environmental Pollution, 2003, 122(3): 435-445.

[6] FUJIOKA T, MY THI TRA N, MAKABE R, et al. Submerged nanofiltration without pre-treatment for direct advanced drinking water treatment[J]. Chemosphere, 2021, 265(2): 129056.1-129056.8.

[7] CHEN J C, SEIDEL A. Cost optimization of nanofiltration with fouling by natural organic matter[J]. Journal of environmental engineering-asce, 2002, 128(10): 967-973.

CHAPTER THREE

第 3 章

纳滤去除饮用水中典型污染物

Nanofiltration Technology for
Drinking Water Treatment

随着我国经济的迅速发展和城市化进程的加快，工业、农业废水和生活污水大量排放，饮用水所受到的污染日益加剧，突发性水污染危机也时有发生。与此同时，人们对饮用水水质要求不断提高。我国于 2023 年 4 月 1 日起开始实施新的《生活饮用水卫生标准》GB 5749—2022，全国各地也相继制定地方标准；2018 年 10 月 1 日起，上海市开始实行《生活饮用水水质标准》DB31/T 1091—2018，这是我国第一个饮用水地方标准；2020 年 5 月 1 日起，深圳市地方标准《生活饮用水水质标准》DB4403/T 60—2020 正式实施。这些标准的出台对改善水质、提供高品质饮用水有着深远意义。饮用水水质安全问题和高品质饮用水处理问题已成为政府、人民和科研工作者广泛关注的热点问题。

目前，有多种水处理技术及工艺，这些技术和工艺适用于不同的水质。我国传统的水处理工艺"混凝-沉淀-过滤-消毒"以去除原水中胶体和悬浮物质为主，对微污染水的有机物和氨氮的去除能力十分有限；同时，水中无机离子、天然有机污染物、合成有机物等污染也日益受到重视，传统的水处理工艺面临着新的挑战。

本章从饮用水净化的角度出发，总结了纳滤对饮用水中无机离子、有机污染物、微生物污染及痕量无机污染物等的去除效果及研究进展。

3.1 纳滤饮用水脱盐

根据《生活饮用水卫生标准》GB 5749—2022，水中硝酸盐和硫酸盐等无机盐离子的含量必须分别降低到 10mg/L 和 250mg/L 以下，才能满足饮用水标准。纳滤膜脱除硫酸盐、硝酸盐的效果已有相关的研究。

3.1.1 硫酸盐

硫酸盐对健康的影响相对来说是短期的，但过量摄入硫酸盐会引起急性腹泻；另外，当含有大量硫酸盐的水与某些金属材料接触时，可能发生硫酸盐还原，产生硫化氢，腐蚀管道。因此，非常有必要减少和控制饮用水中的硫酸盐含量。

纳滤膜对硫酸盐的去除效果非常显著。Kosutic 等用 NF、NF270 两种类型的纳滤膜，对来自克罗地亚的天然水域和人工水域的水源进行试验，发现这两种类型的纳滤膜对硫酸盐的截留率都非常高，特别是 NF270 纳滤膜，在 6.8bar 和 10bar 的压力下，其对硫酸盐的截留率均达到了 99% 以上。我国西北某地区地下水无机盐含量超标，麦正军等针对该区域水源特点，配制了与该地下水水源成分相似的多离子超标的试验原水，考察了操作压力和进水流量对 NF270、NF90 两种商业纳滤膜脱盐效能的影响，发现 NF270、NF90 两种纳滤膜在操作压力为 0.5MPa、进水流量为 350L/h 时，对硫酸盐的去除率分别为 99.42%、99.76%。笔者在对山西阳泉地下水纳滤水厂的研究中发现，纳滤对硫酸盐的去除率约为 99%；在对张家港地表水纳滤水厂的研究中，对硫酸盐的去除率为 96%。

3.1.2 硝酸盐

饮用水中的溶解性氨和硝酸盐会对人的健康产生慢性影响，并对环境健康存在潜在危害。如饮用水中等等硝酸盐含量超过 50mg/L，会导致 6 个月以下婴儿患缺铁血红蛋白症。土壤施肥等过程产生的农业废水排放到地表或渗入地下时会造成硝酸盐的积累，其含量经常接近甚至超过生活饮用水标准。

在纳滤膜分离过程中，由于膜表面存在荷电性，硝酸盐和亚硝酸盐与纳滤膜发生作用被截留，而水可以通过膜，从而实现水和硝酸盐的分离。纳滤膜可以去除原水中的部分硝酸盐。美国 Film Tec 公司生产的 NF270 膜对硝酸盐有 76% 的截留作用。Schaep 等使用不同种类的纳滤膜对原水无机盐的截留率进行测试，发现几乎所有的纳滤膜对多价离子的截留率均可以达到 90%，对单价离子如硝酸盐的截留率在 60%～70% 之间。Kelewoua 等研究了纳滤膜对不同离子的截留率。结果表明，纳滤膜对硝酸盐等单价离子的去除率低于 50%，这是因为低价离子形成的电势差较小，导致截留率较低。Garcia 等比较了 NF、NF90、OPMN.P 和 OPMN.K 4 种膜对水中硝酸盐的去除效果，发现 NF90 膜去除饮用水中硝酸盐的效果最好，去除率约为 88%，且基本不会受到原水中硝酸盐浓度的影响。

3.2　纳滤饮用水软化

软化与脱盐是饮用水处理过程中要考虑的重要部分，两者都是从饮用水中去除无机盐，但软化主要考虑的是从水中去除能形成水垢的金属离子。饮用水中含有的 Ca^{2+}、Mg^{2+} 是形成硬度的主要原因，水中硬度对人体的健康会产生影响。饮用不同硬度的水，可能会引起胃肠功能的暂时性紊乱。硬度过高的水不仅口感极差，水中矿物质的含量也过高；硬度过低的水中所含的微量元素又不足以满足人的需求。长时间饮用硬度过高或过低的水，都会影响人的健康。

纳滤膜可以有效降低饮用水中的总硬度。张显球等采用 NF270 和 NF90 两种纳滤膜在南京某自来水厂进行软化处理的试验研究。结果表明，在 0.4～1.2MPa 的操作压力和 15～30℃温度区间，NF270 膜和 NF90 膜的产水的总硬度分别在 0.5mmol/L 和 0.01mmol/L 以下，对硬度的去除率分别接近 85% 和 100%。纳滤膜的软化效果也优于传统的深度处理工艺。Yeh 等研究了臭氧-活性炭工艺、颗粒软化、全流程膜工艺等方法对湖水硬度的去除效果。结果显示，这些方法都可以降低原水硬度，但膜处理工艺（UF/NF）的水质最优：当原水浊度为 0.3NTU 时，总硬度去除率高于 90%。国内外很多地区已经成功将纳滤膜分离技术用于饮用水软化。1998 年，比利时使用由日本东丽公司生产的纳滤膜 UTC20 对当地沿海地区饮用水进行除硬试验。结果表明，这一纳滤膜对 Ca^{2+} 的截留率达到 94%，同年，英国使用 Film Tec 生产的 NF200 纳滤膜处理深井水，去除了 50% 的钙硬度。我国在 1997 年于山东长岛南隍城建成投产国内首座工业化 144t/d 纳滤系统，该系统的总脱盐率约为 81%，对 Ca^{2+}、Mg^{2+} 的脱除率超过 96%。

纳滤作为一种新兴的软化手段，软化效果较好，能耗较低，技术也日益趋近成熟，可以替代传统的石灰软化和离子交换软化，目前已广泛用于饮用水生产过程中。

3.3 纳滤去除有机污染物

3.3.1 天然有机污染物

天然有机物（NOM）是生物聚合物及其降解产物形成的非均质混合物，由具有不同性质和分子大小的组分组成，对NOM进行处理的过程会产生有害的副产物。饮用水中的NOM不仅会引起诸如色度、臭和味等感官问题，而且会结合和携带有害污染物。在饮用水供水管网系统中，可生物降解的溶解性有机物会导致细菌生长和生物膜形成。生物膜形成的可能性可以由可生物同化有机碳（AOC）或可生物降解的溶解有机碳（BDOC）测得，通常占DOC的20%～30%。NOM本身不被视为有毒物质，但在消毒过程中，它会与氯发生反应，形成氯化消毒副产物（DBPs），如三卤甲烷（THMs）和卤乙酸（HAAs），这些消毒副产物都属于致癌物。因此，去除NOM，尤其是消毒副产物的前体物和AOC/BDOC，是水处理工艺的重要组成部分。此外，消毒或氧化前去除NOM是控制消毒副产物（DBP）的主要策略。

NOM成分的差异使其难以从饮用水中完全去除。由混凝和砂滤组成的常规饮用水处理工艺能够去除50%以上的高疏水性化合物，但只有不到25%的低摩尔质量（Molar Mass，MM）化合物能够被去除。因此，在饮用水处理中，研究人员开发和应用了新兴的水处理技术去除NOM和DBP前体物，以满足新的水质标准的要求。

研究表明，纳滤膜的截留分子量在200～400Da之间，对NOM的总截留率高于90%。大分子量的NOM及多糖和腐殖质等化合物可以被纳滤膜截留，而小分子量的NOM会透过纳滤膜。Meylan等指出，截留分子量为300Da的纳滤膜可去除98%～99%的DOC，多糖和腐殖质几乎完全被截留；对低分子量的NOM的截留率为97%，低分子量中性和疏水性NOM的截留率分别为94%和88%。Ates等研究表明，致密纳滤膜对天然水体中DOC的截留率为85%，对平均MM为12kDa的化合物的截留率为98%，对平均MM为1.8kDa化合物截留率仅为30%。而水中NOM分子量分布范围很广，仍需和其他工艺结合才能完全去除小分子量NOM。

1. 原水浓度对去除效果的影响

纳滤膜对NOM的去除率不会明显受到DOC含量、腐殖质含量和pH值等因素的影响。然而，去除率会随着回收率的增加而增加，且原水浓度增加时，膜表面可能形成浓差极化层。当原水的NOM浓度较高，特别是膜截留率较高时，浓差极化效应更为明显。Jarusutthirak等研究表明，浓差极化层可能变得非常致密，从而阻止NOM渗透。随着NOM在膜表面不断积累，NOM和盐的截留率增加，渗透通量下降。

2. 水力条件对去除效果的影响

纳滤对NOM的截留率和渗透通量是"矛盾"的。S. Lee和C. H. Lee观察到，当使用纳滤膜过滤地表水时，通量越高，DOC截留率越低；因此，得出很难同时保证较高渗透通量和较高NOM截留率的结论。另一方面，一些研究人员发现，增加跨膜压力，可以使渗透通量增加，但对 NOM 的截留率没有明显影响；然而，随着跨膜压力增加，低分子量的 NOM 截留率可能会增加。Alborzfar 等发现，较高的过流速度和较低的跨膜压力会降低致密纳滤膜的通量，但 NOM 的去除率仍保持在 93%。Lee 观察到，随着过流速度的增加，纳滤膜对 NOM 的去除率也在增加。

3.3.2　合成有机污染物

合成有机污染物包括农药（Pesticides）、药品和个人护理用品（Pharmaceutical and Personal Care Products，PPCPs）和内分泌干扰物（Endocrine Disrupting Chemicals，EDCs）持续且大范围的出现，给饮用水处理带来了严峻的挑战。合成有机污染物可以通过各种途径进入环境中，包括生活废水、废水处理设施和工业排放的未经处理/处理过的废水、农业和农场径流与淡水/地表水混合，以及废弃药物的处理废水。其中，医院、住宅和制造业的废水被认为是合成有机污染物流入环境的主要点源。有些 PPCPs 不易被人类或动物完全代谢，并通过尿液和粪便排出体外。这些废水被排放到湖泊、河流等淡水水体中，用于灌溉、园艺和其他非饮用目的。进入饮用水厂的合成有机污染物也几乎无法通过常规水处理有效去除。混凝或絮凝只能去除 40% 以下的 EDCs 和药品（Pharmaceuticals，PhACs）。采用砂滤技术的 Mery-sue-Oise 污水处理厂的出水中，农药浓度超过 200ng/L。臭氧氧化、紫外线和膜处理技术可以提高对水中 EDCs 和 PhACs 的去除效果，其中膜滤技术不会引入中间产物。

1. 农药

在过去的几十年里，植物保护产品，通常被称为"农药"，是可持续生产优质食品不可或缺的一部分。农药在控制及干扰作物生长、除草、杀虫和防治植物病害方面具有重要作用。同时，农药的痕迹经常在地表水中检测到，这些化合物可能对健康产生潜在的不利影响。毒理学和流行病学研究确定的农药潜在健康风险包括癌症、遗传畸形、神经发育障碍和免疫系统损伤。

纳滤膜因其对低分子量中性溶质分子的筛分作用，可以有效地去除饮用水水中的农药残留物。Van der Bruggen 等使用美国 Film Tec 的 NF70 和 NF45、日本东丽公司的 UTC2 和 UTC60 共 4 种商用纳滤膜针对纳滤膜对农药的去除效果进行试验。结果表明 NF70 对农药的截留率最高，截留率可以达到 95%。Boussahel 等采用 NF200 和 Desal DK 纳滤膜去除地表水的农药残留物，同时研究了腐殖酸、硫酸根和氯离子等其他污染物的存在对农药残留物去除率的影响。结果表明 Desal DK 膜对除敌草隆外的其他农药的截留率均在 90% 以上，对敌草隆的截留率则低于 70%，这是由于敌草隆的偶极距较大，相比于其他非极性分子，更容易透过膜；而当水中有腐殖酸存在时，上述现象则更加明显，这是由于膜吸附了腐殖酸，带电性质发生变化；NF200 膜对敌草隆的截留率低于 50%，对其他农药的截留率在 70% 左右，但当水中有硫酸根离子存在时，纳滤膜对农药的截留率有所增加，他们认为这是由于被膜截留的硫酸根离子在膜面产生了阻塞效应。

笔者也进行了纳滤去除农药的相关研究，采集了某水厂原水、沉淀池出水、超滤产水、保安过滤器产水、一段产水、一段浓水、二段产水、二段浓水、三段产水、三段浓水及未经纳滤处理的水厂出厂水的水样，测定了上述水样中 94 种有机磷酸酯农药、36 种有机氯农药、49 种有机胺农药和 54 种其他未分类的农药的含量，结果证明纳滤对农药类有机污染物有好的去除效果。

纳滤去除农药和其他有机污染物，用于生产饮用水的一个实例是法国巴黎北部的 Mery-sur-Oise 污水处理厂。该工厂从 1999 年开始使用纳滤技术处理水，出水质量十分理想，特别是对水中杀虫剂的去除效果较好。

2. 药物及个人护理用品

近年来，药品及个人护理用品（PPCPs），被广泛用于医疗行业和日常使用，已经成为人类日常生活的一部分。这类物质包括抗生素、止疼药、消炎药等药品和肥皂、香波、牙膏、香水、护肤品、防晒霜、发胶、染发剂等个人护理用品。这些物质的应用提高了人类的生存与生活质量，延长了人类的平均寿命；同时，也意味着更多 PPCPs 进入到环境中。大多数 PPCPs 进入水环境时浓度很低，不会造成突发性的危害，但其可能存在的潜在影响还不清楚，仍值得关注。我国是 PPCPs 的生产和使用大国，对当前 PPCPs 在水环境中的研究具有特别重要的意义。

研究表明，纳滤对 PPCPs 有比较良好的截留效果。Park 等研究了纳滤膜对 12 类 PPCPs 的处理效果，发现纳滤膜对绝大部分 PPCPs 去除率高于 85%。镇静类药物卡马西平 CB2 是一种典型的 PPCPs。黄裕等采用 NF270 和 NF90 两种纳滤膜处理这种药物，发现当 pH 值为 8.0，温度为（25±1）℃时，NF270 和 NF90 对 100µg/L 的 CB2 的去除率分别为 56% 和 92% 左右；同时，pH 值、Ca^{2+} 浓度、水温都对 CB2 的去除率有所影响。安替比林（ANT）和异丙基安替比林（AMT）是常用的热镇痛类药物。吴芳等基于溶解-扩散模型和薄膜理论建立模型，以预测 NF-X 纳滤膜对 ANT 和 AMT 的去除效果。结果表明，改变 ANT 和 AMT 的初始浓度和操作压力不足以引起纳滤膜通量的变化；在一定的温度下，渗透通量与操作压力线性相关，而与 ANT 和 AMT 初始浓度无关。

影响纳滤膜去除饮用水中 PPCPs 的效果的因素有很多。葛四杰等研究了溶液 pH 值、离子强度、腐殖酸浓度、操作压力、温度对纳滤膜去除镇痛类药物萘普生（NAP）效率的影响。结果表明，在 pH 值为 5.55～9.15、离子强度为 0～5mmol/L、腐殖酸浓度为 0～10mg/L、操作压力为 0.35～0.65MPa、温度为 16.5～36.5℃的条件下，纳滤膜对 NAP 的去除率在 83.9%～96.2% 之间。即纳滤膜分离技术可有效去除饮用水中微量 NAP。丰桂珍等研究了环境中小球藻和鱼腥藻对纳滤膜去除 NAP 的影响。结果表明，当藻源有机物存在时，纳滤对 NAP 的去除效果明显提高；小球藻存在时，纳滤膜对 NAP 的去除率的提高要鱼腥藻存在时的去除率。这与藻类的分子量分布、特征官能团结构等特性相关，但藻类在促进 NAP 去除的同时也降低了膜通量，加快了膜污染。表 3-1 为纳滤对几种典型药品（PhACs）的去除率。

不同 PhACs 去除率比较　　　　表 3-1

物质	浓度/（μg/L）	膜种类/材料/最大截留分子量/Da	去除率
磺胺甲噁唑 （Sulfamethoxazole）	750	NF90/PA/102	> 95%[①]
	750	NF270/PA/400	30%~99%[①]
	500	CK/CA/560	84.80%[④]
布洛芬 （Ibuprofen）	750	NF90/PA/102	> 99%[①]
	750	NF270/PA/400	> 90%[①]
卡马西平 （Carbamazepine）	750	NF90/PA/102	> 97%[①]
	750	NF270/PA/400	> 80%[①]
退热净 （Acetaminophen）	750	NF90/PA/102	> 90%[②]
	750	NF270/PA/400	> 30%[②]
	500	CK/CA/560	11.80%[④]
二甲苯氧庚酸 （Gemfibrozil）	1	TS80/CA/560	86.50%[③]
	1	NF270/PA/400	16.70%

注：试验条件：①pH = 4~10；过流速率：30.4cm/s；②pH = 7；流速（V_T）：= 0.5m/s；跨膜压差（TMP）= 800kPa；③Ontario 湖的原水；④TMP = 30bar；pH = 7。

3. 内分泌干扰物

内分泌干扰物（EDCs）包括各种各样的微污染物，除了农药残留物（如杀虫剂、除草剂等）和药物等典型 EDCs，还包括工业用化学品，如氟化物、氯仿、双酚 A（BPA）等。这些污染物也对环境和人类健康构成巨大威胁。氯仿是一种疏水、非离子化合物，由于疏水-疏水溶质-膜之间等等相互作用，纳滤膜对氯仿有较高的截留率。BPA 是一种用于塑料和树脂生产的化学物质。纳滤膜对其有较强的有亲和力，初始去除率超过 80%；但 BPA 与膜的结合不是很强，可能会发生脱附，从而污染物透过膜，使截留率降低。表 3-2 为纳滤对几种典型 EDCs 的去除率。

不同内 EDCs 去除率　　　　表 3-2

物质	浓度/（μg/L）	膜种类/材料/最大截留分子量/Da	去除率
雌激素酮 （Estrone）	0.1	NF90/PA/102	> 82%[⑤]
	0.1	NF270/PA/400	> 82%[⑤]
	0.1	CK/CA/560	8.20%[⑥]
雌甾二醇 （Oestradiol）	0.1	NF90/PA/102	> 80%[⑤]
	0.1	NF270/PA/400	> 80%[⑤]

注：试验条件：⑤过流速率 = 30.4cm/s；渗透通量 = 15μm/s；pH = 6；⑥在电解质溶液中，pH = 7。

3.3.3　藻类及藻毒素

藻类是饮用水致突变物质的重要前体之一，是饮用水处理中生物稳定性方面的不安定因素。高藻水在处理过程中会消耗大量混凝剂，堵塞滤池，并减少出水量，其分泌物大多为消毒副产物的前体物，还将产生对人体有毒副作用的藻毒素。藻毒素是一种十分复杂的有机物，主要分为神经毒素、肝毒素和皮肤毒素，以及位于细胞壁外层的脂多糖内毒素。研究表明，淡水藻中产生毒素最多的是蓝藻，而微囊藻毒素又是蓝藻水华污染中出现频率最高、产量最大、危害最严重的藻毒素，长期暴露在低浓度下还有致癌的危险。

浮游藻类直径一般为 1～500μm，通过纳滤膜的预处理就能得到大部分去除，剩余部分则可由纳滤膜去除，藻毒素也可由纳滤膜截留去除。研究表明，纳滤膜可以有效去除细胞外溶解性的微囊藻毒素，对微囊藻毒素和类毒素 α 的去除率可达 96%。Teixeira 等研究了纳滤膜对类毒素 α 和微囊藻毒素的去除效果及机理。结果表明，纳滤膜对初始浓度为 150μg/L 的微囊藻毒素的去除率不低于 97%，且去除率与无机物、有机物种类、浓度和原水的 pH 值没有明显的相关关系。纳滤对藻毒素的去除率高，且不会引入其他污染物或中间产物。

3.3.4　全氟化合物

全氟化合物（Perfluorochemical，PFC）是一类持久性阴离子表面活性剂。其中，全氟辛烷磺酸（Perfluorooctane Sulfonate，PFOS）和全氟辛烷羧酸（Perfluoroocat Anoate，PFOA）因其优良的热稳定性、化学稳定性及疏水疏油性能，被广泛用于纸张、电镀、防水材料及纺织品等的表面涂料。PFC 对试验动物及人类具有多种累积毒性，并具有一定的致癌特性，其安全性已受到了国内外研究工作者的广泛关注。2009 年 5 月 9 日，联合国环境规划署声明，将全氟辛磺酸、全氟辛磺酸盐和全氟辛基磺酰氟列入《关于持久性有机污染物的斯德哥尔摩公约》，160 多个国家和地区同意限制使用并最终停产、停用。

目前，PFC 可在地表水、地下水、空气、土壤、海洋、所有动植物及人体血清中被检出。鉴于其分布广、在生态系统中毒性累积性强、难以在环境中降解等特点，PFC 已成为国际水处理领域继内分泌干扰物、持久性有机污染物后的又一研究热点。目前，在美国、日本、欧洲及我国的几乎所有自来水水样检测中都发现了 PFC 的存在。因此，如何控制和去除饮用水中的 PFC，是目前水处理领域研究的热点，也是确保饮用水安全亟待解决的问题之一。

1. 水中 PFCs 的种类与用途

总体来看，大部分 PFC 产品含 4～10 个碳原子，其中又以 8 个碳原子的 PFC 最为稳定和普遍，相应的研究资料和数据也最多。所有 PFC 都是在全氟化或者部分氟化碳链上连接其他不同的官能团形成的，在这些 PFC 的基础上还可以衍生出其他多种 PFC。PFC 的氟化烃基部分同时具有疏水性和疏油性，被带电基团，如磺酸根或羧酸根活化后的氟化物均会具有表面活性剂的性质，如全氟辛烷磺酸（PFOS），具有防尘、防污、防水性能，常被用作纸张、地毯、纺织物和皮革等的防护。氟是电负性最强的非金属元素，C—F 共价键的极性最强。这种异常稳定的键使得 PFC 能抵抗各种化学或生化作用，甚至在某些强氧化剂和强酸碱等极端条件下仍保持稳定。

有研究表明，PFC 即使在浓硝酸溶液中煮沸 1h 也不分解，只有在高温焚烧时才发生裂解。PFC 对水解作用、光解作用、酸碱作用、氧化剂和还原剂的作用及生物降解作用都是稳定的。因此，常规使用的物理、化学、生物作用并不能使其有效降解。

2. 纳滤去除 PFCs 研究进展

近年来，纳滤技术对 PFC 的去除得到了广泛的研究。Tang 等研究了膜性质和水动力学条件对 PFC 去除率和透水通量的影响，并讨论了过滤过程中水通量下降的机制，以及通量稳定的时间。在过滤过程中，三种纳滤膜均在 24h 后达到通量稳定，初始通量越大，膜通量达到稳定后的通量下降越大。在去除率上，三种不同性质的纳滤膜对 PFOS 的去除率均在 90% 以上。

Zhao 等研究了 Ca^{2+}、Mg^{2+} 以及腐殖酸等对纳滤过程中 PFOS 去除率和通量的影响。研究发现，原水中加入钙、镁离子可显著增大 PFOS 的去除率。在跨膜压差为 0.4MPa 下，PFOS 去除率从 94.1% 上升至 98.6%。这主要是由于二价正离子与 PFOS 水中负离子形成络合物，增大了溶质分子粒径，从而被纳滤膜所截留。而腐殖酸的加入会导致 PFOS 去除率略微上升，原因是腐殖酸增强了膜和溶质分子之间的静电斥力。

韩慧丽研究了时代沃顿、海纳和沁森三种国产纳滤膜对 PFOS 的去除效果。试验发现，PFOS 分子不仅会被截留在原溶液中，还会附着在膜表面甚至膜孔内侧，从而阻止水分子和溶质分子的通过，导致通量下降。研究还提出了纳滤膜对于 PFOS 的吸附效应，试验结果与其他学者的研究结果相吻合，但是目前研究仅仅停留在去除效果阶段，关于通量下降以及 PFC 膜污染的原因和机制仍需做进一步研究论证。

3.4　纳滤去除生物类污染物

在自然条件下，饮用水很容易受到细菌、病毒和原生动物等有害微生物的污染。传统水处理系统无法消除不同的有机、无机污染物及致病微生物。饮用水水质的 pH 值、温度和浊度方面的轻微变化以及微生物病原体的性质和浓度都会显著影响传统方法的处理效率。本节主要介绍了水中病原微生物以及纳滤去除这些微生物的研究现状。

3.4.1　饮用水中的微生物

一般来说，大多数通过饮用水传播的病原体是通过人和动物的排泄物进入水中，如隐孢子虫能通过养殖场用于生产牛奶或肉类的地表径流污染水源系统。为提高植物生产力而使用牲畜粪便也可能导致水系统的微生物污染。一些致病菌，如军团菌则通过气溶胶传播。此外，管网系统是细菌附着的底层，易于形成生物膜。另一方面，水处理所形成的生物膜也可能支持病原微生物在短时间或长时间内的存在。需要引起重视的病原微生物主要包括粪便指示大肠菌群、某些种类的弯曲杆菌、分枝杆菌、机会性细菌种类（如军团菌和铜绿假单胞菌），以及肠道疾病的病毒，如腺病毒、杯状病毒、小圆病毒、轮状病毒等。此外，管网中的生物膜还促进了蠕虫的生长，包括组织内阿米巴、蓝氏贾第鞭毛虫和隐孢子虫。附着病原菌的生存能力在很大程度上取决于其生理和生物学特性，而不取决于周围的生态条件。因此，如果管理不当，在管网系统中存在的生物膜可能会成为病原微生物的"培养基"，进而对人体健康造成严重危害。

水体中存在种类繁多的微生物，大部分微生物对人体是无害的，且对水环境的生态系统的正常运转发挥着重要作用；但也存在可引发腹泻、肠胃炎、肺炎、伤寒等多种疾病的致病微生物，给人类健康带来威胁。截至目前，已发现的病原微生物有约 1400 种，包括细菌、病毒、原生动物和真菌等，这些病原微生物可经饮食、呼吸、皮肤接触等途径感染人类，导致肠道、呼吸道疾病，甚至发生传染病。此外，研究人员在由 COVID-19 引起的新冠肺炎患者粪便内检测到了病毒，由此推测地表水存在受新冠病毒污染的风险，这也为饮用水处理带来了新的挑战。

3.4.2 纳滤去除水中病原微生物

在纳滤工艺中使用的膜的孔径一般小于 10nm。基于筛分效应，纳滤技术可用于去除饮用水中常见的有机和无机污染物细菌、病毒、病原微生物和原生动物等。

1. 细菌

在发达国家和发展中国家，通过饮用水供水系统传播多的细菌造成过数次疾病暴发和人员死亡。Patterson 等开展了利用纳滤膜过滤湖水和地表水的实验室和现场研究。采用不同最大截留分子量的管状膜体系进行了纳滤试验，结果表明，过滤过程有效地限制了病原菌枯草芽孢杆菌的通过，以 ES404 膜和 CA2PF 膜为基础，过滤循环和死角模式下的枯草芽孢杆菌进行。ES404 对试验菌的杀灭效果略高于 CA2PF 膜（MWCO = 2000Da，MWCO 表示截留分子量）。但生物对膜的污染仍对膜的过滤具有限制作用。

2. 病毒

病毒是饮用水中极为重要的一类病原微生物。由于耐药性，与致病菌相比，化学手段（如氯化）对有些病毒没有显著的去除效果，因此需要借助膜技术。

纳滤基于筛分作用对病毒也有很好的去除效果。Yahya 等使用 Film Tec 生产的 NF-70 纳滤膜在 Apache Junction，Arizona 的 Consolidated Water Utilities 进行测试，试验选用噬菌体 MS-2 和 PRD-1 模拟人体肠道病毒，将这两种噬菌体注入地表水，将含噬菌体的地表水先后通过砂滤池和纳滤。结果发现，原水通过砂滤池后，噬菌体 MS-2 的去除率达到 99%，PRD-1 的去除率达到 99.9%；通过 3 个串联的纳滤器后，未检测到病毒；说明去除率达到 4～5log。为了确定纳滤对病毒的有效性，在纳滤器前注入了高浓度的测试病毒，发现直接通过纳滤器对病毒的去除率达到 4～6log，说明纳滤对病毒的截留效果十分显著。

3. 原生动物

如何从受污染的饮用水中消除包括贾第虫和隐孢子虫在内的致病性原生动物，是一个世界性的难题。传统的氯化是为了灭活和杀死饮用水中存在的这些病原体，然而，由于消毒副产物的产生和原生动物对化学物质的抗性作用，传统氯化消毒不足以满足饮用水的要求。但纳滤对原生动物有较高的去除率，RO 与 NF 联合使用，可提高对目标病原体的去除效果。在利用纳滤去除原生动物的卵囊和囊肿的 22 次试验中，有 16 次中的原生动物被纳滤膜完全截留。

3.4.3　纳滤技术去除生物类污染物的优势

在去除饮用水中生物类污染物方面，纳滤相比其他工艺具有以下显著优势。

1. 运行稳定性

纳滤去除病原微生物是通过基于筛分效应进行的，当病原微生物粒径大于纳滤膜的平均孔径时，纳滤对其有非常好的去除效果。在病原微生物颗粒小于膜孔径的条件下，操作条件对病原微生物的去除有一定影响，主要通过病原微生物的聚集和因电荷作用导致的在膜上的吸附去除。在长期运行中，纳滤膜对病原微生物去除效率的变化很小，这表明纳滤对病原微生物的去除具有稳定性。

2. 工艺的灵活性

纳滤工艺具有很强的灵活性，可以在水处理工艺中的不同阶段使用。到目前为止，已经合成了许多不同孔径和表面积的纳滤膜并得以商品化，用于微污染物的去除。

3. 可消除病原微生物标记物

病原微生物灭活技术会杀死病原微生物颗粒并留下抗原、外壳蛋白和核酸等标记物，而纳滤可以消除这些病原微生物标记物。

4. 毒理学评估

通常，用于去除病原微生物的化学工艺对健康有害（致突变、致癌、致畸），并会对自然环境造成负面影响，需要对其进行精确检测和有效去除。使用纳滤去除饮用水中的病原微生物时，此类毒理学评估是不必要的。然而，在对纳滤工艺进行评估时，应评估表面粘附病毒的颗粒。

3.5　纳滤去除特殊污染物

饮用水中的特殊污染物一直是水处理领域的研究热点，这些痕量污染物通常具有高毒性、低浓度的特点。本节介绍纳滤去除饮用水中主要的特殊污染物。

3.5.1　砷（As）

砷是一种致癌物，我国部分地区地下水中砷的含量高达 0.2～2.0mg/L，远远超过《生活饮用水卫生标准》GB 5749—2022 中砷的指标限值 0.01mg/L。砷在天然水体中有无机砷和有机砷两种形态，通常有机砷在饮用水中含量甚微。以无机状态存在的砷主要的形态为As（V）及 As（Ⅲ）。饮用水除砷的技术主要有沉淀、吸附、离子交换、膜技术，而纳滤被认为是其中极有前景的除砷技术。Sato 等研究纳滤膜对砷的去除效果，发现在压力为0.25～1.0MPa 时，纳滤膜对 As（V）的去除效果最好，去除率可以达到85%，但 As（Ⅲ）相对难以去除。Harisha 等通过研究在 pH 值为 2～11，进水砷的浓度分别为 3μmol/L、0.5μmol/L、0.01μmol/L 的条件下纳滤膜对砷的去除效果，发现在压力为 10～60bar 时，进水砷的浓度 0.5μmol/L 的条件下，纳滤膜对砷的截留率最高可达 98.98%，此时压力为 50bar；在进水砷浓度为 0.01μmol/L 的条件下，纳滤膜对砷的截留率可以达到 99.99%，在更高的初始浓度下，截留率均可达到99.99%，出水浓度低于规定的最大污染物水平；另外，pH值会影响纳滤去除砷的效果，当pH值为5～7时，对砷的去除效果明显提高。

关于纳滤膜除砷机理的研究一直是研究的重点和热点。有研究发现，溶解态的As（Ⅴ）（$HAsO_4^{2-}$）与带负电的纳滤膜表面有效层之间的Donna排斥作用更强，且As（Ⅴ）的半径较$HAsO_4^{2-}$大，这是As（Ⅴ）有更高截留率的原因。王晓伟等认为，溶解态的电荷排斥作用（Donnan排斥）在纳滤膜去除As（Ⅴ）的过程中发挥着重要作用，而筛分作用在去除As（Ⅲ）的过程中起主要作用。因此，对原水进行预氧化，使原水中As（Ⅲ）转化为As（Ⅴ），同时调节pH值至中性或偏碱性，纳滤膜除砷的效果比较好。

3.5.2　氟（F）

过量摄入氟化物会导致氟在牙齿和骨骼中累积，引发氟中毒。饮用水中的氟化物污染，已被公认为是对人类健康构成严重威胁的世界性问题。纳滤技术对氟化物有良好的截留率。Dolar等研究发现，致密纳滤膜对氟化物的截留率高于90%，疏松纳滤膜对氟化物的截留率高于50%。Tahaikt等比较了三种不同配置的纳滤膜的氟化物截留率，发现TR60或NF270膜的双通道与NF90膜的简单通道的截留率相当，后者类似于反渗透膜。Lhassani等阐述了纳滤技术优于反渗透的原因，即纳滤可以选择性地截留来自其他卤化物离子的氟化物。Pontie等进一步比较了纳滤膜和反渗透膜的性能，并指出纳滤可以部分降低总盐度并去除氟化物，且能耗低于反渗透。

纳滤对氟化物的截留率通常在95%以上，截留率通常由溶液扩散作用、筛分效应、电荷作用和吸附作用控制，对于氟化物，筛分效应和电荷作用起主要作用。

3.5.3　锑（Sb）

锑（Sb）是一种两性元素，存在-3、0、+3和+5等多种化合价，与黏土有很强的亲和力，并能与铝、锰和铁组成配合物。锑在自然状态下的浓度很低，然而，由于人为因素的影响，在冶炼、采矿和工业生产等各种过程的作用下，大气、溪流、湖泊和土壤受到锑污染，环境中锑的含量在不断增加。锑是一种致癌物，人类与锑的接触通常是通过空气、水和食物。因此，在饮用水处理的过程中，需要把锑控制在一定限值以下。

去除锑的常用方法包括沉淀、吸附、混凝/絮凝、臭氧氧化、膜分离、溶剂萃取、离子交换和还原电解。这里主要介绍通过纳滤膜技术去除锑。由于锑能形成众多不同形态的配合物，根据金属配合物的尺寸，研究人员采用了反渗透、纳滤、超滤和微滤四种膜技术。以膜两侧的压力、pH值或浓度差作为分子通过的驱动力进行除锑的试验，发现膜对锑的截留率取决于锑的价态和溶液的pH值。

3.5.4　铀（U）

铀是一种重金属，铀及其配合物具有很高的密度，从饮用水中持续摄入铀会对肾脏产生毒性影响。饮用水中的铀可通过纳滤工艺有效去除。Raff和Wilken发现，纳滤膜可以去除饮用水中90%～98%的铀。Favre-Réguillon等指出，纳滤可以选择性地去除铀，同时允许其他微量矿物通过。Yurlova 和 Kryvoruchko 发现，同时使用改性蒙脱石可将铀的截留率提高到 99.0%～99.9%。铀的形态十分复杂，不同条件下的去除机制并不完全相同，因此铀的截留机理也受到广泛关注。

纳滤对铀的截留率通常在 95% 以上，主要取决于膜和原水的特性。截留率通常由四种机制控制，包括溶液扩散作用、筛分效应、电荷作用和吸附。对于铀而言，截留机理与铀的形态密切相关，但筛分效应通常起主要作用。另外，由于某些铀的形态易于与膜的官能团相互作用，因此也会在膜上发生吸附。

3.6　本章小结

本章从污染物种类出发，梳理了纳滤在饮用水处理中的研究现状。饮用水中的主要污染物包括以硫酸盐和硝酸盐为主的无机阴离子、以钙和镁为主的硬度、天然及合成有机污染物、生物类污染物和特殊的痕量无机污染物。目前纳滤对饮用水中典型污染物均有比较良好的去除效果。结合原水水质和典型污染物分析，优化纳滤饮用水处理工艺系统，对提升饮用水中污染物去除效能具有重要意义。

参 考 文 献

[1]　VAN DER BRUGGEN B, VANDECASTEELE C. Removal of pollutants from surface water and groundwater by nanofiltration: overview of possible applications in the drinking water industry[J]. Environmental Pollution, 2003, 122(3): 435-445.

[2]　BOWEN W R, JONES M G, WELFOOT J S, et al. Predicting salt rejections at nanofiltration membranes using artificial neural networks[J]. Desalination, 2000, 129(2): 147-162.

[3]　SHETTY G R, MALKI H, CHELLAM S. Predicting contaminant removal during municipal drinking water nanofiltration using artificial neural networks[J]. Journal of Membrane Science, 2003, 212(1-2): 99-112.

[4]　VAN DER BRUGGEN B, EVERAERT K, WILMS D, et al. Application of nanofiltration for removal of pesticides, nitrate and hardness from ground water: rejection properties and economic evaluation [J]. Journal of Membrane Science, 2001, 193(2): 239-248.

[5]　WITTMANN E, COTE P, MEDICI C, et al. Treatment of a hard borehole water containing law levels of pesticide by nanofiltration[J]. Desalination, 1998, 119(1-3): 347-352.

[6]　YOON Y M, AMY G, CHO J W, et al. Effects of retained natural organic matter (NOM) on NOM rejection and membrane flux decline with nanofiltration and ultrafiltration[J]. Desalination, 2005, 173(3): 209-221.

[7]　DE LA RUBIA A, RODRIGUEZ M, LEON V M, et al. Removal of natural organic matter and THM formation potential by ultra- and nanofiltration of surface water[J]. Water Research, 2008, 42(3): 714-722.

[8]　MEYLAN S, HAMMES F, TRABER J, et al. Permeability of low molecular weight organics through nanofiltration membranes[J]. Water Research, 2007, 41(17): 3968-3976.

[9]　ATES N, YILMAZ L, KITIS M, et al. Removal of disinfection by-product precursors by UF and NF membranes in low-SUVA waters[J]. Journal of Membrane Science, 2009, 328(1-2): 104-112.

[10] COSTA A R, DE PINHO M N. Performance and cost estimation of nanofiltration for surface water treatment in drinking water production[J]. Desalination, 2006, 196(1-3): 55-65.

[11] LEE S, AMY G, CHO J. Applicability of Sherwood correlations for natural organic matter (NOM) transport in nanofiltration (NF) membranes[J]. Journal of Membrane Science, 2004, 240(1-2): 49-65.

[12] ASHFAQ M, LI Y, WANG Y, et al. Occurrence, fate, and mass balance of different classes of pharmaceuticals and personal care products in an anaerobic-anoxic-oxic wastewater treatment plant in Xiamen, China[J]. Water Research, 2017, 123: 655-667.

[13] WESTERHOFF P, YOON Y, SNYDER S, et al. Fate of endocrine-disruptor, pharmaceutical, and personal care product chemicals during simulated drinking water treatment processes[J]. Environmental Science and Technology, 2005, 39(17): 6649-6663.

[14] SADMANI A H M A, ANDREWS R C, BAGLEY D M. Impact of natural water colloids and cations on the rejection of pharmaceutically active and endocrine disrupting compounds by nanofiltration[J]. Journal of Membrane Science, 2014, 450: 272-281.

[15] YANGALI-QUINTANILLA V, MAENG S K, FUJIOKA T, et al. Proposing nanofiltration as acceptable barrier for organic contaminants in water reuse[J]. Journal of Membrane Science, 2010, 362(1-2): 334-345.

[16] PARK M, ANUMOL T, SIMON J, et al. Pre-ozonation for high recovery of nanofiltration (NF) membrane system: Membrane fouling reduction and trace organic compound attenuation[J]. Journal of Membrane Science, 2017, 523: 255-263.

[17] ZHANG Y, CAUSSERAND C, AIMAR P, et al. Removal of bisphenol A by a nanofiltration membrane in view of drinking water production[J]. Water Research, 2006, 40(20): 3793-3799.

[18] GIJSBERTSEN-ABRAHAMSE A J, SCHMIDT W, CHORUS I, et al. Removal of cyanotoxins by ultrafiltration and nanofiltration[J]. Journal of Membrane Science, 2006, 276(1-2): 252-259.

[19] HARISHA R S, HOSAMANI K M, KERI R S, et al. Arsenic removal from drinking water using thin film composite nanofiltration membrane[J]. Desalination, 2010, 252(1-3): 75-80.

[20] CHENG Z Q, VAN GEEN A, JING C Y, et al. Performance of a household-level arsenic removal system during 4-month deployments in Bangladesh[J]. Environmental Science and Technology, 2004, 38(12): 3442-3448.

[21] DOLAR D, KOŠUTIĆ K, VUČIĆ B. RO/NF treatment of wastewater from fertilizer factory—removal of fluoride and phosphate[J]. Desalination, 2011, 265(1): 237-241.

[22] LHASSANI A, RUMEAU M, BENJELLOUN D, et al. Selective demineralization of water by nanofiltration application to the defluorination of brackish water[J]. Water Research, 2001, 35(13): 3260-3264.

[23] PONTIE M, DACH H, LHASSANI A, et al. Water defluoridation using nanofiltration vs. reverse osmosis: the first world unit, Thiadiaye (Senegal)[J]. Desalination and Water Treatment, 2013, 51(1-3): 164-168.

[24] MITSUNOBU S, TAKAHASHI Y, SAKAI Y, et al. Interaction of Synthetic Sulfate Green Rust with Antimony (V)[J]. Environmental Science and Technology, 2009, 43(2): 318-323.

[25] GUO X, WU Z, HE M. Removal of antimony (V) and antimony (III) from drinking water by coagulation-flocculation-sedimentation (CFS)[J]. Water Research, 2009, 43(17): 4327-4335.

[26] TUREK M, DYDO P, TROJANOWSKA J, et al. Adsorption/co-precipitation-reverse osmosis system for boron removal[J]. Desalination, 2007, 205(1-3): 192-199.

[27] FAVRE-RÉGUILLON A, LEBUZIT G, MURAT D, et al. Selective removal of dissolved uranium in drinking water by nanofiltration[J]. Water Research, 2008, 42(4-5): 1160-1166.

[28] WANG S, LI L, YU S, et al. A review of advances in EDCs and PhACs removal by nanofiltration: Mechanisms, impact factors and the influence of organic matter[J]. Chemical Engineering Journal, 2021, 406, 126722, 2-15.

[29] TANG C Y, FU Q S, CRIDDLE C S, et al. Effect of flux (transmembrane pressure) and membrane properties on fouling and rejection of reverse osmosis and nanofiltration membranes treating perfluorooctane sulfonate containing wastewater[J]. Environmental Science and Technology, 2007, 41(6): 2008-2014.

[30] ZHAO C, ZHANG J, HE G, et al. Perfluorooctane sulfonate removal by nanofiltration membrane the role of calcium ions[J]. Chemical Engineering Journal, 2013, 233: 224-232.

[31] KOSUTIC K, NOVAK I, SIPOS L, et al. Removal of sulfates and other inorganics from potable water by nanofiltration membranes of characterized porosity[J]. Separation and purification technology, 2004, 37(3): 177-185.

[32] 麦正军, 方振东, 姚吉伦, et al. 低压条件下纳滤膜去除地下水中无机盐的试验研究[J]. 后勤工程学院学报, 2017, 33(2): 44-7+52.

[33] SCHAEP J, VAN DER BRUGGEN B, UYTTERHOEVEN S, et al. Removal of hardness from groundwater by nanofiltration[J]. Desalination, 1998, 119(1): 295-301.

[34] KELEWOU H, LHASSANI A, MERZOUKI M, et al. Salts retention by nanofiltration membranes: Physicochemical and hydrodynamic approaches and modeling[J]. Desalination, 2011, 277(1): 106-112.

[35] GARCIA F, CICERON D, SABONI A, et al. Nitrate ions elimination from drinking water by nanofiltration: Membrane choice[J]. Separation and Purification Technology, 2006, 52(1): 196-200.

[36] 张显球, 张林生, 吕锡武. 纳滤软化除盐效果的研究[J]. 水处理技术, 2004, (6): 352-355.

[37] YEH H-H, TSENG I C, KAO S-J, et al. Comparison of the finished water quality among an integrated membrane process, conventional and other advanced treatment processes[J]. Desalination, 2000, 131(1): 237-244.

[38] LEE S, LEE C-H. Effect of membrane properties and pretreatment on flux and NOM rejection in surface water nanotiltration[J]. Separation and purification technology, 2007, 56(1): 1-8.

[39] CHANG E E, CHEN Y-W, LIN Y-L, et al. Reduction of natural organic matter by nanofiltration process[J]. Chemosphere, 2009, 76(9): 1265-1272.

[40] UYAK V, KOYUNCU I, OKTEM I, et al. Removal of trihalomethanes from drinking water by nanofiltration membranes[J]. Journal of hazardous materials, 2008, 152(2): 789-794.

[41] ALBORZFAR M, JONSSON G, GRON C. Removal of natural organic matter from two types of humic ground waters by nanofiltration[J]. Water research, 1998, 32(10): 2983-2994.

[42] BOUSSAHEL R, BOULAND S, MOUSSAOUI K M, et al. Removal of pesticide residues in water using the nanofiltration process[J]. Desalination, 2000, 132(1-3): 205-209.

[43] 黄裕, 张晗, 董秉直. 纳滤膜去除卡马西平的影响因素研究[J]. 环境科学, 2011, 32(3): 705-710.

[44] 吴芳, 封莉, 张立秋. 纳滤去除水中中性药物的预测模型[J]. 膜科学与技术, 2016, 36(4): 97-102.

[45] 葛四杰, 吴芳, 张立秋, 等. 纳滤膜去除水中微量药物萘普生效能的影响因素研究[J]. 膜科学与技术, 2013, 33(06): 92-6+101.

[46] 丰桂珍, 董秉直. 藻类对纳滤膜去除萘普生的影响[J]. 环境科学与技术, 2013, 36(8): 97-102.

[47] TEIXEIRA M R, ROSA M J. Microcystins removal by nanofiltration membranes[J]. Separation and purification technology, 2005, 46(3): 192-201.

[48] 韩慧丽，王宏杰，董文艺. 真空紫外-亚硫酸盐法降解 PFOS 影响因素[J]. 环境科学, 2017, 38(04): 1477-1482.

[49] YAHYA M T, CLUFF C B, GERBA C P. Virus removal by slow sand filtration and nanofiltration[J]. Water science and technology, 1993, 27(3-4): 445-448.

[50] TAHAIKT M, HADDOU A A, EL HABBANI R, et al. Comparison of the performances of three commercial membranes in fluoride removal by nanofiltration. Continuous operations[J]. Desalination, 2008, 225(1-3): 209-219.

[51] PONTIE M, BUISSON H, DIAWARA C K, et al. Studies of halide ions mass transfer in nanofiltration-application to selective defluorination of brackish drinking water[J]. DESALINATION, 2003, 157(1-3): 127-134.

[52] RAFF O, WILKEN R D. Removal of dissolved uranium by nanofiltration[J]. Desalination, 1999, 122(2-3): 147-150.

[53] YURLOVA L Y, KRYVORUCHKO A P. Purification of uranium-containing waters by the ultra-and nanofiltration using modified montmorillonite[J]. Journal of water chemistry and technology, 2010, 32(6): 358-364.

CHAPTER FOUR

第 4 章

纳滤饮用水处理系统

Nanofiltration Technology for
Drinking Water Treatment

以纳滤为主体工艺的饮用水处理系统，包括预处理、纳滤单元、后处理三部分。要实现高品质饮用水的目标，需要三部分密切配合运行。本章主要介绍纳滤水处理系统，重点介绍纳滤单元的水处理系统组成以及与纳滤系统水处理系统有关的装卸、操作与维护等内容。

4.1　纳滤单元的水处理系统

纳滤膜装置包括膜元件、以一定方式排列的压力容器、给压力容器供水的高压泵、仪表、管道、阀门和装置支架等。

4.1.1　纳滤水系统的组成

纳滤膜单元由纳滤膜元件、压力容器、支架、给水泵、管道阀门、仪表和控制装置以及能量回收装置等组成。系统压力通常决定膜系统中纳滤膜组件的使用类型。

1. 纳滤膜元件

市场上有多种不同类型的纳滤膜，目前安装的纳滤膜以螺旋缠绕型为主，也有一些中空纤维和其他产品，主要组成材料包括聚酰胺、聚酰胺衍生物、醋酸纤维素、三醋酸纤维素和醋酸纤维素共混物等有机聚合材料。饮用水系统中常用的纳滤膜标准尺寸元件的横截面直径为 4 或 8 英寸❶（约 100 或 200mm），元件长度为分别为 40 英寸（约 1020mm）长、60 英寸（约 1520mm）的纳滤膜组件也有应用。更大直径的膜组件正在开发中，以期提高膜系统的规模与经济性。

纳滤膜元件十分脆弱，必须小心地包装，使其集成到一个单元过程中。为了尽量减少液压损失，应确保冲洗干净膜表面的浓缩盐和颗粒物质。膜元件的机械设计允许胶体和颗粒物质尽可能地通过浓缩物排出，尽量减少颗粒污染。在商业应用中，至少有四种基本的元素配置：螺旋缠绕、中空纤维、管状和板框。其中，螺旋缠绕配置的卷式膜元件在现代城市饮用水处理中得到了广泛的应用。

（1）卷式膜元件

卷式膜元件是一种用于螺旋缠绕结构的膜，如图 4-1 所示，以片状形式制造或铸造在衬垫材料，如纤维素膜帆布或复合膜无纺布聚酯网上。其中两张膜被背靠背放置，由作为渗透通道或载体的间距织物或筛网隔开。这种夹层组件的两侧和一端沿边缘粘合在一起，形成一个"信封"或"叶子"。"叶片"的开口端与渗透管相连，在渗透管的周围包裹"叶片"形成螺旋。另一片塑料网即进料间隔被众多的"叶子"包裹，以分离膜表面，保持进料通道高度，并产生湍流。螺旋组件或元件是固定的，以防被外包装解开，浓缩液即盐水密封固定在另一端。在膜元件的两端连接有伸缩装置，以保持元件之间的固定空间，并便于液体从一个元件流向下一个元件。若干个元件被安置在一个圆柱形容器中组成一个系列，如图 4-2 和图 4-3 所示，进料液和浓缩液沿膜的轴线呈直线流过进料侧通道。部分水穿过膜，

---

❶　注：由于不同制造商所用的单位制可能存在差异，本书部分内容采用英寸、华氏度等英制单位，不再一一换算。

螺旋状地流向中心，收集在中央渗透管中；剩余的水从滤芯通过，流出压力容器的浓缩口。

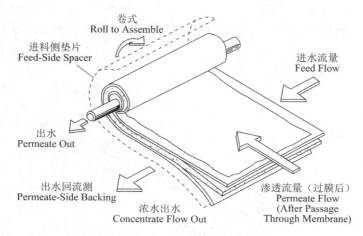

图 4-1   螺旋缠绕模块

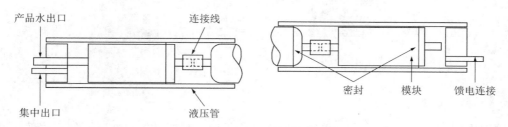

图 4-2   压力容器组件

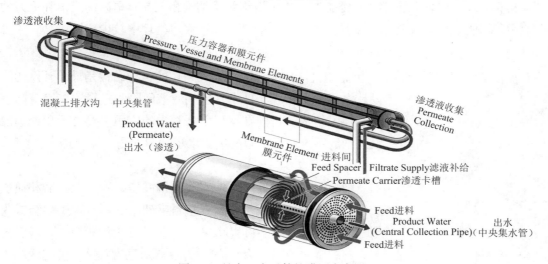

图 4-3   具有 8 个元件的膜压力容器

（2）中空纤维膜元件

中空纤维膜元件有时也被称为中空纤维膜，图 4-4 为中空纤维双模块产品的示意图。纤维被捆绑在一起，作为 U 形管与开口端装在一个管片中，同时封闭纤维束的另一端，以防止进料流短路到浓缩液出口。这些管束被包裹在压力容器中，加压进料在管束中心的管中分布。当进料径向流过纤维束时，部分水穿透纤维，顺着孔流下来，并收集在容器的末端，剩下的水携带盐输送到容器的浓缩口。由于膜包装密度太高，该装置的膜面积与处理水量之比很高。纤维的直径很小，导致中空纤维膜的通量较低，但其优点是能够最大限度地避免浓差极化的问题。高密度的包装也在纤维之间留下很小的空间，使中空纤维膜能够去除悬浮固体和胶体物质，避免污染。

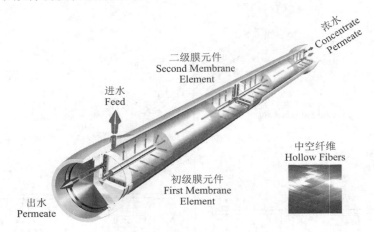

图 4-4　中空纤维膜组件示意图

（3）管式膜元件

管式膜本质上是一种更大、更硬的中空细纤维膜，相对不容易堵塞且便于清洗。管状设计具有较低的膜堆积密度，与螺旋缠绕或中空细纤维结构相比具有更高的成本和更大的占地面积。管式膜元件常用于食品工业和废水处理，在饮用水处理中较少应用。

（4）平板膜元件

平板纳滤膜相对于其他三类膜组件应用相对较少，其采用的板框结构是最早开发的膜设计之一。平板膜元件由一系列滤液间隔和进料浓缩交替间隔的平板膜组成，目前在饮用水处理中的应用主要是无预处理浸没式纳滤系统。平板膜的进出水示意图如图 4-5 所示。

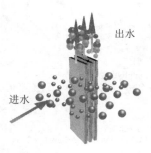

图 4-5　平板膜进出水示意图

2. 膜压力容器

纳滤膜压力容器通常使用玻璃钢制作，膜压力容器和模块通常安装在焊接钢或纤维增强塑料支架上。用于螺旋缠绕式膜组件的压力容器最多可串联 8 个 40 英寸长的膜组件，甚至更多，容纳 6 或 7 个膜组件的压力容器则更为常见。中空纤维膜组件的压力容器可容纳 1 或 2 个膜组件。

螺旋缠绕式压力容器的末端或侧端，也称为侧面端口，有进水和浓缩液连接口。新型的多端口压力容器，每端都有两个端口，在所有螺旋缠绕的压力容器中，贯穿连接在端部、端盖中心，可以最大限度地减少对支管管道的需求。图 4-6 为端部和侧部端口压力容器的示例。

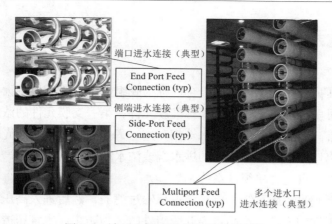

端口进水连接（典型）

End Port Feed
Connection (typ)

侧端进水连接（典型）

Side-Port Feed
Connection (typ)

Multiport Feed
Connection (typ)

多个进水口
进水连接（典型）

图 4-6　端口、侧端和多端口压力容器

3. 膜工艺系列

具有一个以上单独控制的膜系统布置在平行工艺列中，每个工艺流程包含一个或多个膜级，设计包括进水泵和其他预处理设备，并作为一个整体单元进行控制，则整个系统组成称为工艺流程。另一种设计类型是多级系统的每个膜级组成的单独控制块，这种类型应用较少。膜工艺或控制块的数量取决于以下因素：①设施的处理能力；②所需的生产灵活性程度；③工艺或控制块因膜清洗而暂停服务或运行维护效果。

4. 膜系统泵

纳滤系统常使用卧式离心式或立式涡轮泵。变速泵用于不采用能量回收系统的小型系统，大规模系统可以采用多级离心泵。在某些情况下，能量回收涡轮泵也会用于膜系统进水侧。

5. 集成涡轮泵

典型的集成涡轮泵见图 4-7。电机、反向运转的叶轮和泵送叶轮都在相同的轴上。流经叶轮的浓缩液中产生的能量被转移到普通电机和泵轴上，从而节省能源。

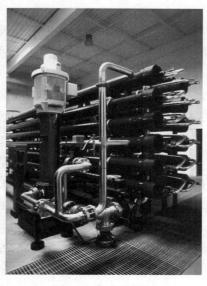

图 4-7　集成涡轮泵

4.1.2　纳滤系统的布置形式

1. 单组件系统

膜元件装入压力外壳内所组成的组合件称为膜组件。目前世界特大型水处理系统采用的压力容器最多可串联 8 支 40 英寸长标准膜元件，第一支膜元件的浓水成为第二支元件的进水，以此类推。所有膜元件的产水管相互连通，并与组件压力外壳端板上的产水接口相连，组件产水出口可以选择在组件的进水端或浓水端。根据所需的产水量，当仅需要一支或几支膜元件时，可选择单组件系统。

进水经过隔断阀进入膜系统，首先流过保安过滤器，然后进入高压泵，通过高压泵升压后，再进入膜组件的入口；产品水离开膜组件时，为防止产水背压造成膜元件的损坏，产水压力不应高于 0.3bar。但是现实情况往往要求较高的产水压力，例如需要将产水输送到后处理部分或不额外安装水泵实现向用水点供水等，此时，必须增加高压泵出口压力以补充向后输送产水所需的压力；但需要注意高压泵出口压力不得高于膜元件最大允许进水压力，还应特别采取有效措施，确保在任何时刻，尤其是紧急停机时，产水压力超过进水压力的差值均不得大于 0.3bar。浓水离开组件浓水端出口的压力几乎与进水压力相当，新系统从进水到浓水出口之间的压差通常在 0.3~2bar 之间，这一数值取决于元件数量、进水流速和水温。浓水控制阀控制浓水流量和系统的回收率，系统回收率不得超过设计规定值。

在单组件系统中，常常需要浓水回流以满足设计导则对元件回收率的要求。为了达到系统回收率高于 50% 的目标，离开组件的浓水部分排放，其余部分回流进入高压泵的吸入口，这样就增加了组件内的流速。高比例的浓水回流能帮助降低元件回收率，降低膜受污染的风险。另一方面，它也存在相应的缺点：①需要较大的高压泵，增加了成本；②能耗更高；③回流量越高，产品水质越低；④在系统保存或清洗之后重新投运时，冲洗时间可能很长，且最好在冲洗期间，暂时关掉浓水回流。

2. 单段和多段系统

在单段系统中，两个或两个以上的膜组件并联在一起，进水、产水和浓水均由总管管路系统分别相连。单段系统的其他方面与单组件系统相同，通常用于要求系统回收率小于50%的工程。

当要求系统回收率更高时，可采用采用一段以上排列的多段系统，就不会超过单支元件的回收率极限。通常两段式排列系统就可实现 75% 的系统回收率，而三段式排列系统则可达到更高的系统回收率。以上回收率是以每一段含 6 支膜元件的组件推算出来的，如使用仅能容纳 3 支元件的较短压力容器，为了达到相同的回收率，段数要加倍。一般而言，系统回收率越高，必须串联在一起的膜元件数就应越多。为了平衡产水流量并保持每段内原水的流速均匀性，每段压力容器的数量应按进水水流方向递减。

3. 浓水循环系统

进行水脱盐的常规纳滤系统通常采用进水一次通过式系统。该系统的设计概念中，进水只流过膜系统一次，其中的一部分透过膜面成为产品水，余下的进水不断被浓缩，以较高的浓度离开系统。

当元件数量太少，不能使系统达到回收率要求时，可以采用浓水循环系统。浓水循环系统在某些特殊应用场合，如工艺物料浓缩和废水处理中被广泛采用。在一些含有内部浓水循环的系统中，部分浓水直接回到该组件或该段的进口，并与进水相混合。在多段系统内，每段系统可以设置单独的浓水再循环泵，于是进水一次通过式系统就可以设计成浓水循环系统。

4. 多级系统

设计多级系统，往往是出于下列原因：①常规的产水出水品质不够理想；②对脱除病毒、细菌和有机物有特别需求；③需要极高的系统可靠性。

特殊行业的生产工艺用水一般设计成多级系统。多级系统实际上是两个传统纳滤系统的组合，第一级的产品水作为第二级的进水。其中的每一级既可以是单段式，也可以是多段式；既可以是一次通过式，也可以采用浓水再循环运行模式。

4.2　纳滤系统的装卸

膜元件只有在系统有效运行后才能安装，包括仪器已校正并正确排列，节流塞的功能测试已进行，控制系统已检查，从滤筒式过滤器通过的所有管道、压力容器都已清洗干净，水压测试已进行，符合消毒要求；同时须遵循膜制造商的指南，安装元件。有时需要对纳滤膜元件系统进行检查或对膜元件进行存储、运输、替换；若膜元件被污染，需要将其拆卸下来进行清洗，则需要按照一定要求对膜元件进行拆卸。除此之外，为了保证饮用水纳滤系统长期高性能稳定运转，正确的系统操作以及日常运行、维护也十分关键。

4.2.1　纳滤膜的安装

1. 卷式膜元件的安装

本节以纳滤膜中常用的卷式膜元件为例，介绍螺旋卷式膜元件的一般加载过程。在处理新元件时应穿戴安全设备，以保护操作人员免受杀菌剂溶液和偶尔出现的玻璃纤维的伤害。膜元件装在密封的聚乙烯袋中，袋中装有已调节 pH 值的杀菌剂溶液、0.5%～1%的焦亚硫酸钠溶液或 0.2%的戊二醛溶液。为了防冻，制造商可能会在杀菌剂溶液中加入甘油。每个压力容器中的元件应按如下步骤安装，剩余的压力容器重复以下步骤进行安装：

（1）从塑料袋中取出，竖直放置使流向箭头指向下。

（2）在给水侧的每个元件上安装浓水密封圈，确保浓水密封圈的开口朝向元件的给水端，检查每个元件在与箭头方向相反的一端是否有浓水密封圈。

（3）用甘油和水溶液或膜制造商推荐的润滑剂润滑浓水密封圈和连接器 O 形环。

（4）根据压力容器制造商的说明，打开和卸下压力容器的端盖。

（5）检查压力容器内部是否有任何表面损坏。压力容器的内部应该非常光滑，没有刻痕或凸起。喷洒干净的水通过压力容器，以清除灰尘或其他异物。如果需要额外的清洗，应联系容器制造商获得推荐的程序。

（6）小心地拿起第一个元件并将其滑入压力容器中，确保浓水密封圈正确地安装在元件给水端上的沟槽中。元件的加载方向应与给水流向一致。允许元件从压力容器中突出大约 8～10 英寸。然后将第一个带有 O 形环的连接器以推动和扭转运动安装到第一个元件上，直到其完全就位。

（7）为了安全和效率，需要两个人来装载这些元件。其中一个安装人员将一只手稳固地放在第一个元件的一侧，将元件正确地放置，并指导另一个人安装下一个元件。通过轻微扭转将连接器的一端轻轻插入元件的渗透管中。如果使用外部连接器，则连接器应适合于元件的渗透管。缓慢地将元件推入压力容器，留下 6～8 英寸的突出距离。重复上述步骤，直到耦合并插入的元件数量足够。

（8）按照容器制造商的装配说明，在压力容器的端盖和元件之间进行最后的连接，并进行端盖安装。

2. 安装空白元件

当希望降低系统总产水量时，在大型系统中，通常可以通过停运某些系列来实现。而对于有些系统，则可以采用降低运行压力的方法，但是降低运行压力会降低总产水水质，此时有必要从系统中取出前端的膜元件，装入空白元件，空白元件是没有产水小孔的标准产水中心管。有时为了优化较小系统的水力学分布，在系统设计时就应该考虑设置空白元件。

为了保证系统的安全，正确安装空白元件十分重要，每支压力容器仅允许安装一个空白元件，而且必须总是安装在压力容器进水最前端的位置；如果装在压力容器内的其他位置，空白元件产水管会受压发生断裂。空白元件安装步骤如下：①取出压力容器进水端的第一支元件，即最前端的膜元件。②检查元件与端板间的适配器和元件上的内接头，确保上面的 O 形圈完好无损、位置正确，否则必须更换成新的 O 形圈。③在空白元件上插入内接头，先将压力容器内的所有元件完全推向浓水端板，然后将含内接头的空白元件推入第二支元件的进水端中心管内。④部分插入元件内接头和压力容器适配器，使所有的部件在同一直线上，从而使所有的部件能平行推入压力容器内。⑤安装压力容器进水端板，完成后空白元件在压力容器内应处于正确位置。⑥重复上述步骤，完成所有需安装空白元件的压力容器的安装，并安装所有外部连接管路。

3. 膜元件轴向间隙调整

膜元件压力容器的内部长度会有一定的过盈尺寸，允许元件长度的微小变化。由于过盈的存在，开机和停机时膜元件会在压力容器内前后滑动，加速密封件的磨损。此外，升压时压力容器也将伸长，在极端情况下，与进水或浓水端相邻的元件可能会从端板上脱离，从而产生严重的产水渗漏。在装配元件时调整膜元件在压力容器内的轴向间隙，就可减小装置开停机时元件的窜动。保证内接头与最前面和最后面的元件均能牢固地接触密封是非常必要的。

必须将膜元件完全推入压力容器内，直至下游元件牢固地顶住压力容器浓水端板止推环。可按如下步骤调整安装膜元件间隙：①取走内接头上的 O 形密封圈和压力容器进水端板上与外壳间的密封圈，这样能够保证不会有任何来自密封件的干扰，并尽可能降低将膜元件预推入进水端板所需的压力。②在连接膜元件产水口接头上装入 8 个 0.2 英寸厚垫片，装上进水端板，装入足够多的垫片直至无法装上端板外的卡环为止。③去掉一只垫片直到正好可以装上端板及其卡环，轻微的元件松动是允许的。④再拿出进水端板，重新装上内接头 O 形圈和端板密封圈，并完成压力容器的安装。

当遇到压力容器特别长而膜元件总长又较短的极端情况时，可能需要同时调整进水及浓水端的间隙。此时调整的步骤同上，但特别需要注意的是，在浓水端产水内接头上加装调整垫片的同时还必须在止推环上加装同等数量和厚度的 8 英寸直径调整垫片。如果仅在浓水端加入调整垫片而未在止推环上安装调整垫片，膜元件就会发生"望远镜"形的破坏。

4.2.2　纳滤膜的拆卸

在膜元件存储、运输、替换，或进行系统检查时，需要将膜元件拆卸下来。

当膜元件受到污染时，膜元件的拆卸清洗是在不损伤膜袋的条件下，去除元件的环氧树脂包装，展开并行卷绕的膜袋，轻轻刷洗膜袋两侧外表面，清除掉膜表面的污垢，重新将膜袋卷绕，并用强力胶带或环氧树脂重新进行元件安装。实际拆洗过程中可以发现，尽管元件废弃前已反复采用酸碱等化学药剂清洗，多数废弃元件的膜表面仍然存在较厚的污染层。这一现象既可表明常规清洗后膜性能不能彻底恢复，又可证明化学清洗的局限性；而拆卸后对元件进行机械性刷洗，清除膜表面的污垢则相对容易。

当需要从系统压力容器中拆卸膜元件时，应按如下方法执行：①拆掉压力容器两端外接管路，按压力容器制造商要求拆卸端板，将所有拆下的部件编号并按次序放好。②从压力容器两端拆下容器端板组合件。③必须从压力容器进水端将膜元件依次推出，每次仅允许推出一支元件，当元件被推出压力容器时应及时接住该元件，防止造成元件损坏或人员受伤。

4.3　纳滤系统的操作与维护

4.3.1　纳滤系统的操作

正确的系统操作是保证饮用水纳滤系统长期高性能稳定运转的关键，它包括系统的首次投运和日常开停机操作，以及膜元件污堵、结垢、堵塞、氧化降解和水力冲击破坏等的预防。本节主要介绍系统的首次投运和日常开停机操作，这些方面不仅在设计时应该充分考虑，而且在制造、安装调试、操作培训和日常运转管理时更应密切关注。必须保存运行记录并进行数据的标准化，以便及时掌握系统实际性能，必要时应立即采取纠正措施。当提出系统性能保证要求时，也需要提供完整和准确的记录。

1. 首次启动

1）预处理检查

在元件安装之后、膜装置启动之前，应确保预处理出水达到膜进水规定的要求，必须保证流量、SDI、浓度、温度、pH 值、电导率、细菌数等指标稳定、合格。开机前需要对管线与设备、运行流程、应急情况预案、氧化剂余量、仪表与阀门、取样及安全性等进行检查：

（1）管线与设备检查：所有设备，包括管线、容器、仪表和水泵的过流部分，均须采用耐腐蚀材料；所有管线与设备均应符合设计压力的规定；所有管线与设备均应能在设计 pH 范围内稳定工作；多介质过滤器已经反冲洗并清洗干净，出水合格。

（2）运行流程检查：高压泵上游已安装洁净的保安过滤器滤芯；在连接压力容器之前，包括进水管路和高压管路均已进行了清洁冲洗；化学药品投药点位置正确；在投药进水管线内采取了适当的混合措施；加药箱所配的药剂及其浓度均正确无误。

（3）应急情况发生时检查：当投药计量泵停机时，能联锁纳滤装置停机；当纳滤停机时，能联锁投药计量泵停机。

（4）氧化剂余量：若使用氯气等氧化剂，应有保证膜系统进水中的氯被完全除去的措施；按计划配有能有效监测前处理和纳滤系统的水处理参数分析设备。

（5）仪表与阀门：安装了计划所列的仪表并能正常工作；确认仪表已进行校正；已安装压力安全泄放阀，设定正确；在投药管线上安装了合适的止回阀和防虹吸阀；开启产水出口阀门；开启浓水控制阀。

（6）取样：每个组件可单独进行产水取样；可对系统总进水、每段的进水、产水、浓水及总产水取样。

（7）安全性检查：采取措施使产品水压力高出进水或浓水压力的差值在 0.3bar 以内；已正确设定联锁、延时及报警装置；压力容器与操作和清洗管线连接正确；按制造商的要求将压力容器牢固地固定在设备机架上；按制造商的要求和组装注意事项装拆压力容器；避免膜元件经受极端的温度条件，如堆放在冷冻环境、阳光直射、暖气出口等位置；水泵已作好操作的准备，联轴器对中良好、润滑充分，并能轻松地旋转；紧固了所有的接头；在启动高压泵之前，调整高压泵出水阀或旁通调节阀开度，控制膜系统进水流量小于操作运行进水量的 50%。

2）首次启动顺序

为防止超限的进水流量、压力或水锤对膜的损坏，以合适的方式启动与投运纳滤系统极为重要。按照正确的开机顺序操作，才能保证系统操作参数达到设计参数，系统产水水质和产水量达到设计目标。测量系统初始性能是启动过程中的重要内容，运行结果应当存档并作为今后衡量系统性能的基准。系统进入启动程序前，应完成预处理的调试、膜元件的装填、仪表的校正和其他系统的检查。典型纳滤膜水处理系统的常规启动操作如下：

（1）系统开机启动前，在确保原水不会进入元件内的前提下，按开机前检查事项的内容逐项检查，彻底冲洗原水预处理部分，冲掉杂质和其他污染物，防止其进入高压泵和膜元件，应特别检测预处理出水 SDI 值是否合格，并确保进水不含余氯等氧化剂。

（2）检查所有阀门并保证所有设置正确，系统产水排放阀、进水控制阀和浓水控制阀必须完全打开。

（3）用低压、低流量的合格预处理出水赶走膜元件内和压力容器内的空气，冲洗压力为 0.2～0.4MPa，每支 4 英寸压力容器冲洗流量为 0.6～3.0m³/h，每支 8 英寸压力容器冲洗流量为 2.4～12.0m³/h，冲洗过程中的所有产水和浓水均应排放水至下水道。

（4）在冲洗操作中，检查所有阀门和管道连接处是否有渗漏点，紧固或修补漏水点。

（5）已安装湿膜的系统，至少冲洗 30min 后关闭膜进水控制阀；已安装干膜的系统，应连续低压冲洗 6h 以上或先冲洗 1～2h，浸泡过夜后再冲洗 1h 左右。在低压低流量冲洗期间，不允许在预处理部分投加阻垢剂。

（6）再次确认产水阀和浓水控制阀处于打开位置。

（7）第一次启动高压泵必须在高压泵与膜元件之间的进水控制阀处于接近全关的状态下进行，以防备水流及水压对膜元件的冲击。在高压泵启动后，应缓慢打开高压泵出口进水控制阀，均匀升高浓水流量至设计值，升压速率应低于 0.07MPa/s。

（8）在缓慢打开高压泵出口进水控制阀的同时，缓慢地关闭浓水控制阀，以维持系统设计规定的浓水排放流量，同时观察系统产水流量，直到产水流量达到系统设计值。这样，系统的回收率就不会超过设计值。检查系统运行压力，确保未超过设计上限。

（9）检查所有化学药剂投加量是否与设计值一致，如酸、阻垢剂、焦亚硫酸钠或亚硫酸氢钠，并测定进水 pH 值。

（10）检查每一支压力容器的产水电导值，分析有无不符合预期性能的压力容器，判断是否存在膜元件和压力容器 O 形圈的泄漏或其他故障。

（11）确认机械和仪表的安全装置操作合适。让系统连续运行 1h，若产水合格，先打开合格产水输送阀，然后关闭产水排放阀，向后续设备供水，并记录第一组的所有运行参数。上述系统参数调节一般在手动操作模式下进行，待系统稳定后可将系统转换成自动运行模式。

（12）在连续操作 24～48h 后，查看所有记录的系统性能数据，包括进水压力、压差、温度、流量、回收率及电导率。同时对进水、浓水和总系统产水取样并分析其离子组成。此时的系统运行参数作为比较设计参数与系统实际性能参数的基准，此参数将作为今后评估系统长期性能稳定性的参考标准。此外，应定期测量系统性能，确保系统在该初始投运的重要阶段处于合适的性能范围内。

2. 日常启动

饮用水纳滤系统一旦开始投运，应以稳定的操作条件连续地操作下去，但实际工程中仍存在经常性的启动和停止。每一次的启动和停止都牵涉到系统压力与流量的突变，对膜元件产生机械应力。因此，应尽量减少系统设备的启动和停止的次数，正常的启动、停止过程也应越平稳越好。启动的方法原则上应与首次投运的步骤相同，关键在于进水流量和压力的上升要缓慢，尤其是对于海水淡化系统。日常启动顺序通常由可编程序控制器和远程控制阀自动实现，但应定期校正仪表，检查报警器和安全保护装置是否失灵，并进行防腐和防漏维护。

4.3.2 膜元件的维护

1. 膜元件使用前维护

膜元件必须采取恰当的处理与保存方法，以在长期保存、运输或系统停运期间，确保不发生微生物的滋生和膜性能的变化。膜元件最好放置在出厂时的原始包装内，仅在系统投运前装入压力容器内。

新元件出厂时大部分为干式元件，也有少部分是经抽查测试过含保护液的湿元件，这些经过测试过的湿元件保存在含 1%（质量浓度）食品级焦亚硫酸氢钠的标准保护液中，它能在元件的贮运期间起到防止微生物滋生的作用。干元件一般没有经过单独的评测，仅采用了单层塑料包装，也不需要任何的保护液，在开封使用前，必须保证包装密封完好。

2. 膜元件的贮存和运输

（1）膜元件贮存和运输前的保护

膜元件经过使用并从压力外壳内取出后，必须按下列方式对元件进行保护，才能进行贮存或运输：①配制含 1%食品级焦亚硫酸氢钠标准保护液，最好采用纳滤的产水来配制上述溶液。②将膜元件浸泡在该标准保护液中 1h，元件应垂直放置，以便赶走元件内的空气；将元件沥干，放置在能隔绝空气的塑料袋中；建议使用元件原有的塑料袋。没有必要在塑料袋内灌入保护液，元件内本身所含的湿分就足够了，否则，一旦塑料袋破损，会引起运输时的麻烦。③在组件塑料袋外面标注元件编号和保护液成分。

（2）膜元件的贮存

建议对膜元件遵循如下方式贮存：①存放地点必须阴冷干燥，没有阳光直射。②温度范围为−4～45℃，新的未经使用的干式元件在低于−4℃时不受影响；保存在 1%焦亚硫酸钠标准保护液中的元件在−4℃以下时会结冰，因此应当避免。③将元件尽可能一直保存在原始的包装内，在温度低于 45℃时干元件的保存时间没有限制。④用保护液保存的元件，每 3 个月必须检查一次微生物的生长状况；如果保护液发生混浊或保存时间超过 6 个月，应从包装袋中取出元件，重新浸泡在新鲜的保护液中 1h，沥干后再重新作密封包装。⑤如果没有设备进行保存，元件可以在原始的含保护液的袋中存放最多 12 个月，当元件装入压力容器中时，启用之前则应采用碱性清洗液进行清洗。

（3）膜元件的运输

膜元件在运输过程中，必须保证：①塑料袋不会渗漏；②元件已做了合适的标识；③保护液也做了合适的标识。

3. 膜元件的停机维护

膜元件停机维护的注意事项包括：①关机之后，使用处理过的纳滤系统供给水、软化水或者产品水冲洗系统；②为了维持系统的性能，膜元件必须一直保持湿润状态；③为了防止细菌在压力容器中的滋生，应进行消毒处理；④膜元件被污染可能导致系统故障，所以在保存之前应先进行化学清洗，从膜元件上去除污垢，将细菌的生长限制在最小的可能性；⑤在压力容器中保存时，允许的温度为 0～35℃，pH 值范围为 3～7；⑥保存液采用酸性的亚硫酸氢钠溶液。

4. 膜元件的保存

如果纳滤系统停机时间长于 24h 但短于 48h，采取以下措施对系统进行短期保存：①以纳滤进水冲洗系统，同时排去系统内的空气；②当压力容器内灌满水时，关闭进水和浓水阀门。可以每 12h 重复上述步骤。

如果纳滤设备停机时间大于 48h，可以采取以下措施进行系统的保存：①在所有的保存进行前，需要清洗系统，清除所有沉积在膜表面的污染物和污垢（这项操作只在膜元件受到污染或者预计受到污染的情况下采用）。在系统长期停机前，使用建议的标准清洗程序或者向生产企业咨询个别的清洗和消毒程序。在成功完成清洗和消毒之后，应尽可能快地进行保存，距离最近一次的清洗/消毒时间间隔最大为 12h。②使用清洗系统的 500～1000mg/L 亚硫酸氢钠溶液的循环保存系统。通过这种方式，膜元件将在保存溶液中彻底湿润。采用这种方式在整个系统中循环溶液，在二次循环完成以后就可以使剩余空气量降低到最小。确保保存期间系统中不含有空气，并且气密性好，之后进行密封。③关闭进水端和浓水所有的阀。亚硫酸氢钠溶液与外界空气的任何接触都将导致亚硫酸氢钠被氧化成硫酸盐，而且 pH 值会持续下降。在所有的亚硫酸氢盐被消耗以后，剩余的氧气将不会被吸收，那么系统的状态就会变得不稳定。④被保存的纳滤系统的 pH 值需要定期调节，建议每月一次，以保证溶液的 pH 值不会低于 3。如果发现保存溶液的 pH 值低于 3，那么必须更换保存溶液。保存溶液必须每月更换一次。⑤在停机期间，存储温度不应超过 35℃，也不应低于 0℃，以防结冻。

5. 膜元件再湿润

经过使用的膜元件不慎干燥后，可能会出现不可逆的水通量损失，建议使用以下方式进行元件再湿润：①在 50%乙醇水溶液或丙醇水溶液中浸泡 15min。②将元件加压到 10bar 并且将产水口关闭 30min，但应切记在进水压力泄压之前必须先打开产水端出水阀门，该步骤可在元件装入系统时进行。在这种情况下，当产水出口关闭时，进水端与浓水端的压差不应大于 0.7bar，否则在浓水端就会出现产水背压，引起膜片的损坏。最稳妥的做法是，将产水出口阀门关小，使产水压力接近浓水端压力，这样也就没有必要关心压降的限定问题了。③将元件浸泡在 1%HCl 或 4%HNO$_3$ 中 1～100h，元件必须垂直浸泡，以便于排出元件内的空气。

4.4　本章小结

完整的纳滤水处理系统一般包括预处理部分、膜处理部分和后处理部分。从膜处理部分的良好运行和处理到获得符合要求或标准的出水，需要将膜处理部分同预处理部分、后处理部分配合使用。本章讨论了纳滤膜单元的组成，还重点介绍了常见的卷式纳滤膜元件的安装与拆卸，以及纳滤膜系统的操作与维护。

参 考 文 献

[1]　陶氏化学公司. FILMTEC 反渗透和纳滤膜元件产品与技术手册[Z]. 2016.

[2]　中国土木工程学会水工业分会给水深度处理研究会. 给水深度处理技术原理与工程案例[M]. 北京：中国建筑工业出版社，2013.

[3] 张林生, 卢永, 陶昱明. 水的深度处理与回用技术[M]. 3 版. 北京: 化学工业出版社, 2016.

[4] 董秉直, 曹达文, 陈艳. 饮用水膜深度处理技术[M]. 北京: 化学工业出版社, 2006.

[5] 段冬, 张增荣, 芮旻, 等. 纳滤在国内市政给水领域大规模应用前景分析[J]. 给水排水, 2022, 58(3): 1-5.

CHAPTER FIVE

第 5 章

纳滤饮用水预处理技术

Nanofiltration Technology for
Drinking Water Treatment

在以纳滤为主体处理工艺的水处理系统中，原水需要进行预处理。预处理的目的是去除原水中的泥沙等固体杂质，防止纳滤膜的堵塞和劣化造成膜性能的下降，减缓纳滤膜的污染，从而大幅度提高系统效能，实现系统产水量、脱盐率、回收率和运行费用的最优化。

纳滤膜的性能下降主要表现为处理水量下降、膜组件内的压力损失上升以及处理水质的恶化。其主要原因是由悬浮物和水垢造成的膜面的污染和膜的劣化。因此，需要在预处理中把这些造成问题的物质去除，阻止其产生或附着到膜面上。饮用水纳滤处理技术常见的预处理方法有：絮凝-沉淀法、介质过滤法、微滤或超滤法等。

5.1 饮用水预处理技术

5.1.1 饮用水预处理的必要性

微污染水源是当前给水处理面临的普遍问题。微污染水源是指受到各种有毒、有害化学污染及微生物等污染，但经过一些特殊净水工艺处理后，仍可作为饮用水水源的水体。微污染水源的主要污染物包括有机物，藻类，无机污染物铁、锰等，主要水质特点有高高锰酸盐指数、高浓度氨氮、高嗅味等。

近年来，随着工业化进程的加快，许多水源受到了不同程度的污染。相关研究和实践表明，饮用水常规处理工艺混凝-沉淀-过滤-消毒方法面临着越来越大的挑战，常规处理方法时常不能解决日益严重的微污染问题。

（1）微污染水中有机物含量较高，采用折点加氯消毒可能造成消毒后水中三卤甲烷（THMs）及其他消毒副产物增加；

（2）折点加氯及藻类繁殖产生"三致"（致癌、致畸、致突）物且难以去除，水质安全性变差；

（3）管网内微生物滋生、管道腐蚀严重对供水管网安全构成威胁。

因此，有必要在纳滤饮用水主体处理单元之前，增加预处理单元。

5.1.2 预处理的基本要求

众多研究认为，纳滤膜污染的主要原因是预处理不当，说明预处理对纳滤膜污染防治极其重要。预处理的目的主要包括：①去除水中一些悬浮固体、胶体物质；②去除离子以调节进水的电导率、总固体含量（TDS）和pH值等，防止硫酸盐、碳酸钙、二氧化硅等在纳滤膜上结垢；③除去原水中含的油脂；④去除部分有机物，减少微生物的营养供给，从而抑制微生物的生长繁殖；⑤杀死微生物等污染物。

5.1.3 饮用水预处理技术

1. 化学氧化预处理技术

按化学药剂在水处理过程中的投加点和产生作用的不同,可将氧化预处理分为预氧化、中间氧化和后氧化等作用形式,如图5-1所示。

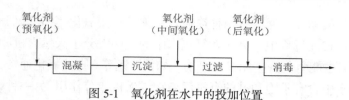

图 5-1 氧化剂在水中的投加位置

中间氧化通常在常规处理工艺即过滤或沉淀之后,作为水的深度处理手段,通过与颗粒活性炭(GAC)或生物活性炭(BAC)联用,利用活性炭的良好吸附性能和生物降解功能,将氧化后形成的可生化性较高的小分子有机物、有害中间产物及不同消毒副产物前体物等进一步去除。中间氧化大多采用臭氧作为氧化剂。

后氧化是饮用水安全的最后一道屏障,主要目的是消毒。

预氧化是一种常见的预处理手段。化学预氧化对水中藻类、浮游生物、色度、臭和味、有机物、铁、锰等具有显著的去除作用,同时可破坏消毒副产物前体物。藻类和浮游生物的过量繁殖,将给自来水厂运行带来不利影响,造成如混凝剂的投量需求增加、滤池阻塞、滤池运行周期缩短等问题。氧化剂能将藻类或浮游生物灭活,不同程度地破坏藻体或浮游生物体,并释放出部分胞内或胞外成分。常用的预氧化方法如下:

(1)氯预氧化(预氯化)

在常规处理前投加氯,称为预氯化。预氯化是自来水厂广泛使用的一种预氧化技术,能降低水中有机污染物浓度,控制微生物繁殖和藻类在管道及处理构筑物中的生长,同时还具有助凝效果。但当原水中有机污染物含量高时,预氯化会与有机物反应生成 THMs 和 HAAs 等副产物。因此,对受有机物污染较严重的水源,不宜采用预氯化的方法。

(2)二氧化氯预氧化

二氧化氯一般与水中有机物有选择性地反应,能氧化不饱和键及芳香族化合物的侧链。二氧化氯能够与苯酚作用生成苯醌,当二氧化氯投量较高时(如二氧化氯与苯酚的质量比为 5:1 时),可以观察到其氧化 15~30min 的产物包含有机酸,如草酸,说明在较高比例二氧化氯投加量下,苯酚的芳香环被部分氧化破坏。对于取代酚,当分子中含有吸电子基如硝基时,二氧化氯对有机物的氧化速度明显降低。用二氧化氯处理受酚类化合物污染的水可以避免形成氯酚臭味。二氧化氯能够与含硫的氨基酸作用,使其中的含硫基团氧化。二氧化氯能与水中碳水化合物作用,将糖分子中的 CHO 和 CH_2OH 基团氧化成羧酸基团。β,D-葡萄糖能够被二氧化氯快速氧化成 α,D-葡萄糖。

二氧化氯预氧化的优点是产生的 THMs 和 HAAs 等副产物较少。但是二氧化氯在与水中的一些还原性成分反应时会产生其他副产物,如亚氯酸盐和氯酸盐,毒理试验结果表明,亚氯酸盐能够破坏血细胞,引起溶血性贫血,因此也需要限制二氧化氯的投加量。

(3)臭氧预氧化

臭氧在早期的用途是对水进行消毒,或者去除水中的色、臭、味等。臭氧氧化技术在水质净化中的作用已更多地得到国内外的关注和重视。臭氧的氧化能力强,在水中的标准氧化还原电位 $E^o = 2.07V$,能够氧化大部分有机物,可降低水中 THMs 前体物;可有效去除色度、异臭和异味;同时,O_3 分解产物为 O_2,有助于提高水中溶解氧浓度。

臭氧与水中污染物反应通常有两种途径，一种是直接氧化，即臭氧分子和水中的有机污染物直接作用。在此过程中，臭氧能氧化水中的一些大分子天然有机物，如腐殖酸、富里酸等；同时臭氧也能氧化一些无机污染物，如铁、锰等。直接氧化通常具有一定选择性，臭氧分子只能与水中含有不饱和键的有机污染物或无机成分作用。另一种途径是间接氧化，即臭氧可自行分解成羟基自由基（·OH），·OH 的氧化能力很强，无选择性，能氧化分解水中多种污染物。

作为预氧化剂，臭氧不仅能氧化分解有机污染物并去除水的色、臭、味等，也能提高后续混凝效果及对藻类的去除效果。由于臭氧能将大分子有机物氧化成小分子有机物，因此，常在预臭氧化后增加活性炭过滤，即形成臭氧-活性炭联用工艺，可取得很好的处理效果。不过，臭氧在氧化分解有机物的同时，也会产生某些副作用，当水中溴离子浓度高时，预臭氧化会使水中有害的溴酸盐和次溴酸盐浓度升高。

（4）高锰酸钾预氧化

高锰酸钾具有去除水中有机污染物、除色、除臭、除味、除铁、除锰和除藻等功能，并具有助凝作用。高锰酸钾去除水中有机物的作用机理较为复杂，既有高锰酸钾的直接氧化作用，也有高锰酸钾在反应过程中形成的新生态水合二氧化锰对有机物的吸附和催化氧化作用。高锰酸钾氧化有机物受水的 pH 值影响较大，在酸性条件下，高锰酸钾的氧化能力较强（$pH = 0$ 时，$E^o = 1.69V$）；在中性条件下，氧化能力较弱（$pH = 7.0$ 时，$E^o = 1.14V$）；在碱性条件下，高锰酸钾的氧化能力由于某种自由基的生成而有所提高。

高锰酸钾及其复合盐使用方便，目前在给水处理中已有较多应用。但高锰酸钾在 pH 值为中性的条件下氧化能力较差，且具有选择性。此外，若过量投加高锰酸钾，处理后的水会有颜色，因此其投加量需要控制。

（5）高铁酸钾预氧化

高铁酸钾是一种氧化能力极强的氧化剂，远高于高锰酸钾，在水中作用迅速，需要特殊投加设备，对水质副作用小，其产物具有絮凝效果。目前，高铁酸钾制备难度较大，成本较高，自身易于分解，同时具有一定的选择性，限定其氧化能力。

2. 生物预处理技术

近几十年来，在水源污染特别是有机物污染非常严重的地方，生物处理法在水处理领域得到了广泛应用。在原水氨氮含量高的情况下，生物预处理也是一个很好的选择。常见的生物预处理包括生物流化床、生物接触氧化、生物陶粒滤池、塔式生物滤池和淹没式生物滤池等。

生物接触氧化预处理工艺是利用填料作为生物载体，微生物在曝气充氧的条件下生长繁殖，富集在填料表面形成生物膜，溶解性的有机污染物在与生物膜接触过程中被吸附、分解和氧化，氨氮被氧化或转化成高价态的硝氮。

饮用水的生物处理在欧洲的应用较为普遍。国内外的生物预处理工艺多采用生物反应器，生物池内的填料是生物预处理工艺的关键要素之一。目前国内应用较广泛的填料有蜂窝状填料、软性填料、半软性填料和弹性立体填料等。

生物预处理的主要优点是运行费用低、对氨氮去除效果好；主要缺点是处理效果受季节和温度的影响大。

3. 吸附预处理技术

粉末活性炭用于水处理已有 70 年左右的历史，目前仍是水处理中主要的预处理技术之一。粉末活性炭最初主要用于去除水的色、臭、味。大量研究表明，粉末活性炭对汞、铅、铬、锌等无机金属离子和三氯苯酚、二氯苯酚、农药、THMs 前体物和藻类等均有很好的去除效果。粉末活性炭应用的主要特点有：设备简单、投资少、应用灵活、对季节性水质变化和突发性水质污染适应能力强；不能再生回用是其主要的缺点。

粉末活性炭通常用于微污染水源的预处理。粉末活性炭投加点一般在混凝前或与混凝剂同时投加，也可在混凝终端投加。投加点的选择应考虑以下因素：①要保证与水快速、充分地混合；②要保证与水有足够的接触时间；③要考虑粉末活性炭与混凝的竞争。例如，混凝沉淀虽然以去除水的浊度为主，但在去除浊度的同时，也能部分去除水中有机物，主要包括部分大分子有机物和被絮凝体所吸附的部分小分子有机物。对于能被混凝沉淀去除的污染物，可以相应减少粉末活性炭的用量。从这个角度考虑，适宜在混凝沉淀后、砂滤前投加粉末活性炭，但砂滤前投加粉末活性炭往往会堵塞滤层，或出现部分粉末活性炭穿透滤层使滤后水变黑的状况。

因此，粉末活性炭投加点应根据原水水质和水厂处理工艺及构筑物布置慎重选择。研究表明，在相同处理效果下，选择合适的粉末活性炭投加点，可节省其用量。一般情况下，用于微污染水预处理的粉末活性炭用量在 10～30mg/L 的范围内。粉末活性炭投加方式有干式和湿式两种，目前常用湿式投加法，即首先将粉末活性炭配制成炭浆，而后定量、连续地投入水中，可以进行自动化投加。

此外，对一些低浊水，也可以通过投加改性黏土改善和提高后续混凝、沉淀效果，但黏土加入混凝池会增加沉淀池的排泥量，给后续生产运行带来一定困难。

5.1.4　纳滤饮用水预处理技术概况

对于给定的原水，预处理设施配置的适宜程度取决于原水的浑浊度和淤泥含量，不能高于膜系统可接受的进水浑浊度和污染密度指数（SDI）。大多数纳滤膜要求膜进水的浑浊度不超过 1.0NTU，SDI 不超过 4 或 5，具体参数取决于纳膜产品的品种，通常建议给水的浑浊度小于 0.5NTU，SDI 小于 3。常见的纳滤饮用水预处理技术有：絮凝-沉淀法、介质过滤法、微滤或超滤及其他方法。

这些预处理方法的适用情况见表 5-1，由于有机纳滤膜材料抗氧化性能较差，因此不能在预处理中投加氯等氧化剂。

不同的预处理系统配置及其相应的 SDI 和浑浊度　　　　　　　　　表 5-1

推荐的预处理系统配置	SDI < 4	SDI ≥ 4				
	浑浊度/NTU					
	< 0.5	≥ 0.5，< 2	≥ 2，< 20	≥ 20，< 40	≥ 40，< 100	≥ 100
混凝、絮凝	—	×	×	×	×	×

推荐的预处理系统配置	SDI < 4	SDI ≥ 4				
	浑浊度/NTU					
	< 0.5	≥ 0.5, < 2	≥ 2, < 20	≥ 20, < 40	≥ 40, < 100	≥ 100
常规沉淀或气浮	—	—	—	×	×	×
增强沉淀	—	—	—	—	×	×
单级颗粒介质或膜过滤	×	×	×	×	—	—
两级颗粒介质或单级膜过滤	—	—	×	×	×	×

注："×"表示适用，"—"表示不适用。

5.2 絮凝-沉淀法

当膜工厂的原水日平均浑浊度高于 20NTU 时，在颗粒介质过滤器的上游可使用沉淀工艺。沉淀池的设计应能使出水浑浊度小于 2.0NTU，并测定 SDI。为了达到除浊水平，沉淀池应配有混凝剂和絮凝剂投加系统。

1. 絮凝

纳滤膜水厂原水絮凝最常用的絮凝剂是铁盐，如硫酸铁和氯化铁。通常，在饮用水纳滤处理中一般也不使用聚合物，如果使用，则要考虑非离子或阴离子聚合物；这是因为大多数的纳滤膜元件表面带有负电荷，阳离子聚合物的使用可能会在膜表面形成聚合物团，污染膜元件。如果必须采用非离子或阴离子类型的聚合物，其类型和剂量必须通过中试测试确定，确保投加浓度极低，控制在浓度小于 0.2mg/L。另外，应避免聚合物的用量的增加，否则可能导致过滤水中未使用的聚合物含量升高，堵塞滤芯，并沉积在膜元件或膜孔隙中，缩短滤芯的使用寿命和膜的清洗周期；同时，增加聚合物用量还存在其他风险，由于通常膜的聚合物结构是不可逆的，聚合物用量的增加可能导致膜性能的永久性下降。

最佳混凝剂的剂量取决于 pH 值水平，该剂量可根据现场试验或针对特定条件下的中试测试确定，目标絮凝的 pH 值可以通过单独添加絮凝剂测定。其他情况下，可能需要添加酸或碱，对于控制碳酸钙的预处理可以添加硫酸。

2. 沉淀

常规沉淀池的设计表面负荷为 32.6～48.8m³/(m² · d)，水体滞留时间为 2～4h。如果原水浑浊度超过 100NTU，必须设计沉淀池，通过安装斜板或斜管沉淀技术提高固体去除率。

海水受到浑浊度较高的地表水的强烈影响时，需要使用强化沉淀技术处理。当海水淡化厂的取水口位于三角洲地区或受到季节性地表径流的强烈影响时就会发生这种情况。例如，在雨季，特立尼达的 Point Lisas 海水淡化厂的进水受 Orinoco 河水质变化的影响，该河携带大量的冲击固体，海水淡化厂的进水浊度可能超过 200NTU。为了处理这种固体含量较高的海水，常规单级双介质过滤之前，水厂原水需在沉淀池中进行沉淀处理。

5.3　介质过滤法

颗粒介质过滤法是地表水纳滤水厂最常用的预处理工艺，该过程通过一层或多层颗粒介质，如无烟煤，石英砂，石榴石等过滤原水。

介质过滤器可以除去颗粒、悬浮物和胶体，当水流流过滤介质的床层时，颗粒、悬浮物和胶体会附着在过滤介质的表面。过滤出水水质取决于杂质和过滤介质的大小、表面电荷和形状，以及原水组成和操作条件等。在设计和操作合理的前提下，经过介质过滤器处理通常就可以保证 SDI 不高于 5。

1. 颗粒介质

纳滤饮用水处理系统最常用的过滤介质是石英砂和无烟煤。细砂过滤器中的石英砂颗粒有效直径为 0.35～0.5mm，无烟煤过滤器颗粒有效直径为 0.7～0.8mm。石英砂上填充无烟煤的双介质过滤器可允许悬浮物等杂质进入过滤层内部，产生更有效的深层过滤，从而延长清洗间隔。过滤介质的最小设计总床层深度为 0.8m，在双介质过滤器中，通常填充 0.5m 高的石英砂和 0.4m 高的无烟煤。

2. 颗粒介质过滤器

压力过滤器和重力过滤器是在纳滤膜设备预处理过程中应用最广泛的两种过滤器类型。压力过滤器和重力过滤器的主要区别在于将水输送通过介质床所需的扬程，以及用于容纳过滤器单元的容器类型。重力过滤器通常需要 2～3m 的扬程，并放置在开放的混凝土或钢制储罐中。压力过滤器则需要更大的驱动力，并包含在封闭的容器中。由于建造大型压力容器的成本较高，且压力容器湿润的表面需要具备一定的耐腐蚀性能，因此，压力过滤器多用于中小规模的纳滤水厂，重力预处理过滤器则可以多用于不同类型的膜设备。

用于纳滤水厂预处理的过滤器不仅要去除水中 99%以上的固体悬浮物，还要降低淤泥颗粒的含量。因此，预处理设备的设计由过滤器出水的浑浊度和 SDI 水平控制。过滤器可降低原水中悬浮固体和浑浊度，并提高降低泥沙和 SDI 的效率，溶解的有机物和絮凝剂可能会吸附在过滤器上，导致 SDI 值的增加。考虑到预处理过滤器的关键功能是有效去除水中 99.9%以上的粒径小于 50μm 的淤泥颗粒，因此，过滤器的设计应满足：①相对较低的表面负荷率；②使用更深的过滤床去除污泥颗粒；③对于将预处理设备设计为直接的过滤系统，必须严格控制絮凝剂的投加量，并确保絮凝剂和过滤器进水完全混合。

尽管过量的絮凝剂可能对过滤器的出水浑浊度影响很小，甚至没有影响，但它会对 SDI 含量产生较大的负面影响，并对下游筒式过滤器的使用寿命和纳滤膜的结构产生影响。即使未反应、未使用和未过滤的絮凝剂残留很少，也会截留在筒式过滤器表面，导致其过早堵塞。这种情况下，可以通过减少絮凝剂的投加或在混合不良的情况下改变絮凝剂的混合量，从而最大程度地减少或消除未反应的化学物质，实现对原水 SDI 的显著改善。

如果过滤器进水的 SDI 不方便测量，则通常使用两级过滤器。第一级过滤器设计为双介质过滤器，在砂层的顶部上设无烟煤层，第二级过滤器由无烟煤/砂石/石榴石组成的三层过滤器。过滤器用过滤水反冲洗，在可接受的情况下，可用纳滤系统的浓缩液冲洗。反洗速率应为介质床提供 30%～50% 的膨胀率。过滤器的数量应保证全流量运行时，设置备用过滤器，当其中一台过滤器在反冲洗工作时，另一台可以停用维护。

5.4 微滤和超滤法

5.4.1 微滤

微滤膜（MF）能除去水中所有的悬浮物。通常，采用微滤作为纳滤饮用水系统的预处理，产水的浑浊度可以小于 1NTU，SDI 可以小于 3。微滤可以有效拦截原水中的悬浮颗粒及胶体，同时截留原水中的细菌、病毒、藻类及一些有机物，从而减轻纳滤系统的污染，降低纳滤负荷。相比于传统多介质过滤器预处理，采用微滤作为预处理的纳滤系统的稳定运行通量通常有所提高，从而降低纳滤的设备投资。

微滤截留水中的污染物后，可以对其定期清洗以恢复性能。微滤的材料可以采用耐氯材料。通常在运行一定时间后，需定期进行正向冲洗或逆向反洗等物理清洗，同时采用酸、碱、次氯酸钠等药剂进行化学清洗，去除被拦截在膜上的污染物，恢复微滤膜的性能。

5.4.2 超滤

超滤能有效去除细菌、病毒等微生物，并保证产水浑浊度符合要求，且超滤膜的运行能耗相对于纳滤和反渗透膜更低。但超滤对各类有机物的去除效果有限，超滤膜的特定结构使其无法再进一步提供满足更高要求的饮用水。

相比于超滤膜，纳滤膜膜孔径较小，不仅对大于其截留分子量的污染物具有显著去除效果，还能依靠道南效应和介电效应等机理去除小于其截留分子量的有机物和各种离子。但是，纳滤膜对进水水质有较高要求，纳滤进水中的胶体、微生物或者有机物含量过高都会造成严重膜污染，导致膜通量下降或跨膜压差迅速升高，无法稳定运行产水。

因此，由超滤+纳滤组合而成的双膜水处理工艺恰好可以互相弥补。以超滤作为纳滤预处理工艺对原水进行处理，有效降低浑浊度，去除细菌微生物和部分有机物；增加纳滤工艺处理超滤产水，有效去除水中有机物、离子等污染物，从而进一步提升饮用水水质。

5.4.3 介质过滤与膜预处理比较

膜过滤技术与传统的石英砂或无烟煤等颗粒介质过滤系统相比有诸多优点，但颗粒介质过滤在特定情况下具有成本竞争优势，仍是目前广泛应用的预处理技术。因此，膜预处理过滤技术的选择必须建立在全生命周期成本效益分析的基础上，应对这两种系统进行对比试验，客观地选择合适的预处理技术。选择颗粒介质和膜预处理过滤用于饮用水纳滤系统预处理时可以考虑以下因素：

1.进水水质

与传统的介质过滤相比，微滤或超滤系统具有更广泛的颗粒去除能力。介质过滤对原水中的有机物、细颗粒物、淤泥和病原体的去除效率较低，膜过滤技术主要通过截留去除颗粒，不易受到进水颗粒的季节性变化，包括温度、pH 值、浊度、色度和微生物污染等的影响。相对而言，对于上游化学混凝和絮凝，进水颗粒物对其连续性和效率影响较小。与膜工艺对颗粒的去除效果相比，传统介质过滤技术的预处理效率很大程度上取决于化学混凝和絮凝的效果。

2. 占地面积与规模

与颗粒介质过滤相比，膜技术具有很高的空间效率。对于现有的水处理厂的升级改造，膜过滤的占地面积更小。膜过滤系统的占地面积比传统介质过滤系统小约 20%～60%。膜过滤的空间效益对于高浑浊度进水情况更为显著，在这种情况下，可能需要两级介质过滤才能达到与单级膜系统相当的性能。

微滤或超滤膜和介质过滤预处理系统可能产生不同的经济效益，这取决于水厂的处理能力。水厂产能高达 40000m³/d 时，两种工艺具有可比的经济性。对于较大的纳滤系统，单级重力式颗粒介质过滤系统可产生更有利的规模经济效益。然而，随着微滤或超滤系统和产品的进一步发展，这种情况可能会发生变化。

因此，纳滤水厂的规模和占地面积往往会影响纳滤预处理技术和工艺的选择，并决定其后续经济效益。

3. 废水处理

传统介质预处理系统和膜预处理系统在产生的废水的类型、水质和水量上存在显著差异。传统的介质过滤系统只产生过滤器反冲洗废水，设计良好的水厂中，废水量仅为水厂总取水量的 2%～5%。通常情况下，除了原水中的固体，废水还含有处理时使用的混凝剂等，预处理反冲洗废水经过处理后，可与纳滤装置废水混合，排放到地表水源。

膜预处理系统产生两大类废水：膜冲洗废水和膜清洁过程中产生的废水。膜冲洗废水的体积为水厂进水体积的 5%～10%，大约是传统介质过滤反冲洗废水的两倍。考虑到保护膜的过滤器安装的微孔筛清洗将产生额外的废水，膜预处理系统的实际废水产量更高。膜预处理系统废水量的增大将会使进水需求增加，导致纳滤膜系统进水设施的尺寸和建造成本增加。同时，膜清洗过程中产生的废水不适合向地表水排放，需考虑膜化学清洗的额外处理和处置成本。

4. 药耗与电耗

传统的介质过滤预处理系统需要使用原水调节化学品进行固体分离，这会增加工厂的化学成本。但是，介质清洗几乎不需要化学药剂。膜预处理系统需使用大量的膜清洗剂，在工厂预处理系统的成本效益分析中，必须考虑这些清洗化学品的成本。除此以外，微滤或超滤预处理具有更好的固体和泥沙去除能力，通过使用膜预处理可以降低纳滤系统的清洗频率，从而降低纳滤膜的清洗成本。

传统的预处理系统分离原水中微粒的能耗较低。大型纳滤水厂使用重力颗粒介质过滤进行预处理，对用电功率要求较低。膜系统有真空驱动和压力驱动两种类型。系统产生原水流经膜的驱动压力、膜反洗和水泵工作等需要的功率较大。进行常规预处理系统与膜预处理系统的成本对比时，必须考虑总用电量。

5. 更换与维护

正常运行的颗粒过滤器每年损失不足 5% 的过滤介质，需要定期更换以保持性能一致。颗粒置换的成本相对较低。设计和运行良好的微滤或超滤装置的膜寿命可以超过 5 年，假设使用寿命为 5 年，每年大约需要更换 20% 的膜元件，以保持纳滤膜系统的生产能力。同时，膜元件的尺寸和结构多样，缺乏标准化，当现有的膜制造商停止生产给定类型的膜元件，水厂没有合适的膜元件更换时，水厂所有者需要设计新的预处理系统。可能会对纳滤水厂造成一些不利影响。

5.5 其他预处理技术

5.5.1 过滤前氧化

通常，含盐量在苦咸水范围内的某些地下水，其典型特点是含有呈还原态的二价铁和锰。可以对这类原水进行氯化处理，或者提高水的含氧量。当含量超过 5mg/L 时，Fe^{2+} 将转化成 Fe^{3+}，形成难溶性的氢氧化物颗粒，可以采用过滤方式去除。

由于铁的氧化通常在 pH 值较低的条件下就会发生，因此出现铁污染的情况往往要比锰污染的情况更严重。即使 SDI 小于 5，纳滤系统进水的铁含量低于 0.1mg/L，仍会出现铁污染问题。$FeCO_3$ 的溶解度会限制 Fe^{2+} 的浓度，导致碱度低的进水铁离子含量要高。

处理这类水源的一种方法是防止其在整个纳滤过程中与空气和任何氧化剂如氯的接触。低 pH 值有利于延缓 Fe^{2+} 的氧化，当 pH 值低于 6，氧含量低于 0.5mg/L 时，最大允许 Fe^{2+} 浓度为 4mg/L；另一种方法是用空气、Cl_2 或 $KMnO_4$ 氧化铁和锰，将所形成的氧化物通过介质过滤器去除，实现同步氧化和过滤。

5.5.2 在线过滤

过滤前对原水中的胶体进行絮凝处理，可以大幅度地提高介质过滤器降低 SDI 的效率，这种方法被称为在线过滤。在线过滤可以用于 SDI 略高于 5 的水源，原水中注入絮凝剂时经过有效地混合，絮凝剂与胶体形成的微小絮状物能立刻被介质过滤器的介质截留。

硫酸铁和三氯化铁可以用于对胶体表面的负电荷进行失稳处理，它将胶体捕捉到氢氧化铁的微小絮状物上。迅速地分散和混合絮凝剂十分重要，建议采用静态混合器或将注入点设在增压泵的吸入段，通常最佳加药量为 10～30mg/L，但应针对具体的项目确定加药量。

为了提高絮凝剂絮体的强度，进而改进其过滤性能，或促进胶体颗粒间的架桥，可同时或单独使用助凝剂与絮凝剂，其中助凝剂为可溶性的高分子有机化合物。絮凝剂和助凝剂可能直接或间接地干扰纳滤膜。间接干扰是它们的反应产物形成沉淀并覆盖在膜面上，例如过滤器发生沟流而使絮凝剂絮体穿过滤器并发生沉积；当使用铁或铝絮凝剂，但没有立即降低 pH 值时，在纳滤阶段会因进水浓缩诱发过饱和现象，出现沉淀；此外，在多介质滤器后加入化合物也会产生沉淀反应，最常见的例子是投加阻垢剂，几乎所有的阻垢剂都是荷负电的，将会与水中阳离子性的絮凝剂或助凝剂反应。直接干扰则是指添加的聚合物本身影响膜，导致通量的下降。水的离子强度可能对絮凝剂或助凝剂与膜间的界面有影响。为消除对纳滤膜直接和间接的干扰，阴离子和非离子的助凝剂比阳离子的助凝剂更加合适，同时还须避免过量添加。

5.5.3　软化处理

石灰软化是指通过在水中加入氢氧化钙降低碳酸盐硬度，石灰-纯碱处理可以降低二氧化硅的浓度，当加入铝酸钠和三氯化铁时，将会形成 $CaCO_3$ 以及硅酸、氧化铝和铁的复合物。通过加入石灰和多孔氧化镁的混合物，采用 60～70℃热石灰硅酸脱除工艺，可将硅酸浓度降低到 1mg/L 以下。石灰软化也可以显著地降低钡、锶和有机物含量。但是，石灰软化处理需要使用反应器，以形成高浓度作晶核的可沉淀颗粒，通常需要采用上升流动方式的固体接触澄清器；这一过程的出水还需设置多介质过滤器，并应在进入纳滤系统之前调节 pH 值；使用含铁絮凝剂，可提高石灰软化的固-液分离作用。仅在产水量大于 200m³/h 的苦咸水处理系统才会考虑选择石灰软化预处理工艺。

强酸阳离子交换树脂不仅能脱除硬度，而且能够降低常会污染膜的铁和铝的浓度，经过软化的水比未经软化的水表现出更低的污染倾向。因为胶体通常含负电荷，因此多价阳离子能自发地促进胶体的相互粘附。在滤芯式滤器上游或许需要设置可清洗的精密过滤器以避免发生这些情况。

5.6　本章小结

本章讨论了各种纳滤膜与处理方法。通过对原水进行适当的预处理来保持纳滤膜处理效果，对于提高纳滤膜系统的效率和寿命至关重要。预处理的目的是防止膜聚合物的化学变形、污染物的积累和膜表面的结垢。在纳滤之前的预处理系统中，混凝的使用必须谨慎，需要严格控制混凝剂的用量和 pH 值。目前，大多数纳滤膜都是卷式膜，悬浮物会以多种方式对缠绕膜产生负面影响。在设计膜系统的过程中，应确保在预处理中充分控制浑浊度和 SDI 等指标。

预处理还是防止膜损伤、控制膜结垢、预防膜有机污染和生物污染的重要手段，而膜污染是目前将纳滤应用到饮用水处理的实际工程中要解决的主要问题之一。

参 考 文 献

[1]　陶氏水处理. FILM TEC™ 反渗透和纳滤膜元件产品与技术手册[M]. 2016.

[2] 中国土木工程学会水工业分会给水深度处理研究会. 给水深度处理技术原理与工程案例[M]. 北京: 中国建筑工业出版社, 2013.

[3] 张林生, 卢永, 陶昱明. 水的深度处理与回用技术[M]. 3 版. 北京: 化学工业出版社, 2016.

[4] 董秉直, 曹达文, 陈艳. 饮用水膜深度处理技术[M]. 北京: 化学工业出版社, 2006.

[5] 段冬, 张增荣, 芮旻, 等. 纳滤在国内市政给水领域大规模应用前景分析[J]. 给水排水, 2022, 58(3): 1-5.

[6] 李涛, 贺鑫, 王少华, 等. 张家港市第四水厂纳滤膜处理系统运行经验总结[J]. 给水排水, 2024, 50(6): 43-49.

第 6 章

纳滤膜的污染与控制

Nanofiltration Technology for
Drinking Water Treatment

膜污染是目前纳滤处理饮用水面临的主要挑战之一，极大地影响了纳滤膜的应用。纳滤膜污染是指纳滤膜运行一段时间后，水中的微粒、胶体粒子、溶解性大分子与膜发生物理化学作用或机械作用而引起的在膜表面或膜孔内吸附、沉积，造成膜孔径变小或堵塞等现象，使纳滤膜产生通量与分离特性不可逆变化的现象。膜污染会带来一系列的不良后果，包括水通量下降、跨膜压差升高、产水水质下降等。尽管可以通过加压的方式提高水通量，但能耗随之增加。当膜污染严重到一定程度后，需要通过物理清洗和化学清洗的方式恢复膜通量。可逆的污染物可以通过物理清洗去除，不可逆污染物则必须进行化学清洗。频繁地使用化学清洗剂，如酸、碱、金属螯合物、表面活性剂、酶等，会对膜表面造成损害，导致膜的截留能力下降，多次使用后就要更换新膜。膜污染还增加了化学清洗的频率和费用，缩短纳滤膜使用寿命，且加重了运行维修劳动力需求和费用。本章主要介绍纳滤膜的常见污染类型与控制方法。

6.1　纳滤膜污染

6.1.1　纳滤膜污染概述

膜污染是指由于悬浮和溶解性物质在膜表面、孔口及孔中的沉积，导致膜通量不可逆下降的现象，通常需要通过物理清洗和化学清洗去除。膜污染增大了纳滤膜系统的能量需求、维护的人工费用、化学清洗费用，且缩短了膜的寿命。常见的膜污染类型有颗粒污染、无机污染、有机污染和生物污染。

（1）颗粒污染：主要是悬浮物和胶体等进入膜系统造成的膜的损害。

（2）无机污染：主要是超过溶解度的无机物的结垢。

（3）有机污染：主要是用于混凝的高分子量阳离子聚合物的用量过多，或油、油脂和其他与水不混溶的有机物和纳滤膜的接触造成的污染。

（4）生物污染：主要是微生物在膜上的繁殖。

实际膜污染通常是以上四种污染中的一种，或是几种形成的复合污染。其中，硅的结垢通常出现在最后一段的最后一支膜上；金属氧化物/胶体/无机物/快速的生物污染通常出现在第一段的第一支膜上；生物污染会出现在整个系统中，包括颗粒或细菌的胞外聚合物的作用。

对于几种常见的膜污染，可以通过增加预处理、调整 pH 值和增加阻垢剂等多种措施加以控制。针对无机污染，增加预处理、降低 pH 值、降低回收率、增加阻垢剂、利用氧化作用去除金属离子等是常见处理方法；针对有机污染，主要采用强化混凝、臭氧氧化、臭氧-生物活性炭，以及磁性离子树脂（MIEX）的吸附处理等方法；针对颗粒污染，主要利用混凝沉淀、强化过滤，以及纳滤前的微滤和超滤等预处理。

膜污染是纳滤系统运行中面临的最主要难题，目前仍没有合适的预测模型。膜污染需要通过频繁的膜清洗去除，会导致膜的生物降解，使膜的密实度降低，损伤膜的寿命。膜污染还将降低通量，增大跨膜压差和膜的实际面积。因此，纳滤过程中应当充分考虑膜污染。

6.1.2　纳滤膜污染机理

纳滤膜污染的机理非常复杂，受膜表面性质、污染物特性、水体物化条件和过滤操作条件等多种因素的影响，目前对纳滤膜污染的机理仍缺乏统一的阐释，也没有可用于预测膜污染性质和程度的通用规则，在实际工程中依然可能出现较严重的膜污染问题。因此，对于膜污染机理的研究是目前的热点。

膜表面和膜孔内部通常带负电，由于静电作用，吸引了许多正电荷，在膜孔内部和表面形成双电层，双电层中的正电荷浓度高于主体溶液。当带负电的有机物进入膜孔时，由于正电荷的作用，带负电的有机物失去稳定性或相互碰撞，形成大颗粒，将膜孔堵塞；也可能沉积在膜孔内部，使膜孔径变小。

腐殖酸占天然水中有机物的 80%，是水中主要的有机污染物。腐殖酸带有羟基和酚醛基，在天然水 pH 值接近中性的情况下，腐殖酸带负电。根据 M. R. Wiesner 提出的膜污染的机理，腐殖酸是造成膜污染的主要因素，有机物与膜之间的相互作用是决定膜污染的主要因素。另一种机理认为，当腐殖酸负电性较强时，膜本身带负电，由于相斥的作用，腐殖酸不容易接近膜，因此，膜污染程度较轻。当水的物化性能如 pH 值或离子强度发生变化时，腐殖酸的负电性降低，由亲水性向疏水性转变，腐殖酸和膜表面之间的静电斥力降低，使其更容易接近膜表面；同时由于腐殖酸的表观尺寸变小，更容易进入膜孔内部，从而堵塞膜孔。

另一种膜污染机理通过道南效应（Donnan Effect）解释。膜表面多为负电性，高价阳离子容易趋向膜迁移，为了保持膜两侧溶液的电中性，带负电的腐殖酸也随之向膜迁移。这一阶段，膜污染主要由膜孔堵塞引起。然后，悬浮颗粒和大分子的腐殖酸积累在膜表面，形成滤饼层；经过连续的膜分离运行，一部分滤饼层被水力反冲洗剥离，但与膜表面黏附较紧密的滤饼层仍残留在膜表面；滤饼层经过这样的反复剥离、累积，难以被水力冲洗剥离的滤饼层逐渐积累增长起来，造成膜污染。

6.1.3　纳滤膜污染的数学模型

由达西定律可知，膜通量、驱动力和膜阻力的关系可以通过式 (6-1) 表示：

$$J = \frac{P}{\mu(R_{\mathrm{m}} + R_{\mathrm{c}})} \tag{6-1}$$

式中：J——膜通量；

　　P——驱动力；

　　R_{m}——膜阻力；

　　R_{c}——滤饼层阻力；

　　μ——纯水黏度。

其中，膜阻力与膜的厚度、膜孔的数目和膜孔直径有关，它们之间的关系可用式 (6-2) 表示：

$$R_\mathrm{m} = \frac{8L}{N\pi r^4} \tag{6-2}$$

式中：L——膜的厚度；

　　　r——膜孔直径；

　　　N——膜孔数量。

在膜过滤过程中，污染物质会累积在膜表面形成滤饼层或进入膜孔内部，堵塞膜孔，导致膜阻力的上升。根据膜污染的机理，可将膜污染模型分为三种：滤饼过滤污染模型、完全堵塞污染模型和标准堵塞污染模型，如图 6-1 所示。

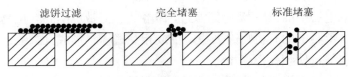

图 6-1　膜污染模型示意图

1. 滤饼过滤污染模型

滤饼过滤模型适用于描述污染物在膜表面附着、沉积形成滤饼层的情况。该模型假设滤饼层阻力 R_c 的下降与膜通量成正比，它们之间的关系可用式 (6-3) 表示：

$$\frac{\mathrm{d}R_\mathrm{c}}{\mathrm{d}t} = \alpha_\mathrm{c}J \tag{6-3}$$

式中：α_c——滤饼过滤膜污染系数。

2. 完全堵塞污染模型

完全堵塞污染模型假设膜孔完全被污染物堵塞，造成单位面积膜孔数目 N 的减少与膜通量 J 的减少成正比，如式 (6-4) 所示。

$$\frac{\mathrm{d}N}{\mathrm{d}t} = -\alpha_\mathrm{b}J \tag{6-4}$$

式中：α_b——完全堵塞膜污染系数。

3. 标准堵塞污染模型

标准堵塞模型假设随着颗粒在膜孔的沉积，孔体积的减小与滤液体积的减少成正比，膜孔是由直径一定的一系列孔组成，孔的长度也假设为一定。因此，孔体积的减少可由孔截面的减少表示；而孔体积的减少与膜通量成正比，它们之间的关系可用式 (6-5) 表示。

$$2\pi rL\frac{\mathrm{d}r}{\mathrm{d}t} = -\alpha_\mathrm{p}J \tag{6-5}$$

式中：α_p——标准堵塞膜污染系数。

Hermans 和 Bredee 提出了膜污染数学模型的通式，见式 (6-6)。

$$\frac{\mathrm{d}^2t}{\mathrm{d}V^2} = k\left(\frac{\mathrm{d}t}{\mathrm{d}V}\right)^n \tag{6-6}$$

式中：t——过滤时间；

　　　V——总过滤体积；

　　　k——系数。

当 $n = 0$ 时，为滤饼过滤污染模型；$n = 1.5$ 时，为标准堵塞污染模型；$n = 2$ 时，为完全堵塞污染模型。

6.1.4　纳滤过程中的浓差极化

1. 浓差极化的概念

在压力驱动膜滤的过程中，由于膜的选择透过性，水和小分子可透过膜，而大分子溶质则被膜阻拦并不断累积在膜表面上，使溶质在膜面处的浓度 C_m 高于溶质在主体溶液中的浓度 C_b。在浓度梯度作用下，溶质由膜表面向主体溶液反向扩散，形成边界层，使流体阻力与局部渗透压增加，从而导致水的透过通量下降，这种现象称为浓差极化（Concentration Polarization，CP）。浓差极化导致膜的传质阻力增大，渗透通量减少，并改变膜的分离特性。

2. 浓差极化的模型描述

在稳定状态下，厚度为 δ_m 的边界层内剖面浓度是恒定的，以厚度为 dx 的微元体推导出一维传质微分方程 [式 (6-7)]：

$$J_w \frac{dC}{dx} - D \frac{d^2C}{dx^2} = 0 \tag{6-7}$$

积分得：

$$J_w C - D \frac{dC}{dx} = C_0 \tag{6-8}$$

式中：C——水中的溶质浓度，mg/cm^3；

D——溶质在水中的扩散系数，cm^2/s；

C_0——任意常数；

J_w——水的透过通量，$cm^3/(cm^2 \cdot s)$。

在式 (6-8) 中，$J_w C$ 表示透过膜的溶质通量，$D\frac{dC}{dx}$ 表示由于扩散作用从膜面返回主体溶液的溶质通量，在稳态下其差值等于透过膜的溶质通量 J_s。因此，式 (6-8) 可改写成式 (6-9)：

$$J_w C - D \frac{dC}{dx} = J_s \tag{6-9}$$

$$J_s = C_f J_w \tag{6-10}$$

式中：C_f——透过液中的溶质浓度，mg/cm^3。

于是：

$$J_w \, dx = D \frac{dC}{C - C_f} \tag{6-11}$$

根据边界条件：$x = 0$，$C = C_b$；$x = \delta_m$，$C = C_m$，积分得：

$$J_w = \frac{D}{\delta_m} \ln \frac{C_m - C_f}{C_b - C_f} \tag{6-12}$$

因为 C_f 很小，上式可以简化为：

$$J_w = K \ln \frac{C_m}{C_b} \tag{6-13}$$

式中：K——称为传质系数，$K = \frac{D}{\delta_m}$。

由式 (6-13) 可知，膜的渗透通量主要取决于边界层内的传质情况，但增大压力势必提高透过水通量，因而膜面的溶质浓度增大，C_b/C_m 值亦增大，则浓差极化现象就更严重。在稳态下，J_w 与 C_m 之间总是保持着式 (6-13) 所表达的对数函数关系。另外，式中边界层厚度 δ_m 主要与流体动力学条件有关，当平行于膜面的水流速度较大时，δ_m 较薄，扩散系数 D 则与溶质性质以及温度有关。在某一压力差下，大分子物质很快被压密成凝胶，此时膜面溶质浓度称为凝胶浓度，以 C_g 表示。于是，上式相应地改写为式 (6-14)：

$$J_w = K \ln \frac{C_g}{C_b} \tag{6-14}$$

在此情况下，C_g 为一固定值，其值大小与该溶质在水中的溶解度有关，因而透过膜的水通量亦应为定值。若再加大压力，溶质的反向扩散通量并不增加，在短时间内，虽然透过水通量有所提高，但随着凝胶层厚度的增大，所增加的压力很快被凝胶层阻力所抵消，透过水通量又恢复到原有的水平。因此，可以得出以下结论：①一旦生成凝胶层，透过水通量并不随压力的升高而增加；②透过水通量与进水溶质浓度 C_b 的对数值呈直线关系减小；③透过水通量还取决于某些与边界层厚度有关的流体力学条件。

3. 浓差极化与结垢

作为纳滤膜中浓差极化的结果之一，盐更容易在膜上沉淀成水垢。当从含盐溶液中除去透过膜的水时，在大流量中被纳滤膜排斥的水垢形成物质的平均浓度不可避免地增加。浓差极化进一步提高了膜附近盐的浓度，并加剧了水垢的形成。

当反应商 Q 超过溶度积常数 K_{sp} 时，金属离子将沉淀并结垢。钙，镁和铁等金属通常以氢氧化物、碳酸盐或硫酸盐沉淀。例如，$CaSO_4$（s）（石膏）的沉淀产生的水垢，对于钙和硫酸盐的任何摩尔浓度组合，有：

$$Q = [Ca^{2+}][SO_4^{2-}] \tag{6-15}$$

当满足下式条件时，会发生沉淀：

$$Q > K_{sp}$$

当水流过膜的进料侧时，溶解的固体被膜排斥，并在通道内浓缩。随着回收率 r 和总排阻 R 的增加，离开膜组件的浓缩物排泄的盐（例如阳离子）的平均（本体）浓度 c_r 超过进料浓度 c_f，如式 (6-16) 所示：

$$c_r = c_f \frac{1 - r(1 - R)}{1 - r} \tag{6-16}$$

当浓缩物中离子浓度的乘积与溶解度常数 K_{sp} 的比值大于 1 时，盐可能沉淀出来。

如前所述，浓差极化会降低纳滤过程中的渗透通量，通常可以采取相应措施，防治浓差极化，例如：①通过预处理等手段预先除去溶液中大颗粒；②增加料液流速以提高传质系数；③选择适当的纳滤膜操作压力；④对纳滤膜的表面进行改性；⑤定期对纳滤膜进行清洗。

6.1.5　纳滤膜污染性能指标

1. 膜污染指数分析

为了研究整个纳滤过程有机污染状况，引入总污染指数、可逆污染指数和不可逆污染指数评价纳滤膜上发生的总污染、可逆污染和不可逆污染。其计算过程见式 (6-17)～式 (6-19)：

$$R_t = \frac{J_{0w} - J_f}{J_{0w}} \tag{6-17}$$

$$R_r = \frac{J_r - J_f}{J_{0w}} \tag{6-18}$$

$$R_{ir} = \frac{J_{0w} - J_r}{J_{0w}} \tag{6-19}$$

式中：R_t——总污染指数；

　　R_r——可逆污染指数；

　　R_{ir}——不可逆污染指数；

　　J_{0w}——膜的原始纯水通量，L/(m² · h)；

　　J_f——有机污染后的膜通量，L/(m² · h)；

　　J_r——物理清洗后纯水通量，L/(m² · h)。

2. 膜污染阻力分析

随着膜不断受到有机污染，纳滤膜污染阻力逐渐增大，由达西定律［式 (6-20)］：

$$J = \frac{\Delta P}{\mu R} \tag{6-20}$$

可以确定用来表征膜受污染程度的纳滤膜阻力值公式，见 (6-21)：

$$R = \frac{\Delta P}{\mu J} \tag{6-21}$$

式中：R——膜污染阻力，L/m²；

　　ΔP——系统压差，Pa；

　　μ——纯水黏度，Pa · s；

　　J——纳滤膜通量，L/(m² · h)。

6.2　纳滤膜结垢

6.2.1　纳滤膜结垢概述

纳滤膜结垢定义为部分盐类的浓度超过其溶度积在膜面上的沉淀的现象，沉淀的种类包括碳酸钙、硫酸钡、硫酸钙、硫酸锶、氟化钙和磷酸钙等。按照结垢机理可以划分为无机结垢、有机结垢和生物结垢等。

水垢的生成情况受原水水质、浓缩的程度、水温、pH 值等因素的影响，但如果有水垢生成导致膜的性能下降的可能性，则应该考虑采取措施阻止钙化合物和二氧化硅的析出。另外，作为混凝剂投加的氢氧化铝浓缩后也有可能析出，应该进行适当的控制。还有，铁、锰如果变为不溶性的胶体也会导致膜性能下降，这种情况下，还原或氧化＋固液分离等预处理工艺是必需的。

6.2.2　常见水垢类型及成因

1. 钙系水垢

钙系水垢的代表为碳酸盐（$CaCO_3$）、硫酸盐（$CaSO_4$）。碳酸钙的处理可以通过降低 pH 值，使碳酸根（CO_3^{2-}）转化为碳酸氢根（HCO_3^-），提高其溶解度，从而阻止水垢的析出。

2. 二氧化硅系水垢

二氧化硅（SiO_2）的溶解度如图 6-2、图 6-3 所示。在中性附近的二氧化硅溶解度为 100mg/L 左右（25℃），如果浓缩水中的二氧化硅浓度超过这个值就会析出二氧化硅水垢。

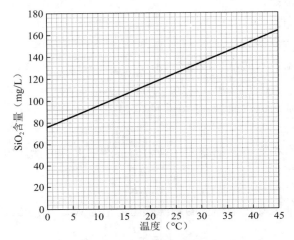

图 6-2　水温与二氧化硅（SiO_2）溶解度的关系

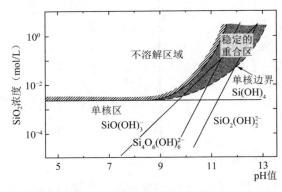

图 6-3　pH 值与二氧化硅（SiO_2）溶解度的关系

3. 铝、铁和锰

作为混凝剂投加的铝盐中有一部分以溶解的状态残留在水中，其浓度随 pH 值的变化而变化。pH 值与铝离子溶解度的关系如图 6-4 所示。除此之外，在预处理中，如果混凝后的固液分离不充分，会导致较高浓度的微小铝盐胶体残留在预处理水中。这种情况下，铝盐胶体可能会附着在纳滤膜的表面，导致其性能下降。

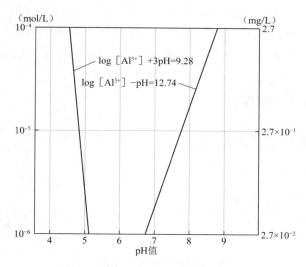

图 6-4　pH 值与铝离子溶解度的关系

当地下水中铁、锰不是以稳定的溶解状态出现时，它们会变为氢氧化铁、氧化锰等，形成不溶性的胶体或黏液状态，密集地沉积在膜面上，使膜过滤水量显著减少。当系统内形成氧化状态时，容易导致铁、锰在膜面上的沉积。pH 值与铁、锰溶解度之间的关系如图 6-5 所示。例如，二价铁离子被氧化成三价铁离子后，即使在低 pH 区也容易水解并沉积在膜面上。

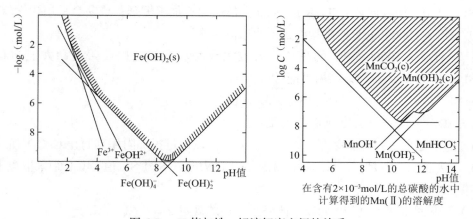

图 6-5　pH 值与铁、锰溶解度之间的关系

4. 微生物和有机污垢

膜系统要在设计水平上平稳地运行，生物污染的控制至关重要。由于膜元件内部是潮湿的，并且具有较大的表面积，因此它是微生物生长的理想场所。一旦到达膜表面，微生物就可以粘附在膜表面聚合物上。同时，比生物体本身更有害的是它们分泌在生物膜中的多糖，多糖均匀地覆盖在膜上，导致通量和盐排出量降低。大多数微咸水地下水源中的微生物种群很小，只要膜系统连续使用，就不需要针对生物污染进行预处理。而对于地表水，

在设计和运行中则必须考虑微生物污染控制。

有机结垢的主要原因是高分子量阳离子聚合物的用量过多。油、油脂和其他与水不混溶的有机物也必须远离膜，否则会发生不可逆的结垢。高分子量微弱带电的溶解性有机物，如自然界广泛存在的腐殖酸和富里酸，会单独或与其他给水中的污染物结合，污染纳滤膜。

6.3 纳滤膜结垢预防

6.3.1 不同类型水垢预防方法

1. 预防碳酸钙结垢

1）TDS ≤ 10000mg/L 的苦咸水

对于 TDS ≤ 10000mg/L 的苦咸水，以朗格利尔指数（LSI_C）作为表示 $CaCO_3$ 结垢可能性的指标。

$$LSI_C = pH_C - pH_S \qquad (6-22)$$

式中：pH_C——浓水 pH 值；

pH_S——$CaCO_3$ 饱和时的 pH 值。

当 $LSI_C \geqslant 0$ 时，就会出现 $CaCO_3$ 结垢。

控制 $CaCO_3$ 结垢的条件为：

$LSI_C < 0$，不需要投加阻垢剂；

$LSI_C \leqslant 2.0$，单独投加阻垢剂或完全采用化学软化；

$LSI_C > 2.0$，加酸调节 LSI_C 达 1.8～2.0，然后再投加阻垢剂；或完全采用化学软化。

2）TDS > 10000mg/L 的高盐度苦咸水或海水水源

对于 TDS > 10000mg/L 的高盐度苦咸水或海水水源，以斯蒂夫和大卫饱和指数（$S\&DSI_C$）作为表示 $CaCO_3$ 结垢可能性的指标。

$$S\&DLI_C = pH_C - pH_S \qquad (6-23)$$

当 $S\&DSI_C \geqslant 0$，就会出现 $CaCO_3$ 结垢。

须通过加酸使 $S\&DSI_C$ 变为负值。一方面，可以通过投加阻垢剂防止 $CaCO_3$ 沉淀，使 $S\&DSI_C$ 变为正值，但是，如果阻垢剂无法满足最大允许 $S\&DSI_C$ 值，就必须采取以下措施防止结垢：

（1）降低回收率，直到 $S\&DSI_C$ 值满足上述的规定。

（2）采用石灰或石灰-纯碱软化方法，脱除进水中的钙硬和碱度，直到 $S\&DSI_C$ 值满足上述规定。

（3）在进水中加酸，如 HCl、CO_2、H_2SO_4 等，直到 $S\&DSI_C$ 值满足上述规定。

2. 预防硫酸钙结垢

预防硫酸钙结垢，可以采取如下措施：①强酸阳树脂软化或弱酸阳树脂除碱，可以进行钙的全部或部分脱除；②石灰或石灰-纯碱软化，降低水中 Ca^{2+} 的浓度；③根据阻垢剂供应商的规定，在进水中投加阻垢剂；④降低系统回收率。

3. 预防硅垢

大多数水源的溶解性 SiO_2 含量为 $1\sim100mg/L$。过饱和 SiO_2 能够自动聚合形成不溶性的胶体硅或胶状硅，引起膜的污染。浓水中的最大允许 SiO_2 浓度取决于 SiO_2 在原水中的溶解度。

浓水中 SiO_2 的结垢倾向与进水中的情形不同，这是因为 SiO_2 浓度增加的同时，浓水的 pH 值也在变化，因此 SiO_2 的结垢计算要根据原水水质分析和纳滤的操作参数（回收率）确定。

可以采取如下措施预防硅垢：

（1）为了提高回收率，进行石灰-纯碱软化预处理时，应添加氧化镁或铝酸钠，减少进水中的 SiO_2 浓度；同时，确保软化过程有效运转十分重要，这是为了防止纳滤系统出现难溶金属硅酸盐。

（2）pH 值低于 7 或高于 7.8 时，可以增加 SiO_2 的溶解度；但在高 pH 值条件下，要防止 $CaCO_3$ 的沉淀。

（3）高分子量的聚丙烯酸酯阻垢剂可以用于增加 SiO_2 的溶解度。

另外，如果使用混凝作为纳滤系统的预处理措施，也可以有效去除硅垢。

4. 预防生物和有机结垢

任何允许停用超过一天或两天的膜应每天用预处理水冲洗，以防止细菌数量增长到膜系统无法承受的水平。如果系统停止运行时间较长，例如超过一周，则须用渗透液冲洗膜，并添加制造商推荐的消毒剂或膜防腐剂。地表水需要采用预处理措施防止生物污染。在处理污染非常严重的水时，对于能够耐受游离氯的膜有必要进行连续氯化。对于不太严重的问题，定期冲击处理或采用间歇氯化/脱氯也可以防止生物污染。

预防或减缓有机结垢需要额外的预处理，包括强化混凝-沉淀、强化过滤、臭氧氧化、颗粒活性炭过滤、臭氧-生物活性炭等，以去除与污垢相关的有机物污染物。

6.3.2　预防结垢常用方法

1. 加阻垢剂

阻垢剂可以用于控制碳酸盐垢、硫酸盐垢以及氟化钙垢，常用的阻垢剂有三类：六偏磷酸钠（Sodium Hexametaphosphate，SHMP）、有机膦酸盐和多聚丙烯酸盐。

相对与聚合有机阻垢剂而言，SHMP 价廉但不太稳定。它能少量地吸附于微晶体的表面，阻止结垢晶体的进一步生长和沉淀。但在水处理中应用时须使用食品级六偏磷酸钠，还应防止 SHMP 在计量箱中发生水解。一旦水解，不仅会降低阻垢效率，同时也有产生磷酸钙沉淀的危险。因此，目前在水处理应用中较少使用 SHMP。有机膦酸盐效果更好也更稳定，适用于防止不溶性的铝和铁结垢。高分子量的多聚丙烯酸盐可以通过分散作用减少 SiO_2 结垢的形成，但是聚合有机阻垢剂遇到阳离子聚电解质或多价阳离子时，可能会发生沉淀反应。例如聚合有机阻垢剂与铝或铁反应所产生的胶状反应物，非常难以从膜面上除去。另外，必须避免阻垢剂的过量加入，因为过量的阻垢剂对水处理而言也是污染物。

2. 强酸阳树脂软化

可以使用 Na^+ 置换和除去水中结垢阳离子，如 Ca^{2+}、Ba^{2+} 和 Sr^{2+}。交换饱和后的离子交换树脂用 NaCl 再生，这一过程称为原水软化处理。在这种处理过程中，进水 pH 值不会改变。因此，不需要采取脱气操作。但原水中的溶解气体 CO_2 能透过膜进入产品侧，引起电导率的增加，可以在软化后的水中加入一定量的 NaOH（直到 pH = 8.2），以便将水中残留 CO_2 转化成重碳酸根。

3. 弱酸阳树脂脱碱度

弱酸阳树脂脱碱度方法主要应用于大型苦咸水处理系统，它能够实现部分软化，以达到节约再生剂的目的。在这一过程中，仅与重碳酸根相同量的暂时硬度中的 Ca^{2+}、Ba^{2+} 和 Sr^{2+} 等被 H^+ 所取代而被除去，从而使原水的 pH 值降低到 4～5。由于树脂的酸性基团为羧基，当 pH 值达到 4.2 时，羧基不再解离，离子交换过程也就停止了。因此，弱酸阳树脂脱碱度仅能实现部分软化，即与重碳酸根相结合的结垢阳离子可以被除去。这一过程对于重碳酸根含量高的水源较为理想，重碳酸根也可转化为 CO_2。

采用弱酸阳树脂脱碱度预防结垢的优缺点如表 6-1 所示。

弱酸阳树脂脱碱度的优缺点 表 6-1

预防方式	优点	缺点
弱酸阳树脂脱碱度	再生所需要的酸量不大于 105% 的理论耗酸量，可降低操作费用和对环境的影响	残余硬度
	通过脱除重碳酸根，水中的 TDS 减低，这样产水 TDS 也较低	因树脂的饱和程度在运行时发生变化，会使经弱酸碱处理的出水 pH 值在 3.5～6.5 范围内变化。这种周期性的 pH 值变化，使工厂脱盐率的控制变得很困难。当 pH < 4.2 时，无机酸将透过膜，可能会增加产水的 TDS

4. 石灰软化

通过向水中加入氢氧化钙，可降低碳酸盐硬度，非碳酸钙硬度可以通过加入碳酸钠进一步降低。石灰-纯碱处理也可以降低二氧化硅的浓度，当加入铝酸钠和三氯化铁时，将会形成 $CaCO_3$ 以及硅酸、氧化铝和铁的复合物。通过加入石灰和多孔氧化镁的混合物，采用 60～70℃ 热石灰硅酸脱除工艺，可将硅酸浓度降低到 1mg/L 以下。

采用石灰软化，也可以显著降低钡、锶和有机物含量，但是石灰软化处理需要使用反应器，从而形成高浓度作晶核的可沉淀颗粒。通常可采用升流式固体接触澄清器，出水还需设置多介质过滤器，并在进入纳滤之前调节 pH 值。使用含铁絮凝剂，不论是否使用高分子助凝剂，均可提高石灰软化的固-液分离作用。

5. 预防性清洗

在某些场合下，可以通过对膜进行预防性清洗来控制结垢问题，此时系统可不进行软化或加阻垢剂。通常这类系统的运行回收率很低，约为 25%，而且 1～2 年左右就需要考虑更换膜元件。其最简单的清洗方式是打开浓水阀门作低压冲洗，设置清洗间隔短的模式，例如常用每运行 30min 低压冲洗 30s。也可以采用类似废水处理中的批操作模式，即在每批操作之后清洗一次膜元件。清洗步骤、清洗化学品和清洗频率等需要作个案处理和优化。

6. 调整操作参数

当其他结垢控制措施不起作用时，必须调整系统的运行参数，以防止产生结垢问题。保证浓水中难溶盐浓度低于溶度积，就不会出现沉淀，而降低浓水中的难溶盐浓度需要通过降低系统回收率来实现。

溶解度还取决于温度和 pH 值。水中含硅时，提高温度和 pH 值可以增加其溶解度。针对二氧化硅垢块，通过调节这些运行参数，就可以很好地控制减缓其结垢，因为调节操作参数存在一些缺点，如能耗高或其他结垢的风险（如高 pH 值下易发生 $CaCO_3$ 沉淀）。

6.4 阻垢剂及阻垢性能的评价

阻垢剂是一类能分散水中难溶性无机盐，阻止或干扰难溶性无机盐在膜表面沉淀和结垢的药剂。阻垢性能和环保功能是目前国内外阻垢剂研究的两个重点。阻垢剂的种类有很多，但主要分为以下四种：含磷阻垢剂、羧酸类聚合物阻垢剂、磺酸型聚合物阻垢剂、环境友好型绿色阻垢剂。本节主要介绍目前常见的阻垢剂、阻垢机理及阻垢剂的性能评价。

6.4.1 阻垢剂

1. 含磷阻垢剂

含磷阻垢剂主要包括聚磷酸盐、有机膦酸和有机膦酸酯阻垢剂三类。

（1）聚磷酸盐类阻垢剂

聚磷酸盐类阻垢剂（图 6-6）是最早在水处理领域使用的阻垢剂，兼备阻垢和缓蚀双重功能。其中无机磷酸盐主要起阻垢的作用，它们分子中含有 P—O—P 键，可以与 Ca、Mg 等金属离子生成稳定的螯合物，也可通过分子的静电作用力吸附在晶体的活性位点上，抑制碳酸钙等晶体的正常生长，达到阻垢的效果。在目前的水处理药剂中，聚磷酸盐阻垢剂是最具成本效益的，它具有小剂量效应以及阻垢分散性能好等特点，但也容易水解生成磷酸钙垢；而磷酸钙垢是部分微生物和藻类的营养物，因此会对饮用水处理产生不良影响。由于聚磷酸盐阻垢剂存在的上述缺陷，复合磷酸盐类阻垢剂代替聚磷酸盐阻垢剂是发展的必然结果。

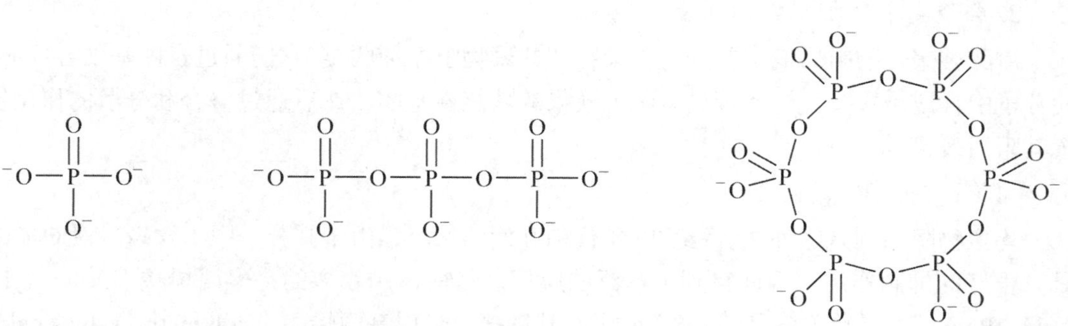

(a) 磷酸盐   (b) 三聚磷酸盐   (c) 六偏磷酸盐

图 6-6　典型磷酸盐阻垢剂

（2）有机膦酸类阻垢剂

有机膦酸类阻垢剂（图6-7）是国外20世纪60年代末开发的产品，属于阴极型阻垢剂。因其分子结构中含有相对稳定的C—P键，比聚磷酸盐中P—O—P键牢固，因此不易水解生成正磷酸盐，对环境影响较小；它还具有耐高温、化学稳定性好等特点，以及很好的小剂量效应和协同效应，经常与其他水处理药剂复配使用。有机膦酸能与Ca^{2+}、Mg^{2+}、Fe^{3+}等金属离子发生螯合作用，且能对晶体产生分散和畸变作用，因此具有很好的阻垢性能。目前常用的有机膦酸类阻垢剂主要有：氨基三亚甲基膦酸钠（Amino Trimethylene Phosphonic Sodium，ATMPS）、羟基亚乙基二膦酸（Hydroxyethylene Diphosphonic Acid，HEDP）等。

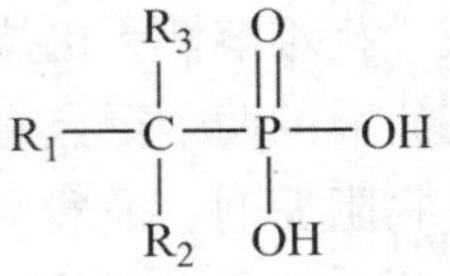

(a) 膦酸盐

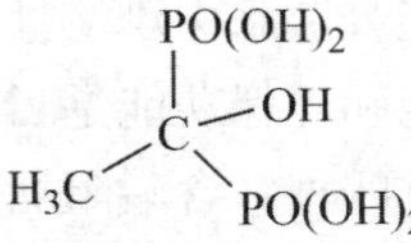

(b) 1-羟基亚乙基-1,1-二膦酸

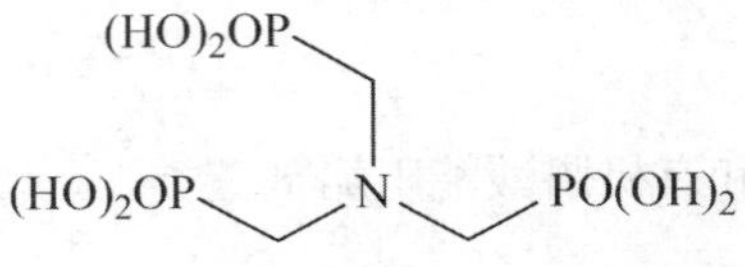

(c) 氨基三亚甲基膦酸（ATMP）

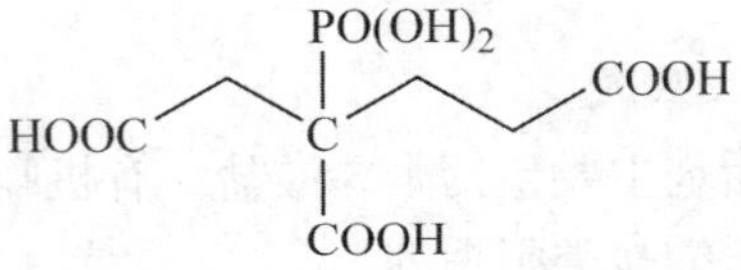

(d) 2-膦酰基丁烷-1,2,4-三羧酸（PBTCA）

图 6-7　典型的膦酸盐阻垢剂

（3）有机膦酸酯类阻垢剂

与聚磷酸盐阻垢剂相比，有机膦酸酯类阻垢剂的水解性相对较弱，且易被生物降解，对水生物的毒性甚微，环境污染小。与对碳酸钙垢的阻垢效果相比，其对磷酸钙和硫酸钙具有更好的阻垢效果。同时，有机膦酸酯类阻垢剂还具有很好的协同作用，可与聚磷酸盐、锌盐和苯并三氮唑等药剂表现出良好的复配效果。

2. 羧酸类聚合物阻垢剂

羧酸类聚合物阻垢剂主要分为均聚物和共聚物阻垢剂两类，它们通过自由基聚合反应，使分子中合成出羧基、羟基等具有阻垢效果的功能性基团，然后通过螯合和分散的作用发挥其阻垢效果。

（1）均聚物阻垢剂

均聚物阻垢剂是国外20世纪70年代初开发的产品，由于其分子中不含磷，对$CaCO_3$具有很好的抑制作用，因此得到了广泛的应用。目前运用较多的是聚丙烯酸［Polyacrylic Acid，PAA，丙烯酸单体见图6-8（a）］及其钠盐、聚甲基丙烯酸［Polymethacrylic Acid，PMAA］、水解聚马来酸［Hydrolyzed Polymaleic Acid，PMA，马来酸单体见图6-8（b）］。其中，PAA分子量的大小对其阻垢效果有很大的影响，当分子量为3000～5000Da时，它可以与钙、镁离子螯合，生成水溶性络合物，并与有机膦酸盐和聚磷酸盐表现出良好的协同作用；PMAA 的分子结构中存在甲基，增加了空间位阻，有效地弥补了耐温性不足的缺陷，其阻垢机理与 PAA 相似；PMA 具有较高的热稳定性和耐温性，并且能与水中的钙、镁等金属离子螯合，使晶体发生畸变，因此适用于高温水系统的阻垢。

（2）共聚物阻垢剂

共聚物阻垢剂是 20 世纪 80 年代开发出来的一类新型水处理剂，主要是以马来酸酐、丙烯酸为反应单体，在引发剂的作用下聚合出水溶性高分子聚合物；其分子结构中含有多种特征性功能基团，可以对水溶液中的多种垢产生抑制作用，因而在水处理中得到了广泛的应用。马来酸酐类阻垢剂的分子中含有双羧基，分子负电荷密度较大，易于与金属离子形成稳定的螯合物。丙烯酸类聚合物阻垢剂起主要阻垢作用的官能团是羧基，但在高盐的水溶液中容易生成凝胶，因此通常会在分子引入羟基和酰胺基来防止凝胶的生成，而羟基也可以破坏垢的晶格，达到阻垢的效果。

3. 磺酸型聚合物阻垢剂

20 世纪 80 年代，国内外学者对磺酸型聚合物产生了浓厚的兴趣，通过研究他们发现其分子结构中有强极性的磺酸基团，亲水性好，酸性较强，对 Ca^{2+}、Mg^{2+}、Ba^{2+}、Fe^{3+} 等金属离子都具有很好的络合能力，在高钙含量和共聚物用量大的情况下，还可以有效防止"钙凝胶"的生成。磺酸型聚合物常用的单体主要有烯丙基磺酸盐、苯乙烯磺酸盐、2-丙烯酰胺-2-甲基丙烯磺酸［图 6-8（c）］。但磺酸单体的生产成本相对较高，因此限制了磺酸型聚合物阻垢剂的广泛应用。

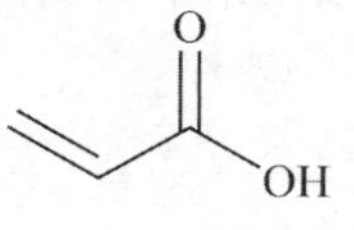

(a) 丙烯酸（AA） 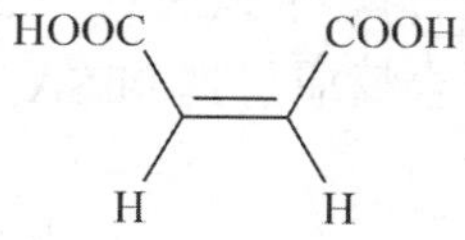　　　(b) 马来酸（MA）

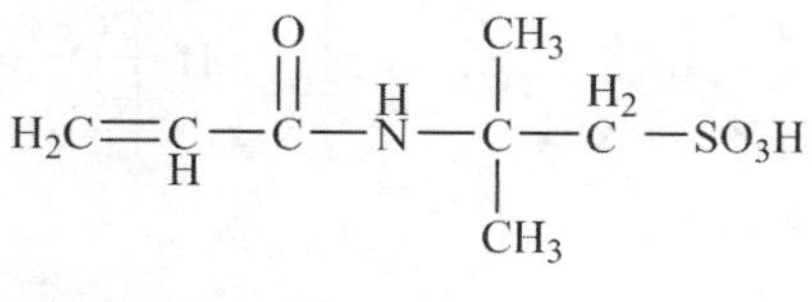

(c) 2-丙烯酰胺基-2-甲基丙烷磺酸

图 6-8　聚合物阻垢剂的典型阴离子单体

4. 环境友好型绿色阻垢剂

环境友好型绿色阻垢剂是随着绿色化学的兴起而开发出的一类具有良好的阻垢效果且对环境污染较小的水溶性高分子聚合物。目前应用最多的就是聚天冬氨酸类阻垢剂（Polyaspartic Acid，PASP）和聚环氧琥珀酸类阻垢剂（Polyepoxysuccinic Acid，PESA）。

（1）聚天冬氨酸类阻垢剂

聚天冬氨酸类阻垢剂是 20 世纪 90 年代人类受海洋动物代谢过程的启发而开发出来产

品，由于其分子中不含磷，具有较好的生物降解性且无毒无害，不会对环境产生污染，因此在多个领域得到了广泛的应用。PASP 存在 α 和 β 两种构型，如图 6-9（a）所示，其分子中富含羧基和酰胺基等活性基团，酰胺键使其具有生物活性，羧基在水溶液中电离出羧基负离子，可以通过螯合作用使溶液中的 Ca^{2+}、Mg^{2+}、Cu^{2+}、Fe^{3+} 等金属离子的溶解度增大。PASP 在阻垢的同时还兼备缓蚀作用，但需要较大的用量才能达到理想的缓蚀效果；因此常将 PASP 与有机膦酸类缓蚀阻垢剂复配使用，在达到优良缓蚀效果的同时降低成本。

目前合成 PASP 有两种方法，其中一种是通过 L-天冬氨酸自聚得到中间体聚琥珀酰亚胺，然后在碱性条件下水解生成聚天冬氨酸；另一种是马来酸酐与含氮化合物反应生成的马来酸铵盐经热缩聚合成聚琥珀酰亚胺，最后在碱性条件下水解生成聚天冬氨酸。

（2）聚环氧琥珀酸类阻垢剂

聚环氧琥珀酸类阻垢剂是 20 世纪 90 年代由美国 Betz 实验室首先开发出来的一种无磷非氮、可生物降解的环境友好型绿色阻垢剂。PESA 的分子结构如图 6-9（b）所示，分子中富含羧基和醚键两种特征性官能团。PESA 溶于水会电离出羧基负离子，而随着溶液碱性的增强，羧基负离子使分子的链状结构从弯曲状伸展成直链，让更多的负电基团暴露在外面；一旦有垢生成，直链的链状结构就会吸附垢的微晶卷入链中，使垢的微晶发生畸变，影响垢的生长，达到阻垢分散作用；另外，羧基还能与水中的钙、镁等离子通过螯合作用形成配位键，生成可溶性螯合物，故 PESA 在高碱度、高硬度的水系环境中能表现出优良的阻垢效果；不仅如此，PESA 分子中的羧基、羟基及醚键中氧原子的未共用电子对能与铁原子的空轨道形成配位键，起到缓蚀的作用。目前合成 PESA 的方法主要有两种：一种是以环氧琥珀酸为原料直接聚合得到 PESA；二是以马来酸酐为原料先进行环氧化生成环氧琥珀酸，再对其进行开环聚合反应得到 PESA。

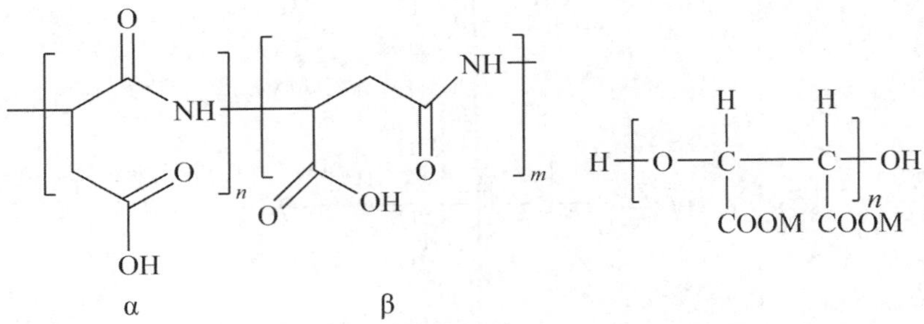

(a) 聚天冬氨酸   (b) 聚环氧琥珀酸

图 6-9　典型环境友好类绿色阻垢剂结构式

6.4.2　阻垢机理

微溶性盐在溶液中生成的微晶粒做无规则的布朗运动，这些微晶粒在热力学和动力学的作用下，相互之间不断地碰撞摩擦，使晶粒逐渐抱团变大，最终附着在管道、岩层等成垢场所形成各种垢。阻垢剂的阻垢机理比较复杂，目前仍然没有一个统一的理论。关于阻垢，现在大致有以下几种观点。表 6-2 列举了金属基结垢阻垢剂主要的阻垢机理。

金属基结垢阻垢剂阻垢机理

表 6-2

阻垢机理	机理描述	机理图示
络合作用	阻垢剂与阳离子络合，增加难溶盐的溶解度	
静电斥力与分散作用	提供矿物晶体表面电荷并使其分散在溶液中	
晶格畸变	干扰晶体生长，扭曲结晶过程	
阈值效应	用亚化学计量的阻垢剂破坏晶体聚集与排序	

1. 络合作用

部分药剂在进入水体后会发生电离现象，在水中会电离出 H^+ 和一些带负电的基团，此类基团刚好可以与水中 Ca^{2+}、Mg^{2+} 相结合形成络合物，避免 Ca^{2+}、Mg^{2+} 等离子与 CO_2、SO_2 碰撞结合形成晶体，并逐渐析出而水垢，这有助于增大 Ca^{2+}、Mg^{2+} 的溶解度，从而减少水垢的生成。部分含磷非聚合类阻垢剂，如 HEDP 等药剂的阻垢原理就是通过络合作用，以增大其溶解度的方式，减少水垢的产生。络合反应严格按照化学计量比进行，因此，阻垢剂的投量将直接影响阻垢效果。

2. 静电斥力与分散作用

阻垢药剂中，部分药剂属于聚羧酸类阻垢剂，其在水溶液中会解离成聚合物阴离子，该离子会与 $CaCO_3$ 等小晶体在分子间作用力下发生物理化学吸附作用，这使得这些小晶体均带有负电荷；基于同性相斥的原理，这些小晶体无法相互碰撞形成大晶体，进而不会发展成水垢；小晶体则在水中悬浮，不会从溶液中析出沉积。

3. 晶格畸变作用

水垢的形成包括三个阶段：过饱和溶液、晶格生成、晶体生长。当水体中形成水垢的离子含量超过饱和状态后，溶液进入过饱和状态；这种状态下的离子开始逐渐形成晶格，晶体整体按照规则的方式继续生长，析出形成水垢。然而，在部分药剂加入后，其电离产生的官能团可以抢占晶格的位置，改变晶体的生长规律，使原本规则的结构变得扭曲；且药剂分子还可以通过氢键或分子间作用力等非极性键与晶格发生相互作用，吸附于晶格表面。阻垢剂的分子体积较大，在晶体中会占据很大的位置，导致生成的水垢带有很多孔洞，使得原本稳定的结构脱稳。例如，磺酸基基团有很强的活性，可以软化坚硬的水垢，使之在水流的作用下很容易散开。

4. 阈值效应

阈值效应又称溶限效应，指的是在理论情况下，向水中投加的药剂越多，达到的处理效果应该越好。但在试验中发现，部分药剂投加量在达到某一值后，阻垢效果还会达到峰值；继续增加药剂的投加量，阻垢效果反而出现下降的趋势，这就是阈值效应。阻垢药剂投加量较低，则会出现不成化学计量比关系的处理效果；这是因为这类阻垢剂属于大分子物质，此类物质在晶体生长的过程中占据大量的活性位置，使得其与 Ca^{2+}、Mg^{2+} 等离子的螯合作用不以化学计量比进行；当晶体上有限的活性位置被阻垢剂占据完全后，剩余的药剂在水中无法发挥其作用，因而阻垢性能不会继续提升。

5. 再生-自解脱膜假说

再生-自解脱膜假说认为，阻垢药剂不会阻止水垢晶体的生长，而是会与 Ca^{2+}、Mg^{2+} 等离子发生共沉淀作用，在热交换器的壁面上形成沉淀膜；随着膜层的不断加厚，沉淀膜在到达某一限值后会破裂，带动原本的水垢一同离开壁面；这种沉淀和破裂的发生是连续的，从而致使水垢沉积受到抑制。

由于目前关于阻垢机理的认识和研究还不够深入，这些理论或假说都带有一定程度的推测。在实际应用中，同一种阻垢剂的阻垢机理并不是单一存在的，而是多种阻垢机理共同作用的结果。但总体来说，羧酸类阻垢剂通常是通过螯合和晶体畸变歪曲作用达到阻垢的效果，而聚合物高分子阻垢剂则以分散作用达到阻垢效果。阻垢剂的加入使成垢的过程变得更加复杂。

目前，可以通过多种方法分析阻垢剂的阻垢机理。例如，扫描电镜能观察到晶体成核、生长、聚集和吸附的过程；X 射线衍射图可以判断阻垢剂存在前后垢样的细碎程度、晶体的畸变程度及晶系的变化情况。我们可以通过这些手段从微观的角度了解阻垢过程，并不断发展与完善阻垢机理。

6.4.3　阻垢剂性能评价

1. 静态阻垢法

静态阻垢法是目前评价阻垢剂阻垢性能的重要手段，其主要步骤为：配制一定体积和浓度的 Ca^{2+}、Ba^{2+} 等金属阳离子溶液，加入等当量的 CO_3^{2+} 或 SO_4^{2+} 等成垢阴离子溶液，在一定温度和 pH 值条件下，恒温一定时间，使 $CaCO_3$ 或 $BaSO_4$ 等垢完全沉淀。待溶液冷却至室温后过滤，用配制好的乙二胺四乙酸（EDTA）溶液滴定未添加阻垢剂溶液中的 Ca^{2+} 含量，用作比较的空白试验值。然后在同一组分溶液中加入一定量的阻垢剂溶液，滴定 Ca^{2+}含量。经由公式计算后得到阻垢率的值。但在用 EDTA 滴定 Ca^{2+} 时，必须先做出预判，当 Ca^{2+} 含量过高时，Ca^{2+} 会发生共水解反应，从而影响实验结果。

2. 电导率法

当溶液中成垢离子生成沉淀时，会引起溶液电导率的骤降，通过对电导率的计算，可以求出碳酸钙的过饱和值，这种方法称为电导率法。溶液中无机盐的过饱和值越大，阻垢剂的阻垢性能就越好。

3. 临界法

当碳酸盐溶液达到过饱和状态时，就会有沉淀析出，我们把刚析出沉淀时的 pH 值称为临界 pH 值，即 pH_c。当溶液的 pH 值大于 pH_c 时，就会有沉淀生成。溶液中加入阻垢剂后，阻垢剂与 Ca^{2+}、Mg^{2+} 等金属阳离子发生螯合反应，增大水溶液中 $CaCO_3$ 等微溶物的溶解度，使其成为过饱和溶液的可能性变大，提高了 pH_c，这种方法称为临界法。pH_c 越高，阻垢性能越好。临界法具有节省时间、准确且快速的特点，但由于其只对具有螯合作用的阻垢剂适用，因此它的推广受到了限制。

4. 恒定组分法

根据溶液在析晶过程中组分的变化提出了恒定组分法。恒定组分法通过检测溶液的 pH 值，将两组等量的补充液（$CaCl_2$ 和 $Na_2CO_3/NaHCO_3$）滴定到工作液中，使 pH 值和其他组分均回到初始值。补充液滴加速度与晶核的生长速度有关，这就为抑制晶核的生长提供了有效信息。通过对不同阻垢剂作用晶核的生长试验，可以判断阻垢剂的阻垢效果。在实际应用中，恒定组分法不仅可以评价阻垢剂的阻垢性能，还可以揭示其阻垢机理，因此得到了广泛的关注。

5. 现场试验法

现场试验法是指在饮用水厂搭建中试装置，中试进水采用饮用水厂实际工况下经预处理后的水，针对原水中含量不同的钙、镁离子，硫酸根和有机物含量，采用浓水回流加快浓缩效能，加速纳滤膜表面结垢，从而评价阻垢剂性能的方法。在相同产水率下，添加不同阻垢剂的成垢时间和程度不同，再考虑产水率控制法拟合纳滤饮用水实际情况，以此评价纳滤系统中不同阻垢剂的阻垢性能。

6.5　纳滤生物污染

6.5.1　纳滤膜生物污染概况

膜污染是阻碍膜技术有效处理天然水的主要障碍。膜污染会导致严重的性能损失，并需要定期清洗或膜更换，极大地增加了运行成本。横向流动的减少是由多重因素导致的，这些因素包括由膜表面附近颗粒的积累引起的浓差极化、分别由有机或无机污染物的吸附和空间拥挤引起的吸附和孔隙堵塞、生物污染和滤饼层。滤饼层的形成是天然有机物（NOM）、胶体和二价阳离子等污染物的积累和相互作用的结果。滤饼层阻力、厚度和压实度的增加将导致膜性能的下降。膜生物污染是指细菌细胞或絮状物在膜表面的沉积、生长与新陈代谢的过程。

所有的原水均含有微生物，包括细菌、藻类、真菌、病毒和其他高等生物。细菌的一般尺寸为 $1\sim3\mu m$，微生物可以看成是胶体物质，但它与无生命颗粒的不同之处在于其繁殖能力，可在适宜的生存条件下形成生物膜。水中存在溶解性的有机营养物，这些有机营养物伴随反渗透过程的进行而浓缩富集在膜表面上，微生物进入纳滤系统之后，膜表面就可能成为形成生物膜的理想环境。膜元件的生物污染将严重影响纳滤系统的性能，导致进水至浓水间压差的迅速增加，进而使膜元件出现"望远镜"现象和机械损坏，并引起膜产水量的下降。有时生物污染甚至会出现在膜元件的产水侧，导致产品水受污染。生物膜能保护微生物免受水力的剪切力影响和化学品的消毒作用，因此一旦出现生物污染并产生生物膜，清洗就非常困难。此外，没有被彻底清除掉的生物膜将引起微生物的再次快速滋生。因此微生物的防治是预处理过程中最主要的任务。地表水比井水出现生物污染的机会要多得多，这就是地表水、海水、废水更难处理的主要原因。

6.5.2　纳滤膜上生物膜的动力学发展

细菌等微生物将会在膜面上形成"生物膜"（Biofilm），以细菌为例，其生成过程主要分为四个阶段：

第一阶段，膜在与水接触几秒后即会形成一层由有机大分子或无机物构成的"基础膜"（Conditioning Film），分散的细菌细胞将会松散地附着在"基础膜"上，细菌细胞仍可以在膜面上通过滚动或滑动的方式迁移。这一阶段被称为可逆粘附阶段，可在几秒钟之内发生。

第二阶段，细菌细胞产生的胞外聚合物（EPS）使细菌细胞紧密地粘附于膜面上，这一过程在几秒至几分钟内发生。胞外聚合物是由细菌分泌的高分子化合物，一般由多糖、蛋白质、糖蛋白、脂蛋白和其他生物大分子构成。胞外聚合物将改变膜面物理化学性质（如电荷和疏水性等），使细菌更易粘附于膜表面。

第三阶段，在随后的几小时或几天内，细菌细胞在一定的区域内迅速增殖并形成微菌落（Microcolonies），这标志着生物膜将开始逐渐成熟。细胞在增殖过程中，仍将持续地分泌 EPS，以使生物膜结构更加稳固。

第四阶段，在几天或几个月后，微菌落的中心将会瓦解，并向水体中释放出大量的细菌细胞，但生物膜中的由胞外聚合物形成的基质网（EPS Matrix）将继续留在膜表面。

在生物膜成熟之后，释放到水体中的细菌细胞将重复上述生物膜形成的过程，并继续在膜面其他位置上形成新的生物膜。而仍留在膜面上的基质网还将继续粘附水体中的细菌、微藻和真菌等微生物，以及有机物、无机物的碎片等。基质网能将微生物包埋，保护其不被杀菌剂杀死，从而成为新接触到的微生物繁殖的温床，使利用杀菌剂杀菌的过程更加困难。分散的生物膜与其他污染物将逐渐在膜面上发展为污染层，随后的污染主要取决于污染层与悬浮污染物之间的相互作用。

6.5.3　纳滤膜生物污染评估方法

1. 培养法

水中细菌的浓度与该水源中生物造成污染的可能性是有直接关系的。细菌总数（TBC）是水样中已有微生物总数量的定量表示值，按照美国标准 ASTM F60 规定的方法，用膜过滤方式过滤一定量的水样来确定细菌总数。将截留在过滤介质表面的生物组织置于一定的营养物中进行培养，形成菌落，通过低倍放大镜就可以观察到菌落并对其进行计数，这种评估方法被称为培养法。

这一方法的主要优点是无需昂贵的仪器设备就可以进行，但是测定结果要等到 7d 之后才能得出，被计数的菌落也仅为实际活微生物总量的约 1%～10%。然而，培养法仍然是表示微生物污染可能性、程度和趋势的有效方法，可以用于评估进水、浓水和产水中的生物污染情况。如果浓水中的总细菌数增加，就表明膜元件内出现了生物膜污染。

2. 直接细菌计数法

先过滤水样，然后在显微镜下直接对截留在过滤介质上的微生物进行计数，这种方法被称为直接细菌计数法。为了使微生物能够被观察到，必须对微生物用沙黄进行着色，然后在透光荧光显微镜下进行计数。

通过直接细菌计数法可以立刻获得微生物的精确总量，同时可以从沉积颗粒上区分微生物的类型；但是无法区分细胞组织的死活情况。这时要采用碘硝基氯化四氮唑蓝（Iodonitrotetrazoliumchloride, INT）染色技术，INT 着色减少就是活细胞富集所致，这样可以使用相差与微分干扰显微镜，从死细胞中区分出活细胞。直接细菌计数法比培养法更快、更精确，因此应优先选择直接细菌计数法。

3. 生物膜检测

未经处理的原水、膜装置进水和浓水中的微生物含量是评估潜在生物污染的重要指标，但其他因素，如营养成分的浓度和种类、操作参数，也决定了生物膜的生成和发展。一些研究者对生物膜的形成开展研究，结果表明，人们对生物膜的认识仍然不够充分。早期确认产生生物膜的最好方法是观察进水试样的表面，它是将小型试样置于水样中的一个简单的装置，这些安置在表面的试样可以按一定时间间隔移走，检查细菌附着的情况。实际系统操作过程中，定期仔细地检查保安滤器滤芯以及进水和浓水管内表面，也是有效的做法，当出现黏泥和异味时就表明存在生物污染。

6.5.4　生物污染控制措施

原水中的微生物及其生物废物在膜元件表面积累时会产生膜污染，并随着时间的推移降低膜的产水率。生物污染可以通过有效降低水源中加速微生物生长的成分［食物（营养素）和氧气］进行控制，接触强氧化剂、物理过滤、去除给微生物提供食物的可溶性有机物、使用强还原剂（如亚硫酸氢钠）消耗微生物所需氧气等措施，都可以有效地降低水源水中微生物的浓度，以下对这些方法作简要介绍。

1. 化学氧化消毒

强氧化剂，如氯、二氧化氯和氯胺，可用于地表水微生物生长的控制。微生物控制是目前研究的热点和难点，有些膜工厂在使用氯离子或其他微生物控制手段之后出现了严重的微生物污染问题，甚至比不使用化学消毒剂的情况更严重。研究表明，连续氯化和脱氯（在纳滤膜之前）可以通过增加原水中可吸收的有机物来提高生物活性。当脱氯化学系统发生故障时，一些膜厂的纳滤膜由于暴露在化学氧化剂中而永久失效。

氯化消毒是目前最流行的消毒方法。氯可以在低浓度（通常为 1～2mg/L）的条件下连续添加；或每天间歇添加 3～5h；或在 3～5mg/L 的剂量下，若干天 1 次。实际所需的剂量取决于项目特定的氯需求量。当使用氯控制微生物时，必须对原水进行脱氯（使用亚硫酸氢钠或二氧化硫），以保护纳滤膜元件免受化学氧化的影响，避免纳滤膜失效。如果是低浓度溴化物给水，例如废水处理后回用时，连续低浓度的氯胺能有效地控制微生物污染，不破坏氧化剂耐受力差的膜。但是，不建议对海水使用氯胺处理，因为海水中含有大量溴化物，这些溴化物与氨接触后形成溴胺；尽管氯胺是相对较弱的氧化剂，不会造成可测量的膜损伤，但溴胺具有更高的氧化强度，其与膜材料的接触将造成不可逆转的损伤。在预处理过程中，使用任何氧化剂都应非常谨慎；如果使用，则应在纳滤系统之前设计一个高度可靠的脱氯步骤。

2. 紫外线消毒

紫外线消毒是微生物控制的一种替代方法。然而，应仔细评估紫外线处理后微生物的再生长情况。紫外线消毒法是一种动力密集型的消毒方法，因此，其成本比氯化消毒低，主要取决于原水水质。如果原水浊度较高，则所需的紫外线剂量可能相对较高。为了达到最佳效果，建议紫外线装置处理的原水的总悬浮固体（TSS）不超过 10mg/L。紫外线系统的最佳位置在滤筒和反渗透膜之间；但是，由于空间约束，这种设置方法是不可行的；所以作为一种替代方法，只能优先使用筒式过滤器。

3. 冲击杀菌处理

冲击处理方式是在有限的时间段内以及水处理系统正常操作期间，向反渗透或纳滤的进水中加入杀菌剂。亚硫酸氢钠常被用于这种处理方法，在一般情况下，50～100mg/L 的 $NaHSO_3$ 加入 30min 左右即可达成杀菌效果。

冲击处理可以按固定的时间间隔周期性地进行，例如每隔 24h 一次，或在怀疑出现生物滋生时进行一次。但是这种处理方法的有效性有待验证。此外，冲击处理期间所产的产水会含有亚硫酸氢钠，其浓度约为所加入的亚硫酸氢钠浓度的 1%～4%。根据产水的用途，可以决定应将冲击杀菌期间的产水回收还是排放掉。亚硫酸氢钠对需氧的细菌比对厌氧的微生物更有效。因此，采用冲击杀菌处理应事先经过仔细评估。

4. 周期性消毒

除了连续地向原水加入杀菌剂外，也可以定期对系统消毒以控制生物污染。这种处理方法适用于存在中等生物污染危害的系统上；在有高度生物污染危害的系统，消毒仅是进行连续杀菌剂处理的辅助方法。进行预防性的消毒比进行纠正性杀菌更为有效，因为孤立附着的细菌比厚实、老化的生物膜要容易被杀死和清除。一般的消毒间隔是每月一次，但有严格卫生要求的纳滤系统可能缩短至每天一次。当然，膜的寿命受到所用化学品种类、浓度的影响；经过强烈的消毒，膜的寿命可能有所缩短。

6.6 纳滤膜污染控制

如前所述，饮用水处理系统进水中存在各种形式的可导致纳滤膜表面污染的物质，如水合金属氧化物、含钙沉淀物、有机物及微生物。污垢就是指覆盖在膜表面上的各种沉积物，包括水中的各类结垢物。纳滤膜污染的控制可以从选择抗污染膜、对原水进行预处理和对受污染膜进行清洗三个方面进行。三者相辅相成：选择抗污染膜可以从源头上提高膜的抗污染性能；预处理可以缓解通量下降和过滤阻力增加；而清洗可以在一定程度上恢复过滤性能，延长膜的使用寿命。本节针对纳滤膜污染在水厂的控制展开，而不涉及纳滤膜制备和改性的内容。针对特定的膜污染，只有采取相应的清洗方法，才能达到好的效果。纳滤膜清洗方法主要有物理清洗和化学清洗两种。另外，清洗的废液应该根据所使用的化学品而采取废液处理措施。

6.6.1 膜前污染控制

膜前污染控制指在纳滤膜处理系统前，通过构建预处理系统，对水中携带的污染物质进行初次削减，提供符合纳滤膜过滤要求的进水。纳滤膜进水水质的预处理是膜处理工艺的一个重要组成部分，也是保证膜装置安全运行的必要条件。预处理包括去除悬浮物、有机物、胶体物质、微生物，以及铁、锰等有害物质。悬浮物和胶体物质会粘附在膜表面，使膜过滤阻力增加。某些膜材质如醋酸纤维可成为细菌的养料，细菌会将降解醋酸纤维，使膜的醋酸纤维减少，影响膜的脱盐性能。水中的有机物，特别是腐殖酸类会污染膜。因此，在纳滤膜水厂内部，一般由传统的混凝、沉淀、过滤工艺和新兴的低压微滤膜和超滤膜处理工艺组合串联搭建预处理系统，并在相应的处理单元和处理节点投加处理药剂，降低膜进水污染潜力。

1. 预处理系统的工艺选择

（1）混凝

在传统饮用水处理中，混凝是处理效果最为关键的影响因素。混凝的作用不仅能够使处于悬浮状态的胶体和细小悬浮物聚结成容易沉淀分离的颗粒，而且能够部分地去除色度、无机污染物、有机污染物，以及铁、锰形成的胶体络合物，同时也能去除一些放射性物质、浮游生物和藻类。通过向水中投加一定剂量的混凝剂，促使水中胶体颗粒和小悬浮颗粒相互聚结。目前公认的混凝剂对水中胶体粒子的混凝机理主要包括基于电性中和作用降低胶体颗粒表面 Zeta 电位、高分子物质和胶体颗粒的吸附架桥作用，以及形成氢氧化物等沉淀的网捕卷扫作用。这三种作用机理究竟以何种为主，取决于混凝剂种类和投加量，水中胶体粒子性质、含量以及水的 pH 值等。混凝工艺一般作为饮用水厂前端的常见处理单元，同时也是纳滤水厂前端的预处理系统单元。

（2）沉淀

在水处理工艺中，水中悬浮颗粒在重力的作用下从水中分离出来的过程称为沉淀。颗粒的密度大于水的密度时，颗粒下沉；相反，颗粒的密度小于水的密度时，颗粒上浮。经混凝后，水中悬浮颗粒已形成粒径较大的絮凝体，需要在沉淀（或澄清）构筑物中进行分离。即使是对于常年水质较清的水源，为适应特殊时期（如雨季或意外情况）浑浊度增大的特点，一般也建造沉淀（或澄清）构筑物。在正常情况下，沉淀池可去除处理系统中 90% 以上的悬浮固体；而排出的沉泥水中，沉泥占 1%～2%，优于滤池过滤去除悬浮物的效果。沉淀池一般包括辐流式沉淀池、平流式沉淀池、斜板斜管沉淀池、高密度沉淀池等。目前，使用最广泛的是平流式沉淀池，其性能稳定、去除效率高，是我国自来水厂应用较早、使用最广的泥水分离构筑物。

（3）介质过滤

水中的悬浮颗粒经过具有孔隙的介质而被截留分离出来的过程称为介质过滤。在水处理中，一般采用石英砂、无烟煤、陶粒等粒状滤料截留水中的悬浮颗粒，从而使浑水得以澄清。同时，水中的部分有机物、细菌、病毒等也会附着在悬浮颗粒上一并去除。在饮用水净化工艺中，经滤池过滤后，水的浑浊度可降至 1NTU 以下。当原水常年浊度较低时，有时将沉淀或澄清构筑物省略，采用直接过滤工艺。在自来水处理中，过滤是保证水质卫生安全的主要措施，是不可缺少的处理单元。

（4）微滤

微滤膜孔径范围为 0.1～5μm。一般认为，微滤膜对溶质的截留主要通过机械筛分作用实现，即微滤膜具有一定大小和形状的膜孔，在压力的作用下，溶剂和小分子的溶质透过膜，而大分子的溶质被膜截留。微滤所需的工作压力较低，一般为 0.3～7bar。微滤膜一般分为浸没式超滤膜和压力罐式超滤膜。近年来，保安过滤器（图 6-10）作为一种微滤过滤装置也得到了广泛应用，它是指将微滤滤芯插入不锈钢高压管实现预处理并定期更换，无需使用药剂进行物理和化学反洗的简便型过滤装置。

图 6-10　保安过滤器实物图

（5）超滤

超滤膜的孔径范围为 0.01～0.1μm，可截留水中的微粒、胶体、细菌、大分子的有机物和部分病毒，但无法截留无机离子和小分子物质。超滤膜所需的工作压力比纳滤膜、反渗透膜低。这是由于小分子量物质在水中表现出高度的溶解性，因而具有很高的渗透压。在超滤过程中，这些微小的溶质可透过超滤膜；大分子溶质渗透压很低，因而被截留。微滤膜的孔径一般为 0.1μm，超滤膜则为 0.01μm，而各种细菌的尺寸范围在 0.5～5μm 之间。因此，微滤膜和超滤膜几乎可以 100%地去除细菌和微生物。同时，超滤膜对水中的悬浮固体也有很好的去除作用，超滤膜处理可使出水的浑浊度低于 0.1NTU，而这一数值已达到常规处理的极限。此外，一些致病微生物，如贾第虫和隐孢子虫的耐氯能力很强，常规处理的灭活效果较差；而超滤膜对贾第虫和隐孢子虫有很好的去除效果。微滤膜和超滤膜由于孔径较大，去除水中溶解性有机物的效果较差；此外，水中的有机物还会造成通量下降。超滤膜一般分为浸没式超滤膜和压力罐式超滤膜。

超滤和微滤有两种过滤模式：死端过滤和错流过滤（图 6-11）。死端过滤为待处理的水在压力的作用下全部透过膜，水中的微粒被膜截留，也叫终端过滤；而错流过滤是在过滤过程中，部分水透过膜，而一部分水沿膜面平行流动。对于死端过滤，由于截留的杂质全部沉积在膜表面，因而终端过滤的通量下降较快，膜容易堵塞，需要周期性地反冲洗以恢复通量。在错流过滤中，由于平行膜面流动的水不断将沉积在膜面的杂质带走，通量下降相对缓慢；但由于一部分能量消耗在水的循环上，错流过滤的能量消耗较死端过滤大。应该指出的是，微滤和超滤可采用死端过滤或错流过滤模式，而反渗透和纳滤必须采用错流过滤模式。

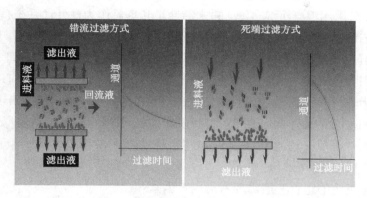

图 6-11　错流过滤和死端过滤模式图

（6）其他预处理单元

粉末活性炭（PAC）工艺可以吸附水中的溶解性有机物，从而减少进料液中小分子有机物造成的膜污染。PAC 工艺虽然可以去除一部分有机物，但无法去除胶体物质，且不能明显减轻膜污染。

臭氧作为预处理工艺目前存在争议。虽然臭氧预氧化可以将大分子有机物降解为不易污染膜的物质；但臭氧可能改变有机物的亲疏水性，增加亲水性组分占比，从而导致更严重的膜污染。同时有研究认为臭氧作为前处理工艺的控制条件比较苛刻，因此还需要进一步的研究。

紫外-过氧化氢预处理可以将腐殖酸和其他疏水性物质转化为非腐殖酸和疏水性较弱的物质，缓解膜污染及通量下降。同时由于氧化之后的有机物吸附力下降，有机酸的比例增加，难降解吸收物质被转化为易降解吸收物质，增强了膜污染的可逆性。

近年来，出现了一些其他的新型预处理工艺。有研究者利用流化床离子交换技术（Fluidized Bed Ion Exchange Technology，FBIEX）作为处理无氧地下水的纳滤膜预处理环节，发现其对腐殖质的去除率为 90%，对亲水性有机物的去除率为 80%；通过与腐殖酸的络合作用，对铁的去除率达到 71%。尽管流化床离子交换技术减少了进水中的 NOM 含量，但是由于可降解有机物及微生物从 MIEX 树脂释放到出水中，可能引发更严重的膜污染，导致跨膜压差的增加更明显。

综上，纳滤膜预处理系统的目的主要是去除的原水中的胶体颗粒、有机物、微生物等物质。不过，采用预处理工艺中对特定污染物进行去除或转化，有时反而会引起更严重的膜污染。预处理工艺还有可能诱导生物膜的形成，介质过滤滤池、阻垢剂投加池、保安过滤器可能会为微生物提供生长繁殖的场所，应当在实际应用中多加注意。

2. 预处理系统的组合优化

膜前预处理系统的产水水质对于纳滤膜系统十分重要。预处理系统主要起到去除原水中的悬浮性污染物、大颗粒、胶体和部分有机物、微生物等的作用。预处理系统的处理效率越高，其出水的污染潜力越低，则纳滤膜处理系统更稳定、更容易维护，整个处理系统就能够以更高的处理效率保持长期相对健康的运行状态。为了提高有机物的去除效果和避免通量的下降，可采用混凝沉淀过滤、粉末活性炭和臭氧作为预处理系统，形成组合工艺。这样的组合工艺已成为膜应用的主流。微滤或超滤膜还可以与纳滤膜联用，形成所谓的"双膜系统"。在这样的系统中，微滤或超滤膜主要进行固液分离，其作用类似于常规传统处理；而纳滤膜主要去除有机物，其作用类似于臭氧-生物活性炭工艺。在实际应用中，双膜系统的处理效果优于现行的臭氧-生物活性炭深度处理。这是由于双膜系统的出水水质不受原水水质变化的影响，而且没有氧化中间产物和溴酸盐的问题。常见的膜前预处理系统组合程序一般为，混凝—沉淀—超滤/砂滤—保安过滤器/微滤—纳滤膜，设计者可根据现实条件和水质特点增加或删除部分处理单元。

各种预处理工艺的组合一般需要考虑以下因素：

（1）水厂水质条件：如原水水质情况，代表性污染物质（无机离子、有机物）。

（2）水厂现实条件：包括水厂旧工艺状况，水厂工艺资金投入、水厂用地情况。一般地，希望利用旧工艺单元实现改造，达到经济节约高效的目的。

（3）纳滤膜进水水质要求：纳滤膜前主要设置有 SDI 和余氯值监测，以达到膜生产厂家建议的进水参数值。

（4）预期处理效果：预处理系统产水应和纳滤系统适配性良好。务求冲洗频率、药剂使用量、维护措施在合理经济范围内。

3. 膜前处理药剂

相对于饮用水传统工艺而言，纳滤膜水厂的预处理系统不仅包括常规工艺需要投加的混凝剂、絮凝剂等，还需要投加针对纳滤膜系统独有的处理药剂，主要包括还原剂、阻垢剂、杀菌剂等。

（1）还原剂

为了避免氧化型杀菌剂进入纳滤膜系统将膜元件氧化而使其失去过滤性能，可在反渗透系统前设置还原剂加药系统。实际具体加药量应根据纳滤系统进水余氯量确定，一般为余氯量的 3～5 倍左右。如果纳滤膜系统使用的杀菌剂为氧化性杀菌剂，则须根据投加完氧化性杀菌剂后的余氯量确定。虽然现在普遍采用对纳滤装置进行投加还原剂的措施，但还原剂的具体投加量尚无科学的计算公式；即使有，在实际操作时也很难把握，因为实际来水的水质、水量等均存在一定变化，会对还原剂的投加产生一定的影响。还原剂未加够，则难以清除有害残余氯；还原剂过量加入，不仅浪费药剂，还可能对后续膜滤污染造成不良影响。因此，需要采用一种可靠的指标来判断还原剂是否达到了合适投加量。

在实际工程中，通过纳滤系统进口母管的氧化还原电位（ORP）数值来判断还原剂添加是否合适，防止反渗透膜被氧化，是目前较为普遍及有效的一种方式。ORP 数值与水中的余氯呈线性关系，若来水余氯越来越高，则在其他条件不变的情况下 ORP 数值也会随之变大；这时就难以保证现有的还原剂投加量能够将水中的余氯全部还原，继而增加了纳滤膜被氧化的可能性。同时，不同原水的背景值是不同的；不同 pH 值条件下，ORP 数值也不同。即使是同一水样，在不同 pH 值条件下，其 ORP 数值也相差很大。因此，仅凭固定的 ORP 数值来判断还原剂量投加量是否合适是不科学的。ORP 数值其实只是个相对的值，且对余氯值较为敏感，当有余氯出现时 ORP 数值将大幅上升。因此，可通过关注 ORP 数值来判断来水中的余氯是否被还原剂反应消除。同时，在短时间内出现 ORP 数值上升后又迅速下降的波动状况，说明 ORP 仪器或加药系统存在缺陷，须进行排除检查。实际上，对于不同的水厂，要求在调试过程中和实际运行过程中，充分了解水质特性，实时动态调节还原剂投加量，获取一段时间内可靠的 ORP 数值。

（2）阻垢剂

水中存在各种金属矿物离子和二氧化硅，根据无机垢块的化学成分特性，无机垢块可大致分为金属离子垢块和二氧化硅垢块。金属离子垢块一般是通过晶体生长形成，包括碳酸钙、碳酸镁、硫酸钙和硫酸钡等。当盐浓度超过微溶性盐的溶解度时，离子开始碰撞形成离子对并聚集成微核。一些微核成为晶核中心，然后离子簇开始以"有序"的方式对齐，形成稳定的原子核，晶体从原子核逐渐生长形成晶体（图 6-12）。二氧化硅垢块可分为二氧化硅垢和金属硅酸盐。二氧化硅垢块的形成是一个复杂的过程，由二氧化硅聚合和无定形胶体二氧化硅的积累引起，受各种条件（pH 值、温度、离子强度、多价离子的存在和二氧化硅浓度等）影响。二氧化硅聚合被认为是通过 Si—O—Si 酸酐键脱水形成（图 6-13）：$nSi(OH)_4 \rightarrow (OH)_3Si—O—Si(OH)_3$ 二聚体 $\rightarrow$ 低聚物 $\rightarrow$ 胶体聚合物 $\rightarrow$ 无限延伸的 $(SiO_2)_n$。二氧化硅溶液中多价阳离子的存在是降低二氧化硅溶解度的主要原因之一，多价阳离子和硅酸盐阴离子之间的相互作用容易形成金属硅酸盐，即使在低于二氧化硅饱和度的浓度下也会导致水垢形成。无定型二氧化硅胶体的积累则是通过直接沉积在膜表面形成结垢。阻垢剂直接针对这两种类型的无机垢块设计，增加其溶解度，延缓结晶成垢过程。有关阻垢剂的详细内容请参考第 6.4 节。

![晶体生长和成核过程示意图]

过饱和态溶液　　　离子配对　　　成核/团簇　　　晶体

图 6-12　晶体生长和成核过程

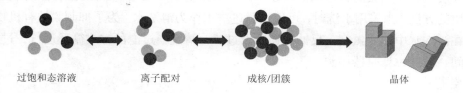

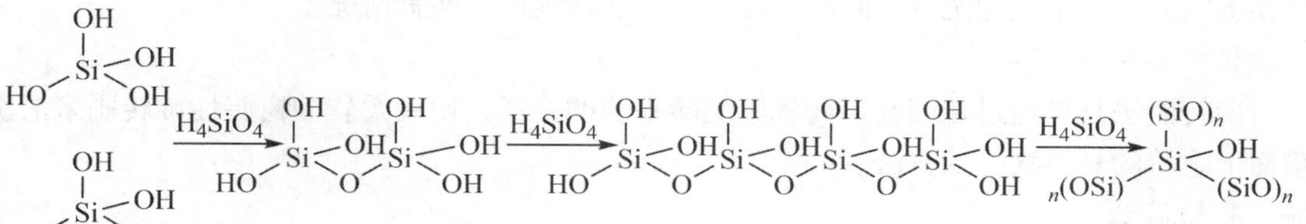

图 6-13　二氧化硅聚合过程

（3）杀菌剂

在纳滤膜运行过程中，随着膜表面污染物的累积，微生物也会逐渐繁殖。特别是在水温较高的夏季，微生物繁殖较快，纳滤膜运行受到微生物污染影响的可能性更大。其次，新膜或运行时间不长的膜系统能够有效截留微生物胶体；而使用时间较长的膜系统运行过程中易出现生物膜，形成生物污染。当纳滤膜发生较严重的生物污染时，纳滤膜系统运行压力上涨过快、产水通量大幅度下降，严重时还可能造成单支膜元件机械损坏。因此，在膜元件运行过程中，定期进行膜系统杀菌十分必要。根据杀菌剂的作用原理，可将其分为氧化性杀菌剂与非氧化杀菌剂。纳滤膜一般由聚酰胺复合材料制成，极易被氧化，因此氧化性杀菌剂的投加浓度不易控制，还可能破坏膜性能，使用起来极不方便；非氧化杀菌剂则因其更强的适应性而得到了广泛应用。

杀菌剂的投加方式分为连续式投加和冲击式投加。连续式投加是指将杀菌药剂连续投加至纳滤膜前预处理系统中，维持进水中一定杀菌剂量，以抑制细菌等微生物滋生。这种杀菌剂投加量应以系统实际所受生物污染程度来定，一般要根据进水水质随季节温度的周期性特征变化调整。一般情况下，采取连续投加方式的多为氧化性杀菌剂，但氧化性杀菌剂不是聚酰胺纳滤膜的友好药剂，因此在实际工程运用较少。冲击式投加是指每隔一段时间，将配置好的一定浓度的杀菌剂药液灌入纳滤膜元件装置中，循环浸泡一定时间后排出，并用纳滤膜产水清洗膜元件，以此达到杀菌的目的。冲击式投加方式的杀菌剂浓度一般比较稳定，投加频率根据进水微生物情况调整，一般夏季高温季节要高于冬季低温季节。

6.6.2 物理清洗

在膜浓缩持续进行期间，膜面上截留的物质会附着、堆积，从而使跨膜压差（过滤阻力）增大。因此，为了抑制跨膜压差的上升并确保稳定的过滤流量，应该定期进行膜组件的清洗。在日常运行中，为了剥离、去除附着在膜面上的物质而进行的清洗称为物理清洗。

1. 反冲洗法

反冲洗法是指从膜的透过水侧向原水侧以水或空气加压通过，以此清除膜面上附着的污染物质的方法。当采用水洗时，可使用膜过滤水作为清洗水。为了抑制膜的有机物污染，也可以在清洗水中加入氯剂。反冲洗通常以过滤→清洗→过滤的方式循环运行，过滤和清洗的时间一般通过计时器控制。

2. 空气冲洗法

空气冲洗法是指通过在膜的一次侧吹入空气，使膜在水中摇动，去除膜面上附着的悬浮物等的方法。空气冲洗分为间歇性进行和日常连续进行两种情况。

3. 旋转刷法

旋转刷法是指通过在圆盘形陶瓷上旋转平膜的方式，使用柔软的树脂性旋转刷来清洗膜面上附着的悬浮物等的方法。

4. 横流法

横流法是指原水与膜面平行流动，利用其剪切力抑制原水中的悬浮物和胶体等在膜面上附着、堆积的方法。类似的在膜面上产生剪切力的方法还有在膜组件下面设置曝气管，利用气泡流产生剪切力的方法；以及在同一轴上配置多个圆盘状的膜，形成单个膜组件，将多个这样的膜组件各自的膜面重合设置，让它们向同一方向旋转以在膜面之间产生剪切力的方法。

6.6.3 化学清洗

膜组件在运行一段时间后，仅仅通过物理清洗无法使膜过滤机能恢复的情况下，应进行化学清洗。化学清洗也是去除纳滤膜污染物、恢复膜过滤能力的主要方式。在实际运行中，清洗信号有三种：①在恒定压力和温度下运行时，水通量下降 10%～15%；②在恒定通量和温度下，操作压力增加 10%～15%；③产水水质明显下降，不符合要求。若发现其中一种现象，就要进行膜清洗。即使尚未出现上述现象，通常每隔 3～4 个月也要清洗一次，以保证纳滤膜的正常稳定运行。如果化学清洗的频率在正常情况下超过每月一次，表明预处理效果不好，应强化预处理。化学清洗所使用的化学品一般为允许在自来水中使用的药品或是被认可为食品添加剂的药品。除此之外，应该采取措施防止化学品以及化学清洗的废液混入膜过滤水中。化学清洗旨在实现以下目的：

（1）溶解并去除无机结垢——酸洗。

（2）驱逐并去除有机污染物——碱洗。

（3）破碎并去除微生物及其产物。

1. 清洗方式

化学清洗的清洗方式分为两种：①取出膜组件或重新连接管道来投加药液的离线（Offline）式；②不取出膜组件，通过开关阀门来投加药液的在线（Online）式。

清洗药品的调配使用膜过滤水或自来水。药品的浓度和使用量、清洗时间等具体事项依照膜的规格确定。基本事项如下所示：

（1）低压（约 300kPa 以下）、低流量下循环运行。此时水温不能超过限定值。

（2）清洗操作通过循环运行、密封停止、循环运行的间歇操作来进行。根据膜的污染程度可以适当延长密封停止的时间。

（3）清洗完成后，用膜过滤水进行清洗药品的清除，通过 pH 值测量等来检测药品的残留。

2. 清洗频率

化学清洗分为从一开始就计划好的定期进行的清洗，以及由于突发状况等需要进行的不定期的清洗。关于前者，需要进行化学清洗的判断标准大致如下：卷式膜组件的膜过滤水量下降约 10%～20%，或是压力损失（跨膜压差）升高 1.5 倍时需要进行化学清洗；中空纤维式膜组件的膜过滤水量下降 10% 以上，或是压力损失（跨膜压差）提高约 20～30kPa 时需要进行化学清洗。关于清洗的具体频率，最短应在几个月一次。

3. 清洗步骤

1）单段系统

（1）配制清洗液。

（2）低流量输入清洗液。首先用清洗水泵混合一遍清洗液，预热清洗液时应以低流量。然后以尽可能低的清洗液压力置换元件内的原水，其压力仅需达到足以补充进水至浓水的压力损失即可，即压力必须低到不会产生明显的渗透产水。低压置换操作能够最大限度地避免污垢再次沉淀到膜表面，排放部分浓水以防止清洗液的稀释。

（3）循环。当原水被置换后，浓水管路中就应该出现清洗液，让清洗液循环回清洗水箱并保证清洗液温度恒定。

（4）浸泡。停止清洗泵的运行，让膜元件完全浸泡在清洗液中。有时元件浸泡约 1h 就足够了；但对于顽固的污染物，需要延长浸泡时间，如浸泡 10～15h 或浸泡过夜。为了维持浸泡过程的温度，可采用很低的循环流量。

（5）高流量水泵循环。

（6）纳滤产水冲洗去除清洗液及残留物。预处理的合格产水可以用于冲洗系统内的清洗液，除非存在腐蚀问题（例如，静止的海水将腐蚀不锈钢管道）。为了防止沉淀，最低冲洗温度为 20℃。

2）多段系统

在多段系统的冲洗和浸泡步骤中，可以对整个系统的所有段同时进行；但是对于高流量的循环必须分段进行，以保证循环流量对第一段不会太低且对最后一段不会太高，这可以通过一台泵每次分别清洗各段，或针对每段流量要求设置不同的清洗泵来实现。

4. 清洗药剂

化学清洗使用的化学品主要为氢氧化钠、硫酸、盐酸等酸、碱，次氯酸钠等氧化剂、草酸、柠檬酸等有机酸，以及表面活性剂等，根据需要还可以将上述化学品组合使用。使用的化学品应根据附着物的种类和数量以及膜的耐化学性选定。表 6-3 总结了针对不同类型问题的典型清洁化学品。

针对不同问题的化学清洗方法　　　　　　　　　　　　表 6-3

问题	典型 pH	典型清洗剂
无机结垢	低：取决于所用的膜，通常 pH 值为 2 或 1 当使用柠檬酸时，pH 值为 3	柠檬酸 盐酸 磷酸 氨基磺酸 注意：不是硫酸
泥沙及颗粒物质	高：取决于所用的膜，通常 pH 值为 10.5～12	苛性钠（NaOH）与 十二烷基硫酸钠
有机污染和生物污染	高：取决于所用的膜，通常 pH 值为 10.5～12	苛性钠（NaOH）与 十二烷基硫酸钠或 乙炔二胺四乙酸钠（EDTA）或 三磷酸钠和/或磷酸三钠
铁与有机物的络合物	pH 值为 4～4.5	氨化柠檬酸，一般为(3～4)%（质量分数）的柠檬酸，用氨水调节 pH 值
二氧化硅	—	氟化氢铵（Ammonium Bifluoride） 注意：硅是惰性的，极难清洗。典型的清洗剂（氟化氢铵）也很难处理，因此，如果存在二氧化硅垢的问题，当以上列出的标准清洗剂都无效时，那么替换这些元件可能更具成本效益

注：除非得到膜和系统制造商的书面批准，否则不得使用化学清洗或其他清洗方法。错误的清洗方法会造成不可逆的损害。

6.6.4 清洗废液的处理

1. 物理清洗废水等的处理

关于膜组件的物理清洗废水和杂质去除设备排出的废水，有以下 3 种处理方法：

（1）直接排放。

（2）经废水处理设备处理后，排放分离水。

（3）经废水处理设备处理后，分离水回到原水。

物理清洗废水的水质没有问题的情况，适用方法（1）；如果物理清洗废水的固体浓度较高，则适用方法（2）和（3）。其中，（3）适用于想要提高回收率的情况。如果原水有可能被病原微生物污染，应该充分讨论废水处理的方法，特别是对于方法（3）。例如在废水处理中使用膜过滤等可靠的处理方法，确保分离水的良好的水质。

废水处理设备中排出的浓缩水用干化床或脱水机进行脱水后，应采用适当的方式处置。脱水泥饼在废弃物处理和清扫的相关规定中相当于污泥。

2. 化学清洗废液的处理

化学清洗废液中含有有害物质，因此在处理方法的选择上应针对使用药品的性质充分考虑。特别是在小型净水厂中，最好不设药品清洗设备，而委托专门企业进行处理。

（1）酸、碱废液以及次氯酸钠废液：设置中和处理设备等，处理至符合排水标准后排放。

（2）其他药品的废液：设置专门的处理设备，处理至符合排水标准后排放；或是委托具有处理设备的工业废品理企业，作为工业废弃物处理。

6.7 本章小结

膜污染是制约纳滤膜应用的瓶颈问题。本章主要对纳滤膜污染的形成和控制进行了综述，重点讨论了纳滤膜结垢的形成与控制方法，阻垢剂的类型、机理和性能评价方法，纳滤膜表面生物污染的形成过程和控制策略；并结合纳滤膜水厂膜污染在工艺设置选择和运行维护，讨论了膜污染的形成与控制的实践工程操作办法。

参 考 文 献

[1] CHOI Y H, NASON J A, KWEON J H. Effects of aluminum hydrolysis products and natural organic matter on nanofiltration fouling with PACl coagulation pretreatment[J]. Separation and Purification Technology, 2013, 120(9): 78-85.

[2] WANG J X, WANG L, MIAO R, et al. Enhanced gypsum scaling by organic fouling layer on nanofiltration membrane: Characteristics and mechanisms[J]. Water research: A journal of the international water association, 2016, 91(3): 203-213.

[3] LISTIARINI K, SUN D D, LECKIE J O. Organic fouling of nanofiltration membranes: Evaluating the effects

of humic acid, calcium, alum coagulant and their combinations on the specific cake resistance[J]. Journal of Membrane Science, 2009, 332(1): 56-62.

[4]   DYDO P, TUREK M, CIBA J. Scaling analysis of nanofiltration systems fed with saturated calcium sulfate solutions in the presence of carbonate ions[J]. Desalination, 2003, 159(3): 245-251.

[5]   LIU Y, HORSEMAN T, WANG Z. Negative Pressure Membrane Distillation for Excellent Gypsum Scaling Resistance and Flux Enhancement[J]. Environmental Science & Technology: ES&T, 2022 56(2): 1405-1412.

[6]   YU W, SONG D, CHEN W, et al.Antiscalants in RO membrane scaling control[J]. Water research: A journal of the international water association, 2020, 183: 115985.1-115985.23.

[7]   SCHÄFER A I, FANE A G. Nanofiltration: Principles, Applications and Novel Materials[M]. Wiley, 2021.

CHAPTER SEVEN

第 7 章

纳滤膜水厂的设计

Nanofiltration Technology for
Drinking Water Treatment

作为一种高效的膜分离技术，纳滤技术在处理有机物、高盐高硬以及特定污染离子方面具有卓越性能，正在市政供水系统中得到越来越广泛的应用。本章将介绍纳滤膜水厂的全流程设计，包括膜元件的选择、水质和水量的平衡计算、预处理工艺的筛选、纳滤系统的计算与设计、水厂的整体布局以及经济性评估，内容旨在为从事相关领域的技术人员提供全面的技术指导。

7.1 纳滤膜系统选择

7.1.1 纳滤膜的应用场景

纳滤膜系统的设计取决于待处理的原水和预期的出水目标，能否实现尽可能低的运行压力和膜系统成本是工程设计优秀与否的关键，而上述参数与膜元件的种类息息相关。在不同的应用场景中选择适合的膜元件，针对原水中不同的特征污染指标，进行因地制宜的设计，是纳滤膜水厂设计的基础。纳滤技术在国内市政饮用水处理中主要有以下典型应用，不同的应用场景需要不同膜元件。

（1）微污染水源水的处理。我国饮用水水源水质面临的主要问题仍是有机物污染，以及由此引起的饮用水消毒副产物等的风险。聚哌嗪类纳滤膜元件具有高度脱除总有机碳和三卤甲烷前体物的能力，能够实现高有机物去除率、高产水率和低运行压力，充分发挥纳滤技术的优势。

（2）高盐高硬水的处理。高盐高硬水中含有大量溶解性盐类，如钠离子和氯化物等，或造成高硬度的钙、镁离子等。水中总硬度或含盐量偏高，饮用水口感会发生明显变化，影响其感官性状。在实际工程中，口感偏咸和烧水结垢是高盐高硬水在饮用水终端的明显表现，也往往是触发高盐高硬水脱盐软化的契机。聚酰胺类纳滤膜元件具有约90%的盐分去除率，针对我国西北地区和北方部分地区含有高浓度盐类和硬度离子的地下水源，其能够实现高效脱盐软化的功能。

（3）具有特征污染离子，如硝酸盐和钼酸盐的水源水的处理。某些水源中含有特定的污染离子，对人体健康存在不良影响，这些离子主要来源于农业径流、工业排放等。聚酰胺类纳滤膜元件对硝酸盐具有较高的脱除率，聚哌嗪类纳滤膜元件与聚酰胺类纳滤膜元件对钼酸盐均具有较高的脱除率。选择对特定污染离子具有高截留率的纳滤膜元件，可以有效保障饮用水出水水质安全。

在实际工程中，建议对水源进行膜片试验，以确保选定膜元件类型的准确性和有效性。

7.1.2 纳滤膜元件的选择

设计人员应了解工程应用中常见的几种纳滤膜元件类型及其性能，在具体工程中可根据实际需要选择不同膜供应商的膜元件型号。表 7-1 为国外某品牌典型膜元件规格及参数。

膜元件规格	有效膜面积/m²	最低脱盐率/%	使用条件
NF270-400/34i	37	97.0①	中等脱盐率和硬度透过率的纳滤膜,脱除有机物高,产水量高
NF90-400/34i	37	98.7①	90%左右盐分去除率的纳滤膜,具有很高的铁、杀虫剂、除草剂和 TOC 去除率

国外某品牌典型膜元件规格及参数　　　　　　　　　　表 7-1

注:①脱盐率基于以下测试条件:2000mg/L MgSO₄,70psi(4.8bar),77℉(25℃),15%回收率。

NF270-400/34i 和 NF90-400/34i 是市政饮用水领域应用较为广泛的两种纳滤膜元件,分别被称为疏松型纳滤膜和致密型纳滤膜。

疏松型纳滤膜主要用于地表水中有机微污染因子的去除,如 TOC、UV$_{254}$、杀虫剂、除草剂、THMs 前体物等。在实际工程中,一般要求疏松型纳滤膜满足:硫酸根去除率 ≥ 95%、TOC 去除率 ≥ 90%、色度脱除率 > 90%。

致密型纳滤膜主要用于高度脱除盐分或硬度,同时去除特定污染物,如硝酸盐、铁等。在实际工程中,一般要求致密型纳滤膜满足:总硬度去除率 > 90%。

纳滤膜元件的选择须综合考虑进水水质、污染对象、产水量和能耗等因素,并根据具体应用场景选择适合的膜类型和规格,以实现最佳的处理效果和经济效益。

7.1.3 纳滤水量平衡设计

依据待处理的原水与预期的出水目标,在选择合适的膜元件类型的基础上,合理确定纳滤处理规模也是至关重要的。市政饮用水处理厂具有供水规模大的特点,同时建设方较为关心建设成本和运营成本,考虑水厂全规模水量进行纳滤单元处理是不经济的。此外,经过致密型纳滤处理后的产水,由于高度脱除硬度和碱度,造成朗格利尔指数(LSI)偏低乃至出现负值,水中碳酸钙处于非饱和状态,可能溶解管道中现有水垢层,全规模未经后处理的纳滤产水直接进入外供管网,有腐蚀管道的风险。实际工程中,一般考虑采用部分水量纳滤处理并掺混出水的方式,满足出水水质要求,如图 7-1 所示,既保障安全供水的稳定性,同时也降低水厂的整体投资及后期运维费用。

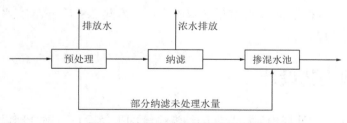

图 7-1 掺混出水设计思路示意图

在掺混出水的设计思路中,合理设计所需纳滤产水规模,保证掺混后水质满足预期的出水目标,是设计合理的关键,具体步骤如下:

(1)明确总体水量。根据水量平衡,系统进水水量应与掺混后产水、预处理的排放水及纳滤浓水三股水量之和一致,明确设计水量为总产水量还是总进水量十分关键。一般情况下，新建项目设计水量为总产水量；提标改造项目，由于前端工艺已建成，难以进一步扩产，设计水量为总进水水量，实际产水量相较于新建项目偏低。

（2）明确水质控制指标。纳滤工艺的去除对象，一般以有机物污染物与硬度为主。

（3）明确膜元件选型及水质控制指标（最低去除率）。确定纳滤系统产水水质中的控制指标，依据设计出水水质中对控制指标的要求，计算掺混出水中纳滤产水水量的比例。

（4）明确纳滤系统及其预处理工艺的回收率。市政纳滤系统中的浓水水量及预处理工艺的排放水量不进入掺混系统，应避免因进水水量漏算，造成实际工程中纳滤产水量不足，无法达标产水。

以某新建双膜水厂工程为例，如表 7-2 所示，设计总产水量为 5.0 万 m^3/d，进水硬度以碳酸钙计为 200mg/L，产水硬度以碳酸钙计要求低于 100mg/L，设计水温为 5～35℃，依据产水用途，要求产水至少为超滤产水。

某新建双膜水厂掺混水量计算表　　　　表 7-2

序号	项目		符号	单位	数值
1	基础数据及符号说明	总产水水量	Q_E	万 m^3/d	5.0
2		进水硬度	C_0	mg/L（以碳酸钙计）	200
3		产水硬度要求	C_E	mg/L（以碳酸钙计）	100
4		最高水温膜硬度去除率	η	—	90%
5		纳滤产水硬度	C_{NF}	mg/L（以碳酸钙计）	20
6		纳滤回收率	y	—	85%
7		超滤回收率	y	—	95%
8	计算结果	勾兑用超滤产水量	Q_1	万 m^3/d	2.2
9		勾兑用纳滤产水量	Q_2	万 m^3/d	2.8
10		纳滤进水量	Q_3	万 m^3/d	3.3
11		超滤产水量	Q_4	万 m^3/d	5.5
12		超滤进水量	Q_5	万 m^3/d	5.8

由表 7-2 可知，5.0 万 m^3/d 产水量的双膜水厂，新建 2.8 万 m^3/d 产水量的纳滤系统，即可满足预期产水目标。

7.2　预处理工艺设计

在确定纳滤系统设计规模后，为保障纳滤系统的平稳运行，须合理设计前端预处理工艺。应对纳滤系统进水水质进行分析，评估可能面临的胶体和颗粒污堵、无机盐结垢、微生物等污染风险，并制定相应的应对措施。

7.2.1　纳滤系统进水水质

为了防止纳滤膜的污堵，纳滤进水水质宜按照表 7-3 的规定执行。

纳滤进水水质要求 表 7-3

项目	单位	指标
水温	℃	2～40
pH 值	—	2～12
余氯	mg/L	< 0.1 或不检出
污堵指数 SDI_{15}	—	< 5（优先建议 < 3）
浑浊度	NTU	< 0.2
铝	mg/L	< 0.05
铁	mg/L	< 0.05
锰	mg/L	< 0.05

7.2.2　膜污染指数与预处理

膜污染指数（SDI_{15}）是纳滤工程设计中最为关键的参数之一，对纳滤系统后期运行的稳定性起着至关重要的作用。纳滤系统进水要求 $SDI_{15} < 5$，通常纳滤系统进水的 SDI_{15} 值低于 3 时，膜系统的污染风险较低，系统运行一般不会出现过快的膜污染。表 7-4 中列出了工程中常见的纳滤预处理措施及其对应出水的 SDI_{15} 值。

预处理措施与出水 SDI_{15} 的关系 表 7-4

序号	预处理措施	出水 SDI_{15}
1	超滤	< 3
2	多介质过滤器	< 5
3	微滤	< 5

考察纳滤进水水质还有一个重要参数：浑浊度。试验结果表明，低的 SDI_{15} 值通常与低浑浊度相关，但低浑浊度并不一定意味着低 SDI_{15} 值。因此，在降低 SDI_{15} 值时，应首先着重降低进水的浊度。

膜污染指数 SDI_{15} 的检测方法如下：

膜污染指数（Silting Density Index，SDI），也称 FI（Fouling Index），代表了水中颗粒、胶体和其他能阻塞纳滤系统的物体的含量，是测定纳滤系统进水的重要指标之一，也是检验预处理系统出水能否达到纳滤进水要求的主要手段。SDI_{15} 的测定方法如下：

测量仪器：47mm 直径测试膜盒，47mm 直径、孔径 0.45μm 测试用膜片，1～5bar 压力，调压针形阀。

测量步骤：

（1）将测试膜片小心地放在测试膜盒内，用少许水润湿膜片，拧紧 O 形密封圈，将膜盒垂直放置在图 7-2 所示的检测装置中，还应注意膜片有正反面的区别。

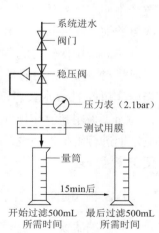

图 7-2　SDI 检测装置

（2）调节进水压力至 2.1bar 并立即计量开始过滤 500mL 水样的时间t_0（通过连续不断的调节，使进水压力始终保持不变）。

（3）在进水压力为 2.1bar 下连续过滤 15min。

（4）15min 后继续记录过滤同样 500mL 所需的时间t_{15}，保留滤器上的膜片以便作进一步的分析。

（5）计算 SDI。一般按式(7-1)取 15min 计算的 SDI_{15} 作为标准参考值，SDI_{15} 的值能够较好地反映进水水质污染状况。

$$SDI_{15} = [1 - t_0/t_{15}] \times 100/15 \tag{7-1}$$

一个合理的预处理设计方案应充分考虑到膜的清洗频率。表 7-5 的标准可用于评估纳滤预处理的效果。

预处理评估准则 表 7-5

清洗周期	预处理状况
大于 3 个月	预处理设计与运行管理合理
1～3 个月	预处理设计可能较为极限或运行管理需要加强
小于 1 个月	必须改进预处理设计或加强运行管理

7.2.3 预防胶体和颗粒污堵

在纳滤的应用中，胶体和颗粒污堵必须在预处理中优先考虑。预处理宜采用混凝-沉淀、多介质过滤、氧化-过滤、超滤、滤芯式过滤等方式，去除原水中的胶体及颗粒污染物。为避免进水颗粒、胶体浓度太高，宜在进水管线上设置浊度和 SDI 自动控制装置。

（1）混凝剂宜选用市面上常用的三氯化铁、聚合氯化铝、聚合硫酸铝和聚合硫酸铁等，其投加量宜通过试验确定。

（2）介质过滤宜采用多介质过滤器，上层宜采用直径大、密度低的介质，下层宜采用粒径小而密度高的介质，介质过滤器冲洗后应排放初滤水。氧化过滤宜采用空气、液氯、次氯酸钠、高锰酸钾、臭氧或其他净水用氧化剂等。

（3）采用保安过滤器作预处理时，滤芯孔径宜不大于 5μm，滤芯材料应采用非降解的合成材料。保安过滤器进、出口应设有压力表指示压降，以便通过压降判断滤芯污堵程度，当压降超过 10m 水头建议更换滤芯以节能运行。

（4）采用超滤作预处理时，应考虑膜处理工艺、膜材质选择和经济性等因素。超滤膜应定期进行维护性清洗及化学性清洗，除去膜丝表面的污物，清洗药剂宜与纳滤膜共用，便于废液处理处置。

7.2.4 预防无机盐结垢

对于纳滤饮用水处理系统中形成的钙、镁、硅类难溶盐沉淀，宜采用加酸、加阻垢剂、强酸阳树脂软化、石灰软化和预防性清洗等措施，预防纳滤膜结垢。进水水质较好时，可不对进水进行软化或添加化学阻垢剂，但宜定期对膜进行清洗，预防膜表面结垢。为避免进水难溶盐浓度太高，投加酸及阻垢剂的加药泵须与高压泵电机电子联锁，并设置进水高pH 值保护开关。

（1）采用加酸控制碳酸钙结垢时，应采用食品级酸，并要求浓水中的朗格利尔饱和指数（LSI）或斯迪夫-大卫稳定指数（S&DSI）指数必须为负数。

（2）采用添加阻垢剂控制碳酸盐垢、硫酸盐垢以及氟化钙垢时，应进行试验，判明阻垢剂与水中铝离子的反应，避免生成铝盐胶体加剧膜丝污堵，同时避免过量投加。当添加阴离子阻垢剂时，应确保水中不存在明显的阳离子聚合物。

（3）采用强酸阳树脂软化控制结垢时，应注意环境保护的问题。

（4）采用石灰软化法时，宜在常规处理前投加并设置多介质过滤器，并在进入纳滤之前调节 pH 值。

7.2.5　预防生物污染

纳滤系统生物污染预防按照药剂投加位置可分为两类，其一是纳滤系统前端微生物抑制，其二是纳滤系统自身微生物抑制。

针对纳滤系统前端微生物抑制，加氯氧化是目前水厂设计中最为经济有效的手段，但需要注意的是：进水经加氯杀菌后，应在纳滤膜进水前做脱氯处理，确保有效氯含量小于0.10mg/L。

采用亚硫酸氢钠去除水中余氯时，亚硫酸氢钠必须是食品级，不含杂质，且为未经过钴活化过的产品。亚硫酸氢钠溶液配置完毕后应尽快使用，储存时间不宜过长，如表 7-6所示。

亚硫酸氢钠溶液浓度与有效期的关系　　　　　　　　　　　　　　表 7-6

溶液浓度（质量分数）/%	2	10	20	30
最长有效期	3d	1 周	1 个月	6 个月

针对纳滤系统自身微生物抑制，由于氧化剂对纳滤膜有破坏作用，故而一般采用非氧化性杀菌剂，根据微生物污染危害情况，设计中可考虑设置冲击式杀菌和周期性消毒两种方式。

（1）冲击式杀菌是在有限的时间段内以及水处理系统正常操作期间，向纳滤的进水中加入亚硫酸氢钠或非氧化杀菌剂。一般情况下，设计 500～1000mg/L 的亚硫酸氢钠投加30min 左右即可。冲击式杀菌可以按固定的时间间隔周期性地进行，例如每隔 24h 一次，或怀疑出现生物滋生时处理一次。根据产水的用途，可以决定将冲击杀菌期间的产水回收还是排放掉。亚硫酸氢钠对需氧的细菌比对厌氧的微生物更有效，因此，采用何种药剂进行冲击杀菌处理，应事先经过仔细评估。

（2）周期性消毒是指定期对纳滤机组及管道消毒以控制微生物污染，通过向化学清洗水箱中加入非氧杀菌剂，利用化学清洗步序对整套系统进行循环消杀。周期性消毒的本质是纠正性杀菌，相较于预防性杀菌（连续杀菌剂投加），其效果稍显不足，这是因为孤立附着的细菌比厚实、老化的生物膜更容易被杀死和清除；但周期性消毒的优势在于非氧杀菌剂仅进入非生产系统（CIP 系统[1]），无须排放至产水。

为避免发生因预防微生物污染，造成进水中存在氧化剂的情况，进水中宜设置 ORP 控制器或氯自动监测装置，并能自动关闭系统。

常见的纳滤膜系统结垢和污堵预防措施如表 7-7 所示。

膜系统结垢和污堵预防措施

表 7-7

预处理	CaCO$_3$	CaSO$_4$	BaSO$_4$	SrSO$_4$	CaF$_2$	SiO$_2$	SDI	Fe	Al	细菌	氧化剂	有机物
加酸	●							○				
投加阻垢剂	○	●	●	●	●	○						
离子树脂软化	●	●	●	●	●							
离子交换脱碱	○	○	○	○	○							
石灰软化	○	○	○	○	○	○	○	○				○
预防性清洗	○						○	○				
调节操作参数		○	○	○	○	●						
多介质过滤							○	○	○			
氧化-过滤							○	●				
在线凝絮							○	○	○			○
絮凝-助凝						○	●	○	○			●
微滤/超滤						●	●	○	○	○		●
滤芯式过滤						○	○	○	○	○		
氯化氧化										●		
脱氯											●	
冲击处理										○		
预防性杀菌										○		
粒状活性炭过滤										○	●	●

注：○—可能有效；●—非常有效。

7.3 纳滤系统设计参数

在纳滤系统的设计过程中，合理确定参数至关重要。这些参数不仅会影响系统的处理效率和产水质量，还与系统的经济性和可持续性息息相关。深入分析并优化关键设计参数，可有效提高系统运行效率，降低污染和结垢风险，确保产水的稳定性和高质量。纳滤系统设计中的重要参数包括设计膜通量、设计回收率、设计水温与污堵因子、纳滤机组与压力容器数量等。

7.3.1 设计膜通量

膜通量的定义为单位时间单位面积上的透过水量，常用单位为升每平方米小时（LMH），有时也用加仑每平方英尺天（GFD）。针对所选择的膜元件，达到设计产水量所需的进水压

---

[1] CIP 即 Clean in Place，CIP 系统指化学清洗系统。

力取决于选择的产水通量值，设计时选择的产水通量值越大，则所需的进水操作压力就越高。虽然为了降低膜元件的成本，设计时总是试图选择高的产水通量值，但是产水通量值的选择是有上限的，规定该上限的目的是减少今后膜设备内的结垢和污染。

根据经验，系统的通量设计极限应由进水的潜在污染程度确定，随着产水通量和元件回收率的增加，膜面上污染物的浓度也随之增加；产水通量值高的系统，其污染速率和清洗频率就也较高。原水水质好时，可以采用较高的设计膜通量；而原水水质差时则应该采用较低的设计膜通量；当然，即使是在同一类的水质条件下，如果关注重点在初期投资，可以选择较高的设计通量值；而如果关注长期运行成本，则应尽量选择较低的设计膜通量。

市政饮用水厂常见的水源类型有地表水和地下水两种，表 7-8 给出了不同给水条件下设计膜通量的建议值。

设计膜通量的建议值　　　　　　　　　　　　　　　　　　　表 7-8

给水类型		地表水		地下水
给水 SDI_{15}		SDI < 3	SDI < 5	SDI < 3
平均系统通量	GFD	13～17	12～16	16～20
	LMH	22～29	20～27	27～34

7.3.2　设计回收率

回收率是指膜系统中给水转化成为产水或透过液的百分率。膜系统的设计是基于预设的进水水质而定的，设置在浓水管道上的浓水阀可以调节并设定回收率。设计时常常希望将回收率最大化，以便获得最大的产水量，但是应该以膜系统内不会因盐类等杂质的过饱和发生沉淀为回收率的极限值。纳滤系统的回收率大小取决于难溶性盐的溶解度，最大值约为 90%。

采用一段式排列系统不会超过单支元件的回收率极限；当要求更高的系统回收率时，二段式排列系统通常可实现 75% 的系统回收率，而三段式排列系统的系统回收率可达 85%。以上回收率是以每一段采用含 6 支膜元件的组件推算出来的，如果采用仅能容纳 3 支元件的较短压力容器，为了达到相同的回收率，段数要加倍。一般而言，系统回收率越高，需要串联在一起的膜元件数就应越多。

由于市政饮用水厂一般处理规模较大，纳滤系统设计回收率偏低，会造成大量水资源浪费，故而设计回收率一般为 85%～90%。图 7-3 就不同系统回收率要求给出了段数设计建议值。

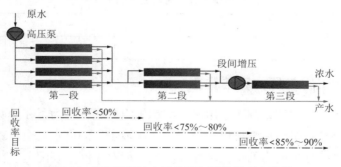

图 7-3　在系统设计中回收率与段数的对应关系

7.3.3　设计水温与污堵因子

纳滤系统产水电导对进水温度变化非常敏感，随着水温的增加，水通量几乎线性地增大，这主要归功于透过水分子的黏度下降和扩散能力增加。增加水温会导致脱盐率降低或透盐率增加，这主要是因为盐分透过膜的扩散速率会因温度的提高而加快。

由图 7-4 可知，在进水温度较低时，纳滤膜的脱盐率较高，但产水通量偏低，为了维持恒定的进水流量，需要更大的进水压力；在进水温度较高时，产水通量较高，但脱盐率下降，产水水质相应变差。

故而，在市政饮用水厂设计过程中，一般地，通过设计最高水温评估纳滤系统的处理效果，以保障在最不利工况下满足预期出水目标；通过设计最低水温进行水泵机组设计，以保障在最不利工况下满足最大的系统进水压力。

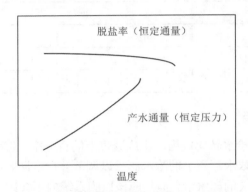

图 7-4　进水温度对通量和脱盐率的作用

污堵因子（Fouling Factor，FF）是指膜面被部分污堵后，尚未被堵的有效通水膜面占总有效膜面积的比例。对地表水来讲，选用苦咸水膜时，其三年后的 FF 推荐值为 0.80，如表 7-9 所示。我们可以形象地将其理解为：膜面被堵面积占 20%，未堵面积占 80%。也就是说，平均每年的污堵面积约为 5%～10%。实际上，不应将 FF 理解成一个固定值。对于某种具体水质而言，实际的 FF 可能稍大于也可能稍小于推荐值，故而，FF 的推荐值是一个经验值。值得注意的是，预处理越完善，给水 SDI 越小，则实际的 FF 越大。

在系统设计中污堵因子的选择　　　　　　　　　　　　表 7-9

运行年数/年	0	1	3	5
苦咸水/地表水	1.0	0.90	0.80	0.75

7.3.4　纳滤机组与压力容器数量

纳滤膜水厂的纳滤主体系统一般由多个纳滤机组构成，是为了在单套纳滤机组进行检修或化学清洗时，其余机组依然可以正常产水，保障水厂的供水安全。理论上，纳滤机组数量越多，纳滤系统处理能力的抗波动性就越强，但对车间布管配电、仪表阀门配置、水厂后期运维都会带来较大挑战。在市政纳滤饮用水领域，针对 ≥ 5.0 万 m³/d 的纳滤产水规模，建议单套纳滤机组的产水能力按照 1.0 万 m³/d 规模考虑；针对 < 5.0 万 m³/d 的纳滤产水规模，宜根据项目实际情况考虑，建议纳滤机组数量不小于 4 套。

在确定膜元件参数、单套纳滤机组产水能力和设计膜通量后，单套纳滤机组的压力容器数量仅与压力容器内含膜元件的数量有关。大型系统中，一般选用 6～7 芯装的压力容器，即压力容器内包含 6～7 支膜元件。压力容器内含膜元件的数量增加，会造成压力容器长度的增加。实际设计过程中，压力容器内膜元件数量的选择往往取决于纳滤车间的大小，应与水厂整体布局统筹考虑。

7.4　纳滤系统分析计算

7.4.1　进水及产水水质的确定

膜系统的设计取决于需要处理的原水和预期的出水水质。纳滤系统的设计主要是针对原水水质和产水目标，尽可能降低所设计系统的操作压力、膜元件成本和清洗维护费用，同时尽可能提高产水量、回收率以及系统的长期稳定性。因此需要按照表 7-10 的要求尽可能收集相关水质资料。

原水分析报告　　　　　　　　　　　　　　　　　表 7-10

原水分析单位：_____	分析者：_____
水源概况：_____	日　期：_____
电导率：_____　pH 值：_____	水样温度：_____℃

组成分析（分析项目请标注单位，如 mg/L、meq/L、以 $CaCO_3$ 计等）：

铵离子（NH_4^+）	_____	二氧化碳（CO_2）	_____
钾离子（K^+）	_____	碳酸根（CO_3^{2-}）	_____
钠离子（Na^+）	_____	碳酸氢根（HCO_3^-）	_____
镁离子（Mg^{2+}）	_____	亚硝酸根（NO_2^-）	_____
钙离子（Ca^{2+}）	_____	硝酸根（NO_3^-）	_____
钡离子（Ba^{2+}）	_____	氯离子（Cl^-）	_____
锶离子（Sr^{2+}）	_____	氟离子（F^-）	_____
亚铁离子（Fe^{2+}）	_____	硫酸根（SO_4^{2-}）	_____
总铁（Fe^{2+}/Fe^{3+}）	_____	磷酸根（PO_4^{3-}）	_____
锰离子（Mn^{2+}）	_____	硫化氢（H_2S）	_____
铜离子（Cu^{2+}）	_____	活性二氧化硅（SiO_2）	_____
锌离子（Zn^{2+}）	_____	胶体二氧化硅（SiO_2）	_____
铝离子（Al^{3+}）	_____	游离氯（Cl^-）	_____

其他离子（如硼离子）_____

总固体含量（TDS）	_____	生物耗氧量（BOD）	_____
总有机碳（TOC）	_____	化学耗氧量（COD）	_____

总碱度（甲基橙碱度）	
碳酸根碱度（酚酞碱度）	
总硬度	
浑浊度（NTU）	
污染指数（SDI_{15}）	
细菌（个数/mL）	
备注（异味、颜色、生物活性等）：	

7.4.2　膜系统排列和级数的选择

常规的水处理系统排列结构为进水一次通过式；较小的水处理系统则常采用浓水循环排列结构；而对于所需元件数量较少的有一定规模的系统，当采用进水一次通过式难以达到要求的系统回收率时，也可采用浓水循环排列结构；在特殊应用领域，如工艺物料浓缩和废水处理，通常采用浓水循环排列系统。进水一次通过式系统和浓水循环式系统的比较表 7-11 所示：

进水一次通过式系统和浓水循环式系统的比较　　　　表 7-11

系统参数	进水一次通过式系统	浓水循环式系统
进水组成	必须稳定	允许改变
系统回收率	必须稳定	允许改变
清洗管路	较复杂	简单
弥补污染	较困难	容易
膜进口至出口间压力	下降	一致
能耗	较低	较高（比进水一次通过式系统高出 15%～20%）
泵的数量（投资与维护）	较低	较高
系统拓展，改变膜面积	较困难	容易
从多段系统中隔离或投运某一段	不可能	可能
系统透盐率	较低	较高

纳滤系统通常采用进水一次通过式，如图 7-5 所示，系统中膜元件的运行条件不随时间变化，以获得恒定的产水量和回收率，水温变化和膜污染的影响可通过调节进水压力来弥补。但在某些情况下，如废水处理、工艺物料的浓缩或供水量小较小且供水不连续，可选用浓水循环式，如图 7-6 所示，预先将进水或原液收集在原水或原液箱中，再进行循环处理，不断从系统中排出渗透液，浓缩液则回流循环返回原液箱。处理结束时，剩余部分的浓缩液残留在原料箱中，待这些残留液排干后，更换新一批物料之前，一般需要对膜进行一次清洗。部分批处理是完全批处理运行方式的变种，在部分批处理的运行过程中，原水箱中同时还在不断进水，当原液箱中浓缩液装满时，就停止分批处理。部分批处理运行方式的优点是可以使用体积较小的原液箱。处理系统通常设计为恒压运行，当浓度越来越高时，渗透流量会随之下降。

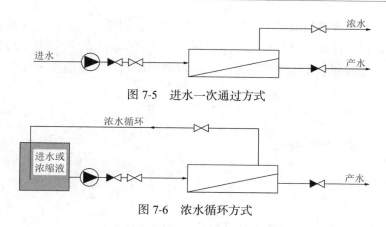

图 7-5　进水一次通过方式

图 7-6　浓水循环方式

当出现下列情况时，可以设计多级膜法处理系统：

（1）常规产水的出水品质不够理想。

（2）要求尽可能脱除病毒、病原微生物和有机物。

（3）需要极高的出水可靠性。

多级膜处理系统实际上是两个传统纳滤系统的组合，第一级的产品水作为第二级的进水。各级既可以是单段式，也可以是多段式；既可以是进水一次通过式，也可以是浓水循环式。

图 7-7 为多级纳滤系统的示意图，第二级的浓水回流到第一级的进水端，这是因为二级浓水品质仍比进入系统的原水水质好；同时第二级的进水（即第一级的产水）水质高，因此第二级可比第一级有更高的水通量和回收率，就可以使用较少的膜元件。

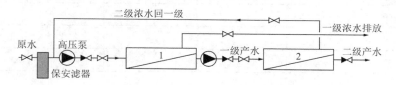

图 7-7　多级纳滤系统示意图

7.4.3　纳滤段数的确定

纳滤段数由压力容器的串联数决定，而每一段都由一定数量的压力容器并联组成。在单段系统中，两个或两个以上的膜组件并联在一起，进水、产水和浓水均由总管管路系统分别相连，其他方面与单组件系统相同。单段系统通常用于回收率小于50%的水处理系统中。图 7-8 为含 6/7 支元件的组件所构成的单段系统。

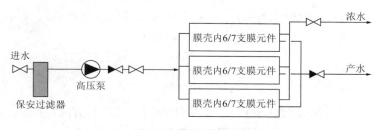

图 7-8　单段系统示意图

当对系统回收率要求更高时，可以采用多段系统，如图 7-9 所示，以避免超过单只膜元件的回收率极限，通常两段式排列系统就可以实现 75% 的系统回收率，而三段式排列则可以实现更高的系统回收率。总而言之，系统回收率越高，串联的膜元件数越多。

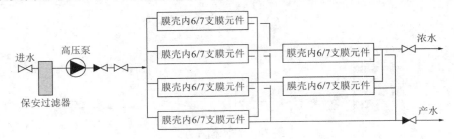

图 7-9　两段式排列系统示意图

系统段数是系统设计回收率、每一支压力容器所含元件数量和进水水质的函数。为了平衡输出的产水并保持每段原水的流速均匀性，每段压力容器的数量应按照进水流速方向递减。其中一个典型的排列比为 2∶1，例如，第一段使用 4 支 6 元件外壳，第二段使用 2 支 6 元件外壳的系统，就有 12 支元件相串联。一个三段系统，如每段采用 4 元件的压力外壳，以 4—3—2 排列，也是 12 支元件串联在一起。一般地，串联元件数量与系统回收率和段数有表 7-12 所示的关系。

膜系统的段数　　　　　　　　　　　　　　　　　　　　　　表 7-12

系统回收率/%	串联元件的数量	含 6 元件压力容器的段数
40~60	6	1
70~80	12	2
85~90	18	3

7.4.4　膜系统的分析与优化

选择膜元件需要考虑进水水质，进水污染可能，产水量和能耗等要素，具体要求可见第 7.1.2 节膜元件的选择。

1. 膜平均通量的确定

平均通量设计值 $f\,[\,L/(m^2 \cdot h)\,]$ 可以基于现场试验数据、设计者的经验或参照膜生产商所推荐的典型设计通量值选取。

2. 元件数量的计算

将产水量设计值 Q_P 除以设计通量 f，再除以所选元件的膜面积 S_E，就可以得出元件数量 N_E：

$$N_E = \frac{Q_P}{f \cdot S_E}　　　　　　　　　　　　(7-2)$$

3. 膜组件数的计算

膜元件装入压力外壳内所组成的组合件称为膜组件，将膜元件数量 N_E 除以每支压力容器可安装的元件数量 N_{Epv}，就可以得出圆整到整数的压力容器的数量 N_V：

$$N_V = \frac{N_\xi}{N_{Epv}}$$

(7-3)

对于大型系统，常常选用 6 或 7 芯装的压力容器，目前最长的压力容器为 8 芯装。对于小型或紧滤型的系统，应选择较短的压力容器。

4. 排列比的确定

相邻段压力容器的数量之比称为排列比，例如第一段为 4 支压力容器，第二段为 2 支压力容器所组成的系统，排列比为 2∶1。而一个三段式的系统，第一段、第二段和第三段分别为 4 支、3 支和 2 支压力容器时，其排列比为 4∶3∶2。当采用常规 6 元件压力容器时，相邻两段的排列比通常接近 2∶1；如果采用较短的压力容器，就应该减低排列比。确定压力容器排列比的重要因素还有第一段的进水流量和最后一段每支压力容器的浓水流量。根据产水量和回收率确定进水和浓水流量，第一段配置的压力容器数量必须为每支 8 英寸元件的压力容器提供 8～12m³/h 的进水量；同样，最后一段压力容器的数量必须使得每一支 8 英寸元件压力容器的最小浓水流量大于 3.6m³/h。

5. 膜系统的分析和优化

经过研究论证后设计的膜系统结构可以通过专门的计算机系统分析软件进行分析和调整。举例如下：假定水源为地表水，$SDI_{15} < 5$；要求产水量为 720m³/d；系统采用 6 芯元件的压力容器，则计算过程为：

（1）确定原水为 $SDI_{15} < 5$ 的地表水，要求产水量为 720m³/d。

（2）设计选择进水一次通过式系统。

（3）设计选择某款型号的膜元件，有效膜面积为 365 平方英寸，即约 33.9m²。

（4）设计选择平均通量为 25LMH。

（5）确定膜元件总数：$\frac{720 \times 1000/24}{33.9 \times 25} = 35.4$ 个，取为 36。

（6）确定压力容器总数：36/6 = 6 个。

（7）确定系统段数：假设系统回收率为 75%，则可取系统段数为 2。

（8）排列比一般设为 2∶1，压力容器共 6 个，则最适宜排列比为 4∶2。

（9）可以利用膜厂商提供的专门的计算机系统分析软件进行系统模拟运算，通过软件可以快速计算出进水压力、系统产水水质及各支元件的运行参数，并通过改变膜元件数量、种类、排列方式等参数进行模拟和优化系统设计。

7.5　纳滤系统工艺设计

纳滤膜处理系统由纳滤膜元件、压力容器、支架、水泵、管道阀门、仪表和控制装置等组成。

7.5.1　膜元件

市场上有多种类型的纳滤膜，目前使用最广泛的纳滤膜为螺旋缠绕型纳滤膜，同时也有一些中空纤维膜和其他类型的产品，包括以聚酰胺、聚酰胺衍生物、醋酸纤维素、三醋酸纤维素和醋酸纤维素共混物等有机聚合物为材料的纳滤膜。公共供水系统中常用的标准尺寸元件直径为99mm或201mm，长度为1016mm。为提高规模经济性，更大直径的膜组件也有开发。

7.5.2　膜压力容器

膜压力容器的材质通常为玻璃钢或不锈钢，容器和模块通常被安装在焊接钢或纤维增强塑料支架上。用于容纳螺旋缠绕式膜元件的压力容器一般可容纳6~7个膜元件，最多可容纳8个串联的40英寸长膜元件。

螺旋缠绕式压力容器的末端或侧面（称为侧面端口）有进水和浓缩液连接口。新型的多端口压力容器每端都有两个端口，可以最大限度地减少对歧管管道的需求，在所有螺旋缠绕的压力容器中，输水管道贯穿连接在端部、端盖中心。图7-10为端部和侧部端口压力容器的示意图。

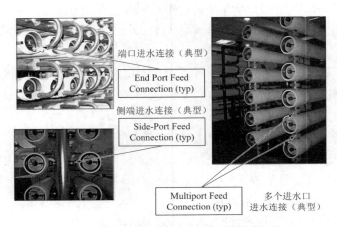

图7-10　端、侧和多端口压力容器示意图

7.5.3　膜堆系统

每个膜堆包含一个或多个膜段，具有一个以上单独控制设备的膜系统布置在一个膜堆中，设计包括进水泵和其他预处理设备，并作为一个整体膜堆单元进行控制，该种方式称为独立单元膜堆系统。另一种类型是，多段系统的每个膜段被分为单独的膜堆，两段或三段膜堆组成一个系统，该种方式称为组合膜堆系统。

采用何种膜堆系统主要取决于设施的生产能力，同时需要保证当部分控制块或生产线因膜清洗或其他情况而暂停生产时供水不会受到太大影响。

7.5.4　膜系统泵

纳滤系统通常使用卧式离心泵或立式涡轮泵。保安过滤器前一般设置20~30m的低压泵，保安过滤器后的高压泵扬程按照计算需求确定。

7.5.5　管道和阀门的结构材料

合理选择结构材料对纳滤系统至关重要。腐蚀会严重限制膜组件的使用寿命，而且位于膜系统上游的工艺流程也可能会产生腐蚀副产品，导致膜结垢。饮用水纳滤膜管道的管材主要采用表 7-13 所示的材质。

饮用水纳滤膜管道的管材选择

表 7-13

序号	使用位置	一般的管材选择
1	高压泵至纳滤膜堆	SS304、SS316
2	纳滤膜堆内部管道	SS304、SS316
3	纳滤浓水总管	SS316、玻璃钢、钢骨架 PE 管、UPVC
4	纳滤冲洗总管	SS304、SS316、玻璃钢、钢骨架 PE 管
5	纳滤 CIP 总管	玻璃钢、钢骨架 PE 管、UPVC
6	不合格水排放总管	SS304、SS316、玻璃钢、钢骨架 PE 管

饮用水纳滤系统通常使用 SS304 或 SS316 不锈钢作为高压管道，这取决于原水和浓水的水质。UPVC、CPVC、FRP 和 PE 等非金属管道通常用于低压管道。

膜单元工艺中需要使用各种阀门。阀门的材料等级取决于接触液的压力需求和等级。通常情况下，不锈钢阀门适用于高压系统。

在纳滤系统中阀门的设置需注意以下几点：

（1）设置整个系统的进水阀，当维修时，起安全切断作用；

（2）泵出口端（离心泵）或旁路上设置调节阀，用以控制操作压力，控制系统启动升压速度；

（3）泵出口端设置止回阀；

（4）产水管路上设置防止产水压力超过进水压力的止回阀和爆破泄放阀；

（5）浓水管路上设置控制系统回收率的浓水流量控制阀，一般采用调流型截止阀、隔膜阀或球阀；

（6）设置用于清洗或开机时排放不合格产水的阀门；

（7）进水和浓水管路（包括各段之间）连接清洗回路的阀门；

（8）进水、冲洗、浓水、产水和 CIP 循环道的最高点设置排气阀，快速排出空气；

（9）设置膜堆中的取样阀，用于水质监测。

7.5.6　膜系统总布置

膜系统可采用多种不同的总体布局，具体布局取决于膜单元的数量、设计者的偏好和其他因素。

对于小型撬装系统，其共性是在撬装设备上设有进水泵、保安过滤器、膜和压力容器等。对于较大的系统，进水泵和保安过滤器等不设置在膜和压力容器的支撑架上。许多大型系统都有一个共同的给水总管，用于还原剂、阻垢剂等的投加，给水主管上设置几个平行运行的保安过滤器系统。

通常，大型纳滤系统的给水泵配置有以下两种形式：①专用进水泵形式：每套膜堆机组设置一对一专用的高压进水泵；②泵送中心形式：所有水泵位于一个泵送中心，出水设置总管，再通过调流控制阀和流量计控制进入每套膜堆机组的水量。专用进水泵形式的主要优点是系统简单、效率高，对于每套膜堆机组，水泵变频设置以控制进水流量。泵送中心形式较前者更为复杂，它的优点是进水泵的数量更少，可以降低泵设备成本；缺点是每套膜堆机组与总供水管路连接的进水支管上需要使用调流控制阀，考虑到总管对所有机组的供水需求，总管压力必须至少达到所有机组所需的最大压力，这种形式会产生更大的能耗。

7.5.7 膜系统辅助设备

辅助设备包括膜冲洗系统、膜 CIP 清洗系统、清洗废液处理系统、电气系统、自控仪表系统、检测设备、暖通空调设备和其他服务设备等。附属设施包括行政办公、机修仓库、消防设施等。其中膜冲洗、膜 CIP 清洗和清洗废液处理系统是纳滤膜系统中最为重要的辅助设施。

1）膜冲洗系统

膜系统停机时需排出系统内残余的水，以防止水渗透，避免因矿物沉积、微生物生长等因素造成的膜污染，同时防止管道及金属设备的腐蚀。因此，饮用水大型纳滤膜系统会设置完善的冲洗系统，满足日常的冲洗和停机前的冲洗需求。常见的冲洗水源为纳滤产水。

2）膜 CIP 清洗系统

表 7-14 列举了适用于纳滤膜的清洗药品，其中的酸性和碱性清洗剂是标准的清洗药品。酸性清洗剂用于清除包括铁污染在内的无机污染物，而碱性清洗剂用于清除包括微生物在内的有机污染物。由于使用硫酸会带来硫酸钙沉淀的危险，一般不选择硫酸作为清洗剂。采用膜系统的产水配制清洗液，酸性清洗的 pH 值约为 2，碱性清洗的值 pH 约为 12。

适用于纳滤膜的清洗药品　　　　表 7-14

污染物	清洗液						
	0.1%（W）NaOH 或 1.0%（W）Na₄EDTA［pH12/30℃（最大值）］	0.1%（W）NaOH 或 0.025%（W）Na-DDS［pH12/30℃（最大值）］	0.2%（W）HCl	1.0%（W）Na₂S₂O₄	0.5%（W）H₃PO₄	1.0%（W）NH₂SO₃H	2.0%（W）柠檬酸
无机盐垢（如 CaCO₃）	—	—	最好	可以	可以	—	可以
硫酸盐垢（CaSO₄、BaSO₄）	最好	可以	—	—	—	—	—
金属氧化物（如铁）	—	—	—	最好	可以	可以	可以
无机胶体（淤泥）	—	最好	—	—	—	—	—
硅	可以	最好	—	—	—	—	—
微生物膜	可以	最好	—	—	—	—	—
有机物	作第一步清洗可以	作第一步清洗最好	作第二步清洗最好	—	—	—	—

注：（W）表示有效成分的重量百分含量。CaCO₃—碳酸钙；CaSO₄—硫酸钙；BaSO₄—硫酸钡；NaOH—氢氧化钠；Na₄EDTA—乙二胺四乙酸四钠；Na-SDS—十二烷基磺酸钠盐；HCl—盐酸；Na₂S₂O₄—亚硫酸钠盐；H₃PO₄—磷酸；NH₄HSO₃—亚硫酸氢铵。

典型的 NF 膜 CIP 清洗系统包括两个 CIP 罐（一个酸洗罐、一个碱洗罐，带有搅拌机和加热器等）、清洗泵、自清洗过滤器、CIP 循环管道、仪表及控制系统等，如图 7-11 所示。纳滤产水用于补充 CIP 罐的清洗液，粉状或液态化学物质通过泵注入 CIP 罐。

图 7-11　膜清洗系统照片

对于小型膜系统，使用软管将膜系统的清洗进料管、清洗浓缩液回流管和清洗渗透液回流管连接至 CIP 罐。对于较大的系统，设置完整的 CIP 循环管路系统，且注重管道的排气和保温。此外，须防止正在清洗的单元和正在运行的其他单元之间的潜在交叉连接。

膜清洗通常在室温下进行，为实现良好的清洗效果，清洗液要加温。在清洗液循环期间，pH 值为 2～10 时温度不应超过 50℃，pH 值为 1～11 时温度不应超过 35℃，pH 值为 1～12 时温度不应超过 30℃。由于低温下清洗化学动力学极低，清洗液温度一般不低于 15℃。

按照以下 7 个步骤设计膜的清洗系统：

（1）配制清洗液。

（2）低流量置换原水输入清洗液。预热清洗液时以低流量和尽可能低的清洗液压力置换压力容器内的原水，其压力仅需达到足以补充进水至浓水的压力损失即可，即压力必须低到不会产生明显的渗透产水。低压置换操作能够最大限度地避免污垢再次沉淀到膜表面，过程中排放部分浓水，以防止清洗液的稀释。

（3）循环。当原水被置换掉后，浓水管路中出现清洗液，使清洗液循环回清洗水箱并保证清洗液温度恒定。

（4）浸泡。停止清洗泵的运行，使膜元件完全浸泡在清洗液中。有时元件浸泡约 1h 就足够了，但对于顽固的污染物，需要延长浸泡时间，如浸泡 10～15h 或浸泡过夜。为了维持浸泡过程的温度，可采用很低的循环流量。

（5）高流量水泵循环。高流量循环 30～60min。高流量能冲洗掉被清洗液清洗下来的污染物。如果污染严重，进一步提高流量将有助于清洗。在高流量条件下，将会出现过高压降的问题，单元件的最大允许压降为 1bar，多元件压力容器的最大允许压降为 3.5bar，以先超出为限。

（6）冲洗。用纳滤产水冲洗系统内的清洗液，为了防止沉淀，最低冲洗温度为 20℃。

（7）重新启动系统。等待元件和系统达到稳定后，记录系统重新启动后的运行参数，清洗后系统性能恢复稳定所需的时间取决于原先污染的程度。为了获得最佳的性能，有时需要进行多次的清洗和浸泡。

3）清洗废液处理系统

纳滤膜清洗废液需要妥善处理。根据清洗废液所含的成分，选择直接排入生活污水系统，或者对清洗液进行浓缩处置后再排入生活污水系统。废液排放到污水管之前，通常需要进行中和处理调节 pH 值。单独的清洗废液中和系统由 1 到 2 个储存罐/池、输送/循环泵、酸碱添加系统、仪表及自控系统组成，如图 7-12 所示。

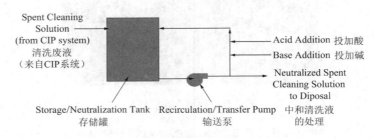

图 7-12　清洗废液处理系统示意图

7.6 纳滤水厂整体设计

7.6.1 水厂设计的总体原则

1. 选址和平面布置原则

厂址尽量选择靠近取水口和排水口的位置，减少原水和浓水的输送成本。

水厂平面布置，纳滤膜车间前后各处理单元尽量集约布置，加药间、废液中和等辅助设施尽量靠近纳滤膜车间。

如果水厂为纳滤出水掺混设计，需关注掺混后的水质均匀性，最好能设置专门的掺混井，从掺混井再给水厂分配若干清水池。

2. 膜车间设施布置

根据膜车间的规模，纳滤系统设备可采用现场安装式或预制装配式。成熟的系统集成商都正在朝设备预制装配大型化方向发展，提供有各种规模的成套设备，包括保安过滤器、纳滤给水泵、膜组件、仪表和控制装置、仪表板、电气控制中心以及所有互连管道和阀门，药剂储存和药剂投加系统也有提供成套设备。

7.6.2 膜车间总体布置

纳滤膜车间的设计须关注设施运输起吊便利，设备检修、巡检方便，空压机高压泵等的噪声防治，通风采光，管道安装顺直整洁等。

1. 运行管道的布置要点

（1）控制好进出水系统的水力高程。

（2）考虑纳滤膜浓水和不合格水排放便利。

（3）考虑纳滤膜系统化学清洗废液循环排放管道布置。

（4）控制纳滤系统进水的余氯安全。

（5）考虑纳滤系统与水厂其他系统出水的掺混。

（6）控制好掺混后各清水池进水的均匀性和加氯。

2. 设施运输起吊便利，维护方便

现场设备设施的布置应提供足够的维修空间，包括拆卸和更换单独项目设备所需的空间，并应为工艺区提供叉车通道；包括但不限于：大型泵组系统设施起吊、膜组件更换、管道阀门检修、更换保安过滤器、清洗系统维护、化学品进料（特别是化学品储存箱）等。

所有安装的泵应方便拆卸以进行维修维护，如果车间内无大型起重机，应允许安装、使用移动式起重机起吊，或通过安装在屋顶系统中的可拆卸天窗利用户外汽车吊安装。为方便清洗打扫，在车间内设置自用水软管龙头，满足一般清洗维护需求。

3. 通行及巡检参观便利

厂区内设备设施的布置应允许车辆（包括应急车辆）进入现场的所有区域，包括停车场和指定的化学品运输路线，化学散装储存设施应位于主服务道路沿线，以方便交付。

车间内的巡检参观通道宽度一般考虑设置为 1.2m 以上，方便行走，并能看到主要设施的运转情况，同时注重采光，尽量远离噪声较大的设施设备。

4. 操作安全

所有设施的布置应确保设施处于最佳运行状况，设备应按照规范进行安装，所有阀门及其附件应能进行正常操作、调整和维护。化学品储存和投加按照酸、碱或氧化、还原考虑分房间设置，确保安全。制水设施和管线尽量与化学品储存/进料设施区域相邻，避免药剂投加管道过长。

7.6.3　膜车间布局若干细节

1. 膜压力容器车间内布置细节

膜压力容器两端必须留出足够的间隙，以便装卸膜，间隙至少为元件长度加上 0.3～0.5m 的工作空间。例如，1m 长螺旋缠绕膜元件需要至少 1.3m 的间隙。

应保护膜和压力容器外壳免受极端条件，如阳光直射、蒸汽管线、冰冻和加热器排气的影响。

2. 管路布置细节

给水、浓水和渗透集管及其与压力容器的连接设计应便于压力容器探测，进水管道的设计应能够在系统启动前清除各种碎屑。带阀门的三通接头和到地面的管道应安装在合理位置，以允许操作员打开进行杂质处理。

水锤现象是纳滤运行压力变化过快导致的，发生水锤现象容易造成膜元件的物理损伤，导致其脱盐率出现大幅度下降。为了防范水锤现象的发生，纳滤系统对进水压力升高和降低的时间控制均有一定要求，一般升压速度小于 0.34bar/s，降压过程控制在 30s 左右。

产水渗透压不应超过进水或浓水压力，在螺旋缠绕膜元件中，来自渗透侧的压力可能将膜从背衬材料上移开或削弱胶线。如果产水渗透管路上设置有隔离阀，建议安装压力保护装置。

纳滤膜堆和机组附近应设置地漏或排水沟。水泵检修、阀门更换、膜元件更换和清洗程序都涉及大量水的溢出，需要有排水设施。大型设备车间内，连接至工厂排水系统的管沟可用作溢出水的排水管。

3. 化学投加系统布置细节

由于阻垢剂的价格较为昂贵，应注重阻垢剂的储存、稀释、投加和混合。

CIP 化学清洗罐的放空应直接、方便，避免残留。排水连接件的尺寸和管道应配套，以确保水罐的安全快速排水，节省时间。

应提供用清洁水安全冲洗除浓酸进料泵外的其他化学泵的设施，CIP 管道系统中不应存在可能滋生微生物的死端部分。

7.6.4　厂区管线设计

1. 厂区输水管道

（1）安装要求

所有地上管道必须固定在支架上，并要确保管道布局不会阻碍设备的通行。除了垂直管道，其他工艺管道应尽量放置在管沟内。膜车间内禁止在压力容器或支架组件上铺设水平管道。

（2）管沟覆盖与管道配置

所有管沟应使用格栅盖板进行覆盖，盖板上应设有带状开口，提供管道更换和阀门操作的空间。管道在沟槽中应合理配置，可设置连接到远期设备的法兰盲板，并为新增管道预留专用空间。

（3）管道保护

必须充分保护管道外部，避免管道受到外部环境，包括土壤腐蚀、紫外线照射和其他腐蚀等的影响。超过 DN300 的生产管线一般不建议使用 PVC 管。

（4）管道系统流速与水锤效应

当管道系统中的最大流速超过 3m/s 时，应着重考虑水锤效应，特别是对于直径较大、管长较长的塑料管道。

（5）阀门配置与操作

除昂贵的控制阀外，阀门应与连接管道的直径相匹配。DN250 及以上的手动阀门建议采用齿轮式操作。

位于沟槽格栅盖板上方的阀门应配备手轮式操作器，位于沟槽格栅盖板下方的阀门应配备 50mm 方形螺母操作器。位于地面或地面 2m 以上的手动阀门宜配备独立操作器。埋地阀门应封装在混凝土拱顶内或放置在带有铸铁框架和盖的阀门箱中。

（6）压力测试与防腐措施

额定最大工作压力不得超过设计工作压力的 150%。埋地金属管道应采取涂层或阴极保护等措施防止腐蚀。

（7）通风与排水

工艺管道应在高点和低点分别安装通气管和排水管，并配备相应的球阀和排水接头。

2. 化学药剂输送管道安装与配置

化学药剂输送管道应安装在高于地面的非金属支架上。化学管道在管沟内尽量安装在管沟的底部或侧面。

化学药剂输送管道应在膜堆外的安全管道系统中布置。化学药品储罐应设置排气口、溢流口和进出口，并配备隔断阀门。主化学泵的出口管道应配备电动阀，该阀门在药剂泵启动时打开，在药剂泵停止时关闭。

除了安全泄压阀，设备上的所有根部连接件，如校准柱、压力表、压力开关等，都应安装隔离阀。化学药剂输送管道的阀门执行机构应具备断电时自动关闭阀门的功能。

投加管路上的背压调节器应安装在靠近投加点的地方，并应配备阻塞阀和旁路阀，以方便于对调节器进行维护操作。

7.7　纳滤水厂的经济性评价

纳滤膜工艺在大型水处理工程中的应用与膜性能和使用的可行性有关。因此，对纳滤工程进行技术经济分析是十分必要的。本节主要讨论纳滤膜系统的经济评价，从可行性研究和初步设计阶段出发，介绍纳滤工程投资内容及各项费用的计算。

7.7.1　纳滤水厂规划可行性研究报告

从可行性研究到竣工验收，纳滤工程一般包括如下阶段：项目建议书和可行性研究阶段→初步设计阶段→施工图设计阶段→招投标阶段→合同实施阶段→竣工验收阶段，具体的流程如图 7-13 所示。

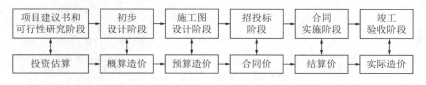

图 7-13　纳滤工程主要阶段示意图

1. 投资估算的概念及作用

1）投资估算的概念

投资估算是在项目建议书和可行性研究阶段，以方案设计或可行性研究文件为依据，按照规定的程序、方法和依据，对拟建项目所需总投资及其构成进行的预测和估计；是在研究并确定项目的建设规模、产品方案、技术方案、工艺技术、设备方案、厂址方案、工程建设方案以及项目进度计划等的基础上，依据特定的方法，估算项目从筹建、施工直至建成投产所需的全部建设资金总额，并测算建设期各年资金使用计划的过程。投资估算是项目建议书或可行性研究报告的重要组成部分，是项目决策的依据之一。

2）投资估算的作用

投资估算作为论证拟建项目可行性的重要经济文件，既是建设项目技术经济评价和投资决策的重要依据，又是该项目实施阶段投资控制的目标值。投资估算在建设工程的投资决策、造价控制、资金筹集等方面都有重要作用。

（1）项目建议书阶段，投资估算是项目主管部门审批项目建议书的依据之一，也是编制项目规划、确定建设规模的参考依据。

（2）项目可行性研究阶段，投资估算既是项目投资决策的重要依据，也是研究、分析、计算项目投资经济效果的重要条件。政府投资项目的可行性研究报告被批准后，其投资估算额将作为设计任务书中下达的投资限额，即建设项目投资的最高限额，不能随意突破。

（3）投资估算是项目设计阶段造价控制的依据，投资估算一经确定，即成为限额设计的依据，用于对各设计专业实行投资切块分配，作为控制和指导设计的尺度。

（4）投资估算可作为项目资金筹措及制订建设贷款计划的依据，建设单位可根据批准的项目投资估算额，进行资金筹措和向银行申请贷款。

（5）投资估算是核算建设项目固定资产投资需要额和编制固定资产投资计划的重要依据。

（6）投资估算是建设工程开展设计招标、优选设计单位和设计方案的重要依据。在工程设计招标阶段，投标单位报送的投标书中包括项目设计方案、项目的投资估算和经济性分析，招标单位根据投资估算对各项设计方案的经济合理性进行分析、测量、比较，并在此基础上择优确定设计单位和设计方案。

2. 投资估算的内容

纳滤工程的投资估算，从费用构成来讲包括该项目从筹建、施工直至竣工投产所需的全部费用。按国家有关规定，投资估算具体应包括：建筑工程费、安装工程费、设备购置费、工程建设其他费用、预备费用、固定资产投资方向调节税、建设期利息和铺底流动资金，如图 7-14 所示。

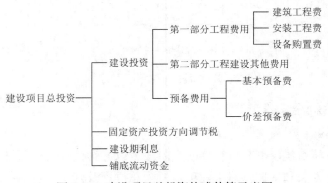

图 7-14　建设项目总投资构成估算示意图

3. 投资估算文件的组成

根据国家有关规定，投资估算文件的组成应包括以下内容：

（1）估算编制说明。

（2）建设项目总投资估算及使用外汇额度。

（3）主要技术经济指标及投资估算分析。

（4）钢材、水泥（或商品混凝土）、木料总需用量。

（5）主要引进设备的内容、数量和费用。

（6）资金筹措、资金总额的组成及年度用款安排。

7.7.2　纳滤水厂规划初步设计

1. 设计概算

1）设计概算的概念

设计概算是以初步设计文件为依据，按照规定的程序、方法和依据，对建设项目总投资及其构成进行的概略计算。具体而言，设计概算是在投资估算的控制下根据初步设计（扩大初步设计）的图纸及说明，利用国家或地区颁发的概算指标、概算定额、综合指标预算定额、各项费用定额或取费标准（指标），以及各类工程造价指标指数或其他价格信息和建设地区自然、技术经济条件和设备、材料预算价格等资料，按照设计要求，对建设项目从筹建至竣工交付使用所需的全部费用进行的预计。

2）设计概算的作用

（1）设计概算是编制固定资产投资计划、确定和控制建设项目投资的依据。按照国家有关规定，政府投资项目编制年度固定资产投资计划和确定计划投资总额及其构成数额，要以批准的初步设计概算为依据；没有批准的初步设计文件及其概算，建设工程不能列入年度固定资产投资计划。

（2）设计概算是控制施工图设计和施工图预算的依据。经批准的设计概算是政府投资建设工程项目的最高投资限额。设计单位必须按批准的初步设计和总概算进行施工图设计，施工图预算不得突破设计概算，设计概算批准后不得进行任意修改和调整；如需修改或调整，须经原批准部门重新审批。竣工结算不能突破施工图预算，施工图预算不能突破设计概算。

（3）设计概算是衡量设计方案技术经济合理性和选择最佳设计方案的依据。设计部门在初步设计阶段要选择最佳设计方案，设计概算是从经济角度衡量设计方案经济合理性的重要依据。因此，设计概算是衡量设计方案技术经济合理性和选择最佳设计方案的依据。

（4）设计概算是编制最高投标限价的依据。以设计概算进行招标投标的工程，招标单位以设计概算作为编制最高投标限价的依据。

（5）设计概算是签订建设工程合同和贷款合同的依据。建设工程合同价款是以设计概、预算价为依据，且总承包合同不得超过设计总概算的投资额。银行贷款或各单项工程的拨款累计总额不能超过设计概算。如果项目投资计划所列支投资额与贷款突破设计概算，必须查明原因，之后由建设单位报请上级主管部门调整或追加设计概算总投资。凡在获得批准之前，银行对其超支部分不予拨付。

（6）设计概算是考核建设项目投资效果的依据。通过设计概算与竣工决算对比，可以分析和考核建设工程项目投资效果的好坏，同时验证设计概算的准确性，有利于加强设计概算管理和建设项目的造价管理工作。

2.设计概算的内容

设计概算的层次性十分明显，分为单位工程概算、单项工程综合概算和建设项目总概算三级，各级概算之间的关系如图 7-15 所示。

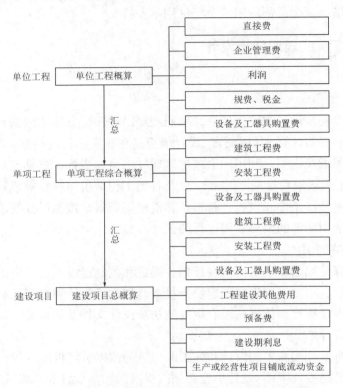

图 7-15　设计概算阶段各级概算组成及其关系示意图

1）单位工程概算

单位工程是指具有独立的设计文件，能够独立组织施工，但不能独立发挥生产能力或使用功能的工程项目，是单项工程的组成部分。单位工程概算按其工程性质分为建筑工程概算和设备及安装工程概算两大类。建筑工程概算包括土建工程概算，给水排水、供暖工程概算，通风、空调工程概算，电气、照明工程概算，弱电工程概算，特殊构筑物工程概算等。设备及安装工程概算包括机械设备及安装工程概算，电气设备及安装工程概算，热力设备及安装工程概算，工具、器具及生产家具购置费概算等。

2）单项工程综合概算

单项工程是指在一个建设项目中，具有独立的设计文件，建成后能够独立发挥生产能力或使用工程的工程项目，单项工程是建设项目的组成部分。单项工程综合概算是确定一个单项工程所需建设费用的文件，它是由单项工程中的各单位工程概算汇总编制而成的，是建设项目总概算的组成部分。

3）建设项目总概算

建设项目总概算是以初步设计文件为依据，在单项工程综合概算的基础上计算建设项目概算总投资的成果文件，是由各单项工程综合概算、工程建设其他费用概算、预备费、建设期利息和生产或经营性项目铺底流动资金概算汇总编制而成的。

7.7.3　纳滤膜系统投资

1. 纳滤膜系统投资组成

纳滤膜系统建设投资主要由两部分组成，一是纳滤膜系统及其配套的电气、自控等设备安装费用，通常包括纳滤本体系统、清洗系统、加药系统、阀门及管路系统、电气系统、自控系统及在线仪表等；二是为满足膜系统及其配套系统运行所必需建设的土建设施，通常包括纳滤车间、泵房、水池及地基处理、基坑围护费用。

2. 影响投资的主要因素

1）影响设备安装费用的主要因素

（1）产水规模。在同样设计产水通量时，纳滤系统设计产水规模越大，其所需膜元件、压力外壳和其他系统配件组件的数量越多。产水规模是决定设备安装费用的决定性因素。国内常规地区纳滤膜车间设备安装费用指标约为每吨水 1000 元（按产水计）。

（2）原水水质特征及去除目标。根据原水污染特征的不同，常见的膜去除对象有有机污染物、钙镁硬度、硝酸盐和全盐量 TDS 等；宜选用的纳滤膜元件包括疏松型纳滤膜、致密型纳滤膜，乃至低压反渗透膜；系统的进水压力需求也相应增加，造成配套水泵机组安装费用的上升。

（3）设计通量。在设计同样产水规模时，纳滤系统设计通量越大，其所需膜元件、压力外壳和其他系统配件组件的数量越少。从该角度来看，增加设计通量是可以减少设备安装费用的；但设计通量的增加，会增大膜元件的运行负荷，进而增大纳滤系统的进水压力需求，造成配套水泵机组费用的上升。故而宜根据项目实际出发，权衡膜元件数量和进水压力需求两者间的关系，评估设计通量对设备安装费用的影响。

（4）膜元件的有效面积。在同样设计产水通量时，选择高有效面积的膜元件，可以减少系统所需膜元件、压力外壳和其他系统配件组件的数量。例如，对于同一个纳滤系统，选用 $41m^2$ 膜元件的总元件数量比选用 $37m^2$ 膜元件时要少 10%，不仅减少了膜元件的数量，也减少了膜壳的数量和连接件的数量，因而不仅减少了设备安装费用，同时也缩小了系统的占地面积。在限定膜元件尺寸规格大小的前提下，其有效面积越高越好。

2）影响土建费用的主要因素

（1）建筑面积。纳滤车间建筑中除设置主系统房间外，还会建设配套水池、泵房、加药间、变配电间、变频器室等房间，部分纳滤水厂还会在车间中增设房间用于展示，车间建筑面积的大小是土建投资高低的决定性因素。国内常规地区纳滤车间土建费用的指标约为每平方米建筑面积 2500～3500 元，配套水池及泵房指标约为每立方米净容积 1000～1500 元。

（2）地质情况。受制于建设所在地的地质情况及周边条件，纳滤车间建设经常需要考虑地基处理及基坑围护，其建设投资通常可占车间土建费用的 10%～50%。地基处理方案根据费用由低到高一般有换填、搅拌桩加固、预制管（方）桩及钻孔灌注桩。基坑围护方案根据费用由低到高一般有钢板桩、SMW 工法桩、水泥土搅拌桩挡墙及钻孔灌注桩。

（3）气候条件。在寒冷地区，尤其是严寒地区，由于冬季气温较低，纳滤车间对保温材料的需求较大，会增加建筑材料的成本及供暖设施的建设要求。同时，寒冷地区的气候条件，如冬季的低温、降雪等，可能对施工造成一定的阻碍，这些都会造成土建费用的增加。

3. 纳滤膜系统投资案例

1）案例一：中部地区某 6 万 m³/d 纳滤膜系统

该项目概算编制于 2020 年，纳滤膜建设规模为 6 万 m³/d，采用致密型纳滤膜，纳滤工艺参数如下：

设计回收率：90%；

机组数量：6 组；

设计通量：21.6LMH；

单组产水量：416.67m³/h；

单支膜元件面积：37.16m²；

单套机组膜元件数量：519 支。

该项目纳滤膜系统概算工程费用 6710.32 万元，折合 1118.39 元/吨水，其中土建费用 1720.72 万元，折合 286.79 元/吨水，设备购置及安装费用 4989.60 万元，折合 831.60 元/吨水。

2）案例二：西部地区某 7 万 m³/d 纳滤膜系统

该项目概算编制于 2024 年，纳滤膜建设规模为 7 万 m³/d，采用低压反渗透膜，纳滤工艺参数如下：

设计回收率：88%；

机组数量：7 组；

设计通量：21.1LMH；

单组产水量：416.67m³/h；

单支膜元件面积：37.16m²；

单套机组膜元件数量：532 支。

该项目纳滤膜系统概算工程费用 8040.75 万元，折合 1148.68 元/吨水，其中土建费用 1666.28 万元，折合 238.04 元/吨水，设备购置及安装费用 6374.47 万元，折合 910.64 元/吨水。

3）案例三：中部地区某 10 万 m³/d 纳滤膜系统

该项目概算编制于 2022 年，纳滤膜建设规模为 10 万 m³/d，采用疏松型纳滤 + 低压反渗透，总体回收率为 96.25%，Ⅰ型纳滤机组浓水进入Ⅱ型纳滤机组减量化后排放，纳滤工艺参数如下：

（1）Ⅰ型纳滤：

设计回收率：85%；

机组数量：8 组；

设计通量：21.0LMH；

单组产水量：459.96m³/h；

单支膜元件面积：37.16m²；

单套机组膜元件数量：588 支。

（2）Ⅱ型纳滤

设计回收率：75%；

机组数量：2 组；

设计通量：18.1LMH；

单组产水量：243.51m³/h；

单支膜元件面积：37.16m²；

单套机组膜元件数量：364 支。

该项目纳滤膜系统概算工程费用 11743.07 万元，折合 1174.31 元/吨水，其中土建费用 3268.03 万元，折合 326.80 元/吨水，设备购置及安装费用 8475.04 万元，折合 847.50 元/吨水。

4. 纳滤膜系统投资指标

经统计近几年国内纳滤膜系统概算，成规模项目工程费用一般在 1100～1200 元/吨水，其中土建费用 250～350 元/吨水，设备购置及安装费用 800～900 元/吨水，投资会因项目规模、设备档次、建设条件、工艺路线等因素产生变化。

7.7.4　纳滤膜系统经营成本

纳滤膜系统成本主要包括折旧成本、财务成本及经营成本三部分，其中折旧成本及财务成本与工程建设投资及融资方案有关，本节不作赘述。

经营成本是项目经济评价中所使用的特定概念，是运营期的主要现金流出，纳滤膜系统经营成本的主要由以下五个方面构成：①膜清洗费用；②膜更换费用；③膜电能消耗费用；④维护及修理费用；⑤人力资源费用。

1. 膜清洗费用

在膜持续运行的过程中，污染物在膜表面附着、堆积，使跨膜压差或过滤阻力增大。因此，为了抑制跨膜压差的上升并确保稳定的过滤流量，需要日常按要求投加阻垢剂、还原剂、杀菌剂，并定期进行化学清洗，化学清洗药剂主要为柠檬酸和氢氧化钠。以江苏某水厂为例，纳滤系统的清洗分为物理冲洗和化学清洗，物理冲洗使用纳滤出水作为冲洗用水，在纳滤膜装置开始运行前或运行结束后，或每运行 12～24h 自动冲洗一次。物理冲洗依靠增大进水流速，去除短时间内膜表面积累的松软杂质。化学清洗针对纳滤膜上固着性较强的胶体颗粒、有机物、生物质等污染物，遵循先碱洗、再酸洗的分段清洗原则。碱洗采用 0.1%氢氧化钠溶液作为清洗液，依次进行碱洗大流量循环—碱洗液浸泡—酸中和排液—清水清洗等步骤，当 pH 值稳定至 9 时，停止冲洗。酸洗采用 2%柠檬酸溶液作为清洗液，依次进行酸洗大流量循环—酸洗液浸泡—碱中和排液—清水清洗等步骤，当 pH 值稳定至 6 时，停止冲洗。物理冲洗使用纳滤出水，主要依靠泵的工作，这部分费用计算包括在能耗中。化学清洗所用的清洗药剂费用由供应商提供，可根据清洗周期计算。其中，阻垢剂为连续投加，加药量通过记录加药泵电磁流量计的累积流量核算；还原剂根据超滤产水的氧化还原电位值的变化情况自动投加，加药量通过记录某阶段加药泵电磁流量计的累积流量核算；杀菌剂为间歇冲击性投加，每周投加一次，投加量通过药剂调配方案核算；

清洗药剂为周期性清洗时投加，加药量根据清洗周期与药剂调配方案核算。

药剂年消耗量按以下公式计算：

$$C_a = Q \times C/W \ \%/1000/60 \times M \times N \times D/1000 \tag{7-4}$$

式中：C_a——年药剂消耗量（t/a）；

$\quad$ Q——进水平均流量（m³/h）；

$\quad$ C——药剂投加浓度（mg/L）；

$\quad$ W——溶液质量浓度（%）；

$\quad$ M——注药时间（min）；

$\quad$ N——纳滤膜主机套数（套）；

$\quad$ D——年运行天数（d）。

表 7-15 为国内部分水厂纳滤膜药剂费用，可供其他水厂在进行相关费用计算时参考。

国内部分水厂纳滤膜药剂费用 表 7-15

名称	药剂	年消耗量/（t/a）	单价/（元/kg）	年总药剂费用/（万元/a）	吨水药剂费用/（元/吨水）
疏松型纳滤膜	还原剂	124.10	4	49.64	0.12（按纳滤净产水量10 万 t/d 计）
	阻垢剂	60.80	50	304.00	
	杀菌剂	10.23	35	35.80	
致密型纳滤膜	还原剂	52.58	4	21.03	0.24（按纳滤净产水量4 万 t/d 计）
	阻垢剂	51.53	50	257.65	
	杀菌剂	20.45	35	71.58	

2. 膜更换费用

膜组件的使用寿命与进水水质、设计参数、产水水质标准等直接相关。膜组件的更换可采取全部更换和分批更换两种方式，两者成本基本相同，但分批更换方式在产水水质方面较整体更换方式优势明显。过于频繁的膜组件更换需消耗大量的人力物力，重新排列过程中容易损坏相关机械部位，且更换的旧膜处理处置较难，易对环境造成二次污染，因此膜组件的更换时间间隔不宜过短。根据制造商的评估，有机纳滤膜的使用寿命约为 3~5 年，而无机陶瓷膜的使用寿命则长达 10 年。在实际工程中，必须考虑膜单元的更换费用。

表 7-16 为国内部分水厂纳滤膜的更换费用，可供其他水厂在进行相关费用计算时参考。

国内部分水厂纳滤膜更换费用 表 7-16

名称	疏松型纳滤膜	致密型纳滤膜
总有效膜面积（m²）	174464	75956
膜组件总数量（支）	4690	2044
纳滤膜质保期（年）	9	8
膜单价（元/m²）	150	150
纳滤膜年折旧费（万元）	290.77	142.42

名称	疏松型纳滤膜	致密型纳滤膜
吨水膜折旧费（元/吨水）	0.080（按纳滤系统净产水量 10 万 t/d 计）	0.098（按纳滤系统净产水量 4 万 t/d 计）

3. 膜电能消耗费用

纳滤膜渗透压高，需要消耗大量的电能来克服纳滤膜渗透压。纳滤膜车间主要用电负荷集中在纳滤车间的水泵间，水泵间设置有纳滤系统的高压泵、冲洗泵等。同时在纳滤膜架上设置段间泵、浓水循环泵，在化学清洗间设置化学清洗水泵、电热器等。纳滤系统的设备用电量可通过记录纳滤车间总电表的读数来获得。

水泵能耗按式 (7-5) 计算。

$$E = g \times Q \times H \times \frac{\eta_P}{\eta_m \times \eta_{VFD}} \times h = \frac{P}{\eta_m \times \eta_{VFD}} \times h \tag{7-5}$$

式中：E——水泵年电耗 $[(kW \cdot h)/a]$；

　g——重力加速度（取 9.8m/s²）；

　Q——水泵流量（m³/h）；

　H——水泵扬程（m）；

　P——水泵功率（kW）；

　h——年运行小时数（h）；

　η_P——水泵效率（%）；

　η_m——电机效率（%）；

η_{VFD}——变频器效率（%）。

不同项目膜电能消耗费用差异较大，参考国内部分纳滤膜处理厂案例，按电费 0.7 元/$(kW \cdot h)$计算，某 10 万 t/d 疏松型纳滤工程电能消耗费用为 0.14 元/吨水，某 4 万 t/d 致密型纳滤工程电能消耗费用为 0.26 元/吨水。

4. 维护及修理费用

与纳滤水厂相关的维护成本取决于膜系统投资成本中非膜单元的费用，每年的维护及修理费用一般按照膜系统建设成本费用的 2.5%计算，经统计约为 0.05 元/吨水。

5. 人力资源费用

随着人工智能技术的进步，水厂越来越趋向于自动化运行。尽管如此，依然需要雇佣工人对水厂进行日常维护并配备管理人员指导运行操作。该费用需要结合水厂实际情况与当地工资水平进行估算。

7.8　本章小结

本章节深入探讨了纳滤膜水厂的设计要点，包括纳滤膜系统选择、预处理工艺设计、纳滤系统设计参数、纳滤系统分析计算、纳滤系统工艺设计、纳滤水厂整体设计以及纳滤水厂经济性评价。

本章着重分析了不同应用场景下膜元件的选择，如微污染水源水、高盐高硬水以及具有特征污染离子的水源水等，同时强调了合理进行水量平衡设计的重要性，并给出了对胶体和颗粒污堵、无机盐结垢和微生物污染预防措施的建议。此外，还阐述了纳滤系统设计参数中设计膜通量、设计回收率、设计水温、污堵因子等的确定方法，以及纳滤系统的分析与优化计算过程。在纳滤系统工艺设计中，描述了膜元件、压力容器、膜堆系统设计方式及配套泵、管道和阀门的结构材料、总体布置等设计注意事项。同时，纳滤水厂整体设计须遵循总体原则，应合理布置膜车间设施，注意运行管道、设施运输起吊、通行巡检参观以及操作安全等方面，并做好厂区管线设计。纳滤水厂的经济性评价包括分析纳滤膜系统的投资组成、影响因素以及计算经营成本等方面。这些内容旨在为从事相关领域的技术人员提供全面的技术指导，使其能够更好地进行纳滤膜水厂的设计和建设工作。

参 考 文 献

[1] 陶氏水处理. FILMTEC™ 反渗透和纳滤膜元件产品与技术手册[Z]. 2016.

[2] 段冬, 张增荣, 芮旻, 等. 纳滤在国内市政给水领域大规模应用前景分析[J]. 给水排水, 2022, 48(3): 1-5.

[3] 高雪, 陈才高, 刘海燕, 等. 国内代表性纳滤水厂评估指标体系与运行效果分析[J]. 净水技术, 2022, 41(2): 53-57, 94.

[4] ZEYNALI R, GHASEMZADEH K, JALILNEJAD E, et al. Economic evaluation of wastewater and water treatment technologies[M]//BASILE A, GHASEMZADEH K. Current Trends and Future Developments on (Bio-)Membranes. Elsevier. 2020: 263-79.

[5] CALABRÒ V, BASILE A. Economic analysis of membrane use in industrial applications[M]//BASILE A, NUNES S P. Advanced Membrane Science and Technology for Sustainable Energy and Environmental Applications. Woodhead Publishing. 2011: 90-109.

[6] 王少华, 施卫娟, 贺鑫, 等. 纳滤深度处理在饮用水厂的应用于实践[J]. 给水排水, 2021, 47(10): 13-19.

[7] 石洁, 姚家隆, 唐娜, 等. 纳滤膜工艺在太仓某水厂深度处理工程中的应用[J]. 净水技术, 2024, 43(1): 50-57.

CHAPTER EIGHT

第 8 章

纳滤膜饮用水工程应用实例

Nanofiltration Technology for
Drinking Water Treatment

纳滤对水中的有机物表现出极佳的截留效果，在饮用水处理中有良好的应用前景。法国巴黎的 Mery-sur-Oise 水厂是世界上第一个大型纳滤饮用水深度处理水厂，该厂纳滤工艺对 TOC 的平均去除率高达 60%，对农药的去除率大于 90%，出水中残留的绝大多数微污染物质均低于检出限值。此外，纳滤膜对微污染水、含盐水和高硬水、含硝酸盐和钼酸盐水等特种饮用水处理方面均有很好的效果，纳滤水厂出水能够满足《生活饮用水卫生标准》GB 5749—2022 的要求。

近年来，纳滤饮用水处理应用在国内快速展开，有大量的工程应用实例。本章重点介绍目前不同类型的大规模市政纳滤饮用水厂，结合工程应用实例分析了水厂运行数据和日常维护措施、监测数据等，相关工程经验可为纳滤膜在市政饮用水领域的应用和技术推广提供科技支撑。

8.1　纳滤在微污染水处理中的应用

微污染水源水是指原水受到排入的工业废水和生活污水影响，部分水质指标超过饮用水源卫生标准要求的原水。在江河水源上表现为氨氮、总磷、色度、有机物等指标超标；在湖泊、水库水源上，表现为水体的富营养化，进而出现藻类暴发造成水质恶化，臭味明显增加。微污染水源水的污染物主要是有机污染物，一部分属天然有机化合物，另一部分则是农药等人工合成有机物，其余还有氨氮、亚硝酸盐氮、硝酸盐氮、挥发酚、氰化物和藻毒素等有害污染物质。

8.1.1　法国巴黎 Mery-sur-Oise 水厂

1. 工程概况

Mery-sur-Oise 水厂，位于法国巴黎北郊，该厂建于 20 世纪初，经多次重大改造，目前供水规模已达 34 万 m³/d，其中 14 万 m³/d 采用纳滤膜技术，是世界上首座采用纳滤膜技术处理地表水的大型饮用水厂。

Mery-sur-Oise 水厂原供水规模 20 万 m³/d，采用的水处理工艺为：混合反应沉淀—砂滤—后臭氧接触池—生物活性炭滤池—氯化接触池。由于瓦兹河水质污染不断加剧，该厂于 1993 年安装了一套 1400m³/d 的纳滤中试装置，开始为附近的阿沃斯瓦兹小镇提供膜处理用水，两年的试验结果证明了纳滤膜技术行之有效。1995 年，法国水务企业联合集团（SEDIF）决定投资 1.5 亿欧元增建 14 万 m³/d 的纳滤膜水厂，并于 1999 年建成试运行，采用如下的水处理工艺：Actiflo 高密度沉淀池—臭氧接触池—双层滤料滤池—可反洗保安过滤器（压力罐式微滤过滤器）—纳滤—紫外消毒—氯消毒，为巴黎北郊 39 个区大约 80 万居民提供经过纳滤膜处理的优质饮用水。Mery-sur-Oise 水厂（图 8-1）开创了 21 世纪世界自来水厂的新局面，该工程已高效、安全、稳定运行了约 20 年。

2. 原水水质

该水厂处理的原水是受污染的瓦兹河水，水中含有大量的有机物和杀虫剂，属于微污染水，水温和有机物含量随季节变化波动很大。进水的 TOC 在 1.5～3.5mg/L 之间，其中除草剂莠去津的含量达 620ng/L。

图 8-1　巴黎 Mery-sur-Oise 水厂总体布置图

3. 工艺流程

法国 Mery-sur-Oise 水厂纳滤系统净水工艺流程见图 8-2。

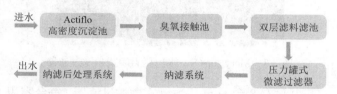

图 8-2　巴黎 Mery-sur-Oise 水厂纳滤系统净水工艺流程

1）纳滤预处理工艺。

（1）Actiflo 高密度沉淀池

Actiflo 高密度沉淀池是法国威立雅公司 1988 年开发研制并获得专利的一种高效沉淀技术，它主要利用细砂作为絮凝的核心物质，形成较易沉降的絮体，加快沉淀过程，缩小斜管沉淀池面积。Mery-sur-Oise 水厂有 Actiflo 高密度沉淀池 1 座，分为 2 格，每格面积 700m²，深度 7.5m，池内平均停留时间 12min，上升流速 40m/h。沉淀池采用的絮凝剂为聚合氯化铝，投加量 30mg/L；助凝剂为阴离子 PAM，投加量 1mg/L。Mery-sur-Oise 水厂的 Actiflo 高密度沉淀池可去除大部分胶状颗粒，通过控制投药量，可保证沉后水浑浊度不高于 1.1NTU。

（2）臭氧接触池

Mery-sur-Oise 水厂的臭氧接触池设置在双层滤料滤池前，投加臭氧的作用是提高双层滤池的过滤效率。Mery-sur-Oise 水厂臭氧接触池工艺参数：臭氧投加量 3mg/L，设置臭氧发生器 3 台。

（3）双层滤料滤池

Mery-sur-Oise 水厂新建纳滤系统预处理阶段的滤池采用双层滤料气水反冲滤池，设置滤池 1 座，分为 10 格，单格池面积 117m²，滤速 6～7m/h，滤层厚度 1.5m，其中无烟煤 0.7m，石英砂 0.8m。为改善滤池过滤性能，降低滤后水浑浊度，在滤池进水中加入少量聚合氯化铝助滤剂，投加量为 5mg/L。

（4）压力罐式微滤过滤器

Mery-sur-Oise 水厂滤后水经过中间提升泵进入一种可反洗保安过滤器——压力罐式微滤过滤器（图 8-3）。水从压力罐式微滤过滤器滤芯的外侧进入滤芯内部时，微量悬浮物或细小杂质颗粒物被截留在滤芯外部。压力罐式微滤过滤器的作用是捕捉颗粒，防止颗粒堵塞或损坏膜元件，保障纳滤膜系统的安全稳定运行。不同于传统的保安过滤器，Mery-sur-Oise 水厂采用的压力罐式微滤过滤器除过滤精度及稳定性较好外，还可实现自动反冲洗和化学清洗，有效延长过滤器的使用寿命，目前水厂压力罐式微滤过滤器滤芯的使用寿命为 5 年左右。

图 8-3　Mery-sur-Oise 水厂压力罐式微滤过滤器

Mery-sur-Oise 水厂共设有 8 台 6μm 压力罐式微滤过滤器，每台容积 10m³，内装有 410 支滤芯，总过滤面积 990m²，滤速 0.88m/h。除预处理部分出现故障的情况外，压力罐式微滤过滤器的清洗频率一般为每 36h 一次。此外，压力罐式微滤过滤器还需进行周期性的化学清洗，清洗频率一般为每 15d 一次。压力罐式微滤过滤器可以完全去除直径大于 6μm 的颗粒，对直径大于 1μm 的颗粒去除率达 95%。

Mery-sur-Oise 水厂纳滤系统的平均出水水质见表 8-1。

Mery-sur-Oise 水厂预处理系统平均出水水质　　　　　　　表 8-1

参数	进水	Actiflo 高密度沉淀池出口	双层滤料滤池出口	压力罐式微滤过滤器出口
悬浮物 SS（mg/L）	18.2	2.21	—	—
浑浊度（NTU）	19.8	1.1	0.05	—
颗粒计数 > 1.5μm/mL	—	约 5000	24.8	3.8
颗粒计数 > 0.5μm/mL	—	—	—	7987
总铝离子（μg/L）	—	—	< 20	—
TOC（mgC/L）	4.2	—	2.2	2.2
紫外（UV）吸收度（103/cm）	106.8	—	—	37.1

注：统计时间为 1999 年 9 月—2000 年 11 月，大于 0.5μm 颗粒的计数变化范围为 5000~12000。

2）纳滤系统设计

由于瓦兹河沿途受到污染，水中含有大量的有机物与杀虫剂，特别是除草剂莠去津受到重视；此外，河水的温度和有机物的含量随季节变化波动也很大。为此，Mery-sur-Oise 水厂特别用了两年的时间开展中试试验，根据瓦兹河河水的特点设计纳滤系统，纳滤系统膜元件选用的也是专为处理瓦兹河水设计的 Film Tec 卷式纳滤元件 NF200B-400。工厂使用的 NF200B-400 膜由聚哌嗪制成，并带有聚砜和聚酯微孔支撑。NF200B-400 膜具有高负电荷，水接触角在 15°左右，疏水性较低，可以通过静电排斥和物理过滤有效去除疏水性 NOM；其对盐和硬度的截留率较低，对低分子量的有机物截留率较高，且能够有效去除莠去津。

Mery-sur-Oise 水厂纳滤膜共分 8 个系列，每个系列进水量为 860m³/h，每个系列采用三段布置，段间排列比为 108：54：28。每个系列分 4 个支架，第一段两个支架，每个支架安装 54 支容器；第二段一个支架，装有 54 支容器；第三段一个支架，装有 28 支容器；每支压力容器装有 6 支元件，共有 9120 支卷式纳滤膜元件。膜进口压力根据原水水温而变化，变化范围为 8～15bar，纳滤膜设计膜通量为 17L/(m² · h)，回收率为 85%。

同时，该水厂配备了较为完善的自控系统、在线仪表系统及安防系统，最大限度实现了纳滤系统的自动化生产。

4. 工程运行效果

Mery-sur-Oise 水厂的出水完全能符合欧盟有关消毒副产物的指标要求，采用纳滤系统后，出水 TOC 平均含量为 0.18mg/L，出水余氯的含量由 0.35mg/L 降到 0.20mg/L，出水中莠去津的浓度低于分析仪器的下限 50ng/L，管网中的三卤甲烷比未采用纳滤系统时减少了 50%，且由于生物降解型溶解有机碳的减少，产水的生物稳定性大大提高。

8.1.2　江苏 ZJG 水厂

1. ZJG 第四水厂

1）工程概况

ZJG 市第四水厂原水为长江水，取水口位于锦丰镇老海坝地段，总规模为 60 万 m³/d。

2）原水水质

原水水质基本符合国家《地表水环境质量标准》GB 3838—2002 地表水Ⅲ类标准，满足集中式生活饮用水地表水源地二级保护区水质。2020 年进行的原水水质检测显示，原水浑浊度平均值在 65NTU 左右；pH 平均值在 7.93 左右；氯化物平均为 12～25mg/L；高锰酸盐指数为 1.44～3.36mg/L；氨氮含量为 0.02～0.31mg/L；铁含量平均为 0.11～0.26mg/L；锰含量较低。

3）工艺流程及水厂主要处理单元

水厂原处理工艺为原水-管道静态混合器—折板反应池—平流式沉淀池—V 形滤池—清水池，经二级泵站向管网供水，规模为 40 万 m³/d。新建深度处理水厂规模为 20 万 m³/d，在原有的混凝沉淀出水之后增加以超滤和纳滤工艺为主的双膜法工艺，在满足江苏省地方标准中关于长江水源常规处理＋深度处理要求的同时，改善饮用水口感，实现高品质供水。具体工艺流程如图 8-4 所示。

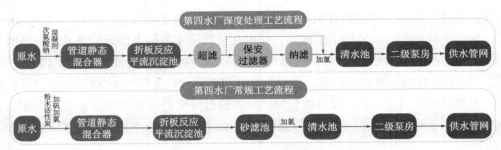

图 8-4　ZJG 市第四水厂深度处理及常规工艺流程

（1）超滤系统

在纳滤工艺的前处理采用混凝-沉淀结合超滤前处理工艺。超滤膜具有运行压力低、过滤精度高、运行耗能低、抗污染能力强、使用寿命长等优点。超滤工艺以膜两侧的压力差为驱动力，在虹吸作用下，水通过超滤膜上的小孔，汇集到膜丝内侧的集水管，在重力作用下输送到清水渠。水中的悬浮物、胶体、细菌、两虫等微生物被截留。ZJG 市第四水厂扩建项目超滤膜系统选用某公司国产 LGJ2C-2000×110 型浸没式聚偏氟乙烯超滤膜，膜孔公称直径为 0.02μm，单件膜箱有效膜面积为 2100m²，包含 105 支膜组件。超滤膜系统处理车间包括膜池、产水渠、排水池和中和池，以及膜配套设备间（含曝气系统、抽吸系统和反洗系统等），设计规模为 21.1 万 m³/d，系统内共设 10 格膜池，双排布置，每个膜池内安装 2 排超滤膜组，每排 7 个，共 140 组。超滤进水为平流沉淀池出水，超滤系统具体运行方式如图 8-5 所示，运行过程包括过滤产水、气反洗、气水反洗、维护性清洗、恢复性化学清洗等阶段。超滤池每运行 2h 进行气洗-气水混合反冲洗，冲洗过程中气反洗和气水反洗为全自动运行，如图 8-5 所示。冲洗流程为：首先滤池停止进水，液面降低约 0.9m；随后气洗 30s，气冲流量约 2800m³/h；最后气水混合反洗时间 90s，气冲流量不变，水冲流量约 2464m³/h；气水反冲洗完成后排放污水，液面约下降 1.0m。反冲洗进行 10 次后彻底排空超滤池一次，反冲洗水排至排水池，由潜水泵抽至沉淀池回用。维护性清洗和恢复性清洗为一键在线自动清洗，维护性清洗每 20～25d 进行一次，恢复性清洗一年进行一次，以延长超滤膜的使用寿命。

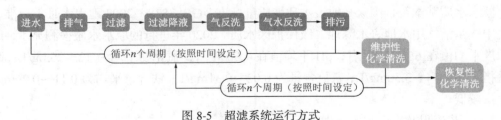

图 8-5　超滤系统运行方式

（2）纳滤系统

纳滤车间内按功能分区设置供水泵房、保安过滤器、纳滤膜间、加药间、配电间和控制室等。供水泵房由进水调节池、11 台卧式端吸离心泵（10 用 1 备，变频控制）及其配套管路、阀门、仪表、电气控制系统等组成。纳滤膜间为双层布置，包括地上 10 组纳滤膜堆和地下管廊层。建成后的纳滤膜间实景如图 8-6 所示。工艺均采用 NF270-400/34i 型芳香聚酰胺纳滤膜，单个膜片面积为 37.2m²，最高允许膜通量为 23.96LMH，其硫酸根去除率、总有机碳去除率、色度脱除率分别为 ≥95%、≥90%、>90%，进出水 pH 值波动小于 1，清洗 pH 值范围为 1～12，单支膜最大压降为 1.0bar。单组系列布置如图 8-7 所示。每组膜堆采用三段布置，段间比例 40：25：13，每组共计 78 支膜壳，每支膜壳 6 支膜芯，总膜支数 4680 支。部分超滤出水投加还原剂和阻垢剂后，再经过保安过滤器，作为纳滤系统进水。纳滤进水总流量约 4630m³/h，产水量 4167m³/h，总设计回收率 90%。其中每组膜堆一段进水流量约 460m³/h，产水量约 230m³/h，回收率约 50%；二段进水流量约 230m³/h，产水量约 125m³/h，回收率约 54%；第三段纳滤前设置增压泵以满足第三段所需压力，进水流量约 105m³/h，产水量约 55m³/h，回收率约 52%。经过三段纳滤膜处理后，可以实现 10 万 m³/d 的纳滤产水，再和超滤单元 10 万 m³/d 出水按照 1：1 比例混合作为深度处理出水。此外，纳滤系统会根据膜单元运行时间、压力和产水量变化情况启动清洗工序。纳滤系统的清洗分为物理冲洗和化学清洗，物理冲洗使用纳滤出水作为冲洗用水，在纳滤膜装置开始运行前或运行结束后，或每运行 12～24h 自动冲洗一次。物理冲洗依靠增大进水流速，去除短时间内膜表面积累的松软杂质。恢复性化学清洗（CIP）针对纳滤膜上固着性较强的胶体颗粒、有机物、生物质污染物等污染物，遵循先碱洗、再酸洗的分段清洗原则。碱洗采用 0.1%氢氧化钠溶液作为清洗液，依次进行"碱洗大流量循环—碱洗液浸泡—酸中和排液—清水清洗"等过程，在 pH 值稳定至 9 后，停止冲洗。酸洗采用 2%柠檬酸溶液作为清洗液，依次进行"酸洗大流量循环—酸洗液浸泡—碱中和排液—清水清洗"等过程，在 pH 值稳定至 6 后，停止冲洗。实际运行工况表明，通过物理冲洗和化学清洗，能够解决膜污染问题，保证纳滤系统持续稳定供水。

图 8-6　ZJG 市第四水厂纳滤膜系统实景图

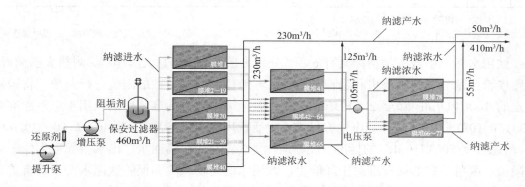

图 8-7　ZJG 市第四水厂纳滤处理单元单组布置图

4）纳滤水厂水质分析

江苏省地方标准《江苏省城市自来水厂关键水质指标控制标准》DB32/T 3701—2019（本节简称"江苏地标"）对国家标准《生活饮用水卫生标准》GB 5749—2022（本节简称"国标"）中的部分指标进行提标，包括菌落总数、三氯甲烷、溴酸盐、甲醛、亚氯酸盐、氯酸盐、三氯甲烷总量、三氯乙醛、色度、浑浊度、铝、铁、锰、耗氧量、游离氯含量、一氯胺和二氧化氯 17 项指标限值。以下是对常规指标的分析：

①地方标准指标

水厂水质检测中心对超滤单元出水（E_{UF}）、纳滤单元出水（E_{NF}）、第四水厂深度处理出厂水（E_{AT}）、第四水厂总出厂水（E）四个位置的水样进行取样检测。表 8-2 列举了国标和江苏地标的规定限值和水厂实测值。调试期间检测水质均满足国家标准和地方标准，检测结果远远低于标准限值，表明出厂供水可靠、水质优质。

水厂实测值与国标、江苏地标部分指标对比　　　　　　表 8-2

编号	指标类型	指标	国标限值	江苏地标限值	水厂实测指标			
					E_{UF}	E_{NF}	E_{AT}	E
1	微生物指标	菌落总数（CFU/mL）	100	20	< 1			
2	毒理指标	三氯甲烷（mg/L）	0.06	0.04	<0.0002	0.0027	0.0071	0.0264
3		三卤甲烷（总量）（mg/L）	≤ 1	0.7	0.05	0.10	0.20	0.55
4		三氯乙醛（mg/L）	0.01	0.008	0.0086	0.0025	0.0010	< 0.0002
5	感官性状和一般化学指标	色度（铂钴色度单位）	15	5	< 5			
6		浑浊度（NTU）	1	0.5	0.10	0.09	0.11	0.13
7		铝（mg/L）	0.2	0.15	0.0625	< 0.0004	0.0254	0.0521
8		铁（mg/L）	0.3	0.2	< 0.03			
9		锰（mg/L）	0.1	0.05	< 0.03			
10		高锰酸钾（COD_{Mn} 法，以 O_2 计）	3	1.5	1.48	0.49	0.65	0.98
11	消毒剂常规指标	游离氯（mg/L），与水接触至少 30min	4	0.3～1.0	0.02	< 0.01	0.60	0.65

注：1. 水厂采用次氯酸钠作为消毒剂；
　　2. 表中三卤甲烷（总量）指标，在国标中指三卤甲烷（三氯甲烷、一氯二溴甲烷、二氯一溴甲烷、三溴甲烷总和）。

饮用水标准中微生物指标共有 6 项，分别为菌落总数、总大肠菌群、耐热大肠菌群、大肠埃希氏菌、贾第鞭毛虫和隐孢子虫。江苏地标对菌落总数的限值进行调整，将国标规定的 100CFU/mL 降至 20CFU/mL。相比较上海市地方标准《生活饮用水水质标准》DB31/T 1091—2018 和深圳市地方标准《生活饮用水水质标准》DB4403/T 60—2020 中"菌落总数 ≤ 50CFU/mL"的标准，江苏地标更为严格，而第四水厂出水指标远远低于标准限值。菌落总数的高标准对于降低生活饮用水的生物风险和保障饮用水安全具有重要意义。感官性状指标中，色度和浑浊度限值分别由国标的 15 和 1NTU 降低至 5 和 0.5NTU，色度限值为 10。浑浊度和色度反映了水中杂质作为细菌和病毒载体的可能性，也是重要的感官指标，有效去除水中胶体和悬浮物，降低水的浑浊度，则同时也去除了大部分微生物。经过超滤纳滤处理，水中游离氯含量极低，饮用水厂在纳滤出水和超滤出水混合后的清水池入口处，投加 0.7mg/L 的次氯酸钠，使深度处理出水游离氯浓度维持在 0.6mg/L 左右，以保障水厂出厂水的生物安全性。

②钙、镁和硫酸根离子

在水厂调试运行期间，截至 2020 年 11 月 26 日，对纳滤进水、单组纳滤膜堆出水和纳滤单元总出水进行关键水质指标检测。其中纳滤进水共检测 53 批次，单组纳滤膜堆出水共检测 64 批次，纳滤单元总出水共检测 22 批次，钙、镁和硫酸盐去除情况如表 8-3 所示，经过纳滤深度处理，钙、镁和硫酸根离子的去除分别达到 37%、33% 和 96%，表明纳滤处理能够在去除常规有机物、重金属、高价态无机盐的同时，保留部分无机盐以均衡矿物元素。含有适量矿物质的水对人体的健康也极为重要。

纳滤水钙、镁和硫酸根检测表　　　　　　　　　　　　　　　表 8-3

检测项目	纳滤进水/（mg/L）			单组纳滤膜堆出水/（mg/L）			纳滤单元总出水/（mg/L）			纳滤进出水同比下降率
	最大值	最小值	平均值	最大值	最小值	平均值	最大值	最小值	平均值	
钙	38	32	35	38	18	23	25	21	22	37%
镁	12	7	9	9	5	6	7	6	6	33%
硫酸盐	34.8	26.3	30.8	14.1	0.97	2.11	1.96	0.69	1.12	96%

此外，取样测试了超滤单元出水、单组纳滤膜堆出水和深度处理出水的总硬度，结果如图 8-8 所示，超滤出水和纳滤出水的总硬度均值分别为 134mg/L 和 75mg/L。超滤出水最高，纳滤出水最低，深度处理出厂水由超滤和纳滤出水掺混，总硬度约为 116mg/L，相比超滤出水下降 13%。已有研究推荐国内饮用水硬度保持在 100mg/L 左右，以保证饮用水中的钙、镁离子含量，从而规避从食物获取量不足的健康风险。饮用水含有适量矿物质有利于口感，硬度在一定限值内的硬水口感清冽可口，硬度过低的水没有甘甜味，硬度过高的水口感苦涩、黏稠、浑厚、不滑润且有异味。由此可见，该水厂纳滤深度处理出厂水的钙、镁含量和硬度值均维持在较为健康的水平，同时可保持良好口感。

③非常规指标分析

江苏地标中新增了 3 项控制指标：2-甲基异莰醇（0.00001mg/L）、土臭素（0.00001mg/L）和亚硝酸盐（0.01mg/L）。2-甲基异莰醇和土臭素两种典型嗅味物质是引起水中土霉味的主要原因。嗅味物质频繁暴发于水源地水体，影响饮用水厂的处理工艺，甚至进入供水管网，严重威胁供水安全。此外，对国标中的 7 种参考性物质和 3 种痕量有机污染物质也做了检测分析。双酚 A、邻苯二甲酸二乙酯和邻苯二甲酸二丁酯作为环境中的内分泌干扰物，具有细胞、神经、遗传和生殖毒性；溴化物作为消毒副产物前体物质，会增加后续加氯消毒过程中生成消毒副产物的风险；丙烯腈、丙烯醛和硝基苯作为毒性有机化合物，也会增加原水利用风险；磺胺嘧啶和磺胺甲恶唑是两种使用量较大的磺胺类抗生素，存在水体环境风险。

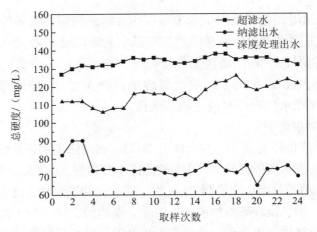

图 8-8　超滤、纳滤和深度处理出水的总硬度

上述污染物的具体限值和水厂实测值如表 8-4 所示。水厂运行结果表明，"超滤 + 纳滤"深度处理能够有效去除水中嗅味物质、亚硝酸盐和部分风险有机物等污染物，出水中各类污染物含量远低于规定限值，饮用水安全得到保障。

根据纳滤水厂出水水质和各地方标准中的指标限值，ZJG 第四水厂的实践表明，经过纳滤膜处理的饮用水水质能够满足更严格的地方标准，不仅能够去除各地标准中规定的常规污染物和非常规污染物，而且能够截留水中对人体有益的钙、镁等离子，并使之维持在健康范围，持续稳定地提供口感优良、水质安全的"高品质饮用水"，为我国市政饮用水厂的改造提标和水质提升提供技术支撑。

江苏地标新增指标和有机物指标　　　　　　　　　表 8-4

项目分类	检测项目	标准限值	E_{UF}　E_{NF}　E_{AT}　E
江苏地标新增指标	亚硝酸盐（以 N 计，mg/L）	0.01（游离氯消毒）	< 0.001
	2-甲基异莰醇（mg/L）	0.00001	< 0.0000050
	土臭素（二甲基萘烷醇，mg/L）	0.00001	< 0.0000050
其他有机物	双酚 A（mg/L）	0.01	< 0.00003
	丙烯腈（mg/L）	0.1	< 0.0500
	丙烯醛（mg/L）	0.1	< 0.0040
	石油类（总量，mg/L）	0.3	< 0.04
	邻苯二甲酸二乙酯（mg/L）	0.3	< 0.0001
	邻苯二甲酸二丁酯（mg/L）	0.003	< 0.00004
	硝基苯（mg/L）	0.017	< 0.0001
	溴化物（mg/L）	无限值要求	< 0.05
	磺胺嘧啶（mg/L）	无限值要求	< 0.00024
	磺胺甲恶唑（mg/L）	无限值要求	< 0.00048

5）工程运行情况

ZJG 市第四水厂 2021 年 5—6 月纳滤进水前段监测 SDI 值变化如图 8-9 所示，该时段的 SDI 均值为 3.03，满足纳滤系统进水 SDI < 5 的要求。ZJG 第四水厂预处理水质表明，超滤工艺能够有效降低纳滤进水浑浊度和 SDI 值，缓解纳滤膜污染进程，保证后续纳滤工艺的稳定运行。

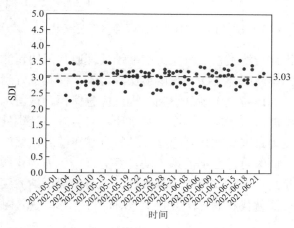

图 8-9　ZJG 市第四水厂纳滤进水 SDI 监测值

ZJG 市第四水厂针对长江水源，采取常规处理加超滤预处理、纳滤深度处理的工艺流程，建立超滤和纳滤混合供水模式。既降低了改造和运营成本，又强化了保障稳定供水的能力，提高了水厂应对突发污染风险的能力。

ZJG 市第四水厂超滤和纳滤等各主要处理单元的实测数据分析表明，出厂水水质在常规和非常规指标上，均远优于现行国家饮用水标准和江苏省等地方饮用水标准，同时钙、镁离子和硫酸盐与硬度浓度符合优质供水要求。

2. ZJG 第三水厂

1）工程概况

ZJG 第三水厂供水规模为 20 万 m³/d，原净水工艺采用管道混合器 + 絮凝平流沉淀 + V 形滤池，原水管上设矾和液氯投加点，清水池前进水管道上设液氯投加点。

结合原水水质的特点，经过研究论证，水厂深度处理改造的纳滤设计产水规模为 10 万 m³/d，主要目标为去除或杀灭水体中的微生物，控制有机物、消毒副产物，改善饮用水口感，同时应对水体突发污染等情况。水厂升级改造后的净水工艺为现状常规工艺 + 压力罐式微滤 + 纳滤出水与现状砂滤出水勾兑。

2）原水水质

水厂以长江水为原水，原水浑浊度平均为 72～97NTU；氯化物浓度平均为 14～20mg/L；高锰酸钾指数平均为 2.32～2.84mg/L，最高为 5.10mg/L，最低为 1.60mg/L；溶解氧较高，平均为 7.0mg/L 左右；氨氮含量平均为 0.16～0.20mg/L；铁含量平均为 0.19～0.26mg/L；锰含量较低，最大值为 0.09mg/L。第三水厂原水水质满足国家标准《地表水环境质量标准》GB 3838—2002 地面水Ⅲ类标准。

3）工艺流程

ZJG 第三水厂净水工艺流程图如图 8-10 所示。

图 8-10　ZJG 第三水厂净水工艺流程

在给水深度处理设计纳滤膜系统时，其前端预处理通常采用超滤膜系统，一方面进一步降低前端砂滤出水的浑浊度与 SDI，缓解纳滤膜污染，使其良好运行，另一方面也为在前端来水水质波动或砂滤设备发生砂砾渗漏时提供应急保障，截留水中的砂粒，防止纳滤膜污染或损伤，保证纳滤进水水质。而在原水水质相对较好，且预处理砂滤运行良好的情况下，即可考虑采用压力罐式微滤代替超滤，其特点在于滤芯污堵时，可通过水洗、化学清洗恢复其初始性能，同时可保证纳滤系统的良好运行。压力罐式微滤从前期投资到后期运行维护成本均低于超滤。因此在进水条件较好，且可以保证纳滤膜系统良好运行的前提下，可采用压力罐式微滤替代超滤（图 8-11），从而进一步降低整体投资及运行费用。

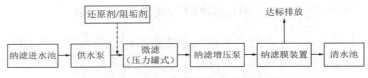

图 8-11　微滤-纳滤系统主工艺流程

（1）系统总体布局

供水泵系统共设 2 系列泵组，单系列泵组设置 5 台离心泵，每台均设置变频控制。供水泵系统设置出水总管。微滤系统共分为 2 个系列，单系列设 5 套，每套微滤装有 220 只滤芯，单套微滤设置进水调节蝶阀和流量计，每个系列微滤设置出水总管。微滤系统反冲洗泵设 2 套泵组，每套对应 1 个系列，每套泵组设 2 台卧式端吸离泵，1 用 1 备，反冲洗水泵进水取自纳滤产水总管；考虑到油对滤芯的影响，微滤气擦洗采用螺杆式空压机供气，设 2 套空压机系统。纳滤系统由 10 个膜堆组成，双排布置，分为 2 个系列，每个系列含 5 个膜堆，每个膜堆依据设计膜通量布置若干膜壳，每个膜壳填装 7 只纳滤膜元件。纳滤系统设置 10 台高压泵，高压泵与纳滤膜堆一一对应，每台均设置变频控制；每套纳滤膜堆采用三段布置，设置 1 台一、二段段间增压泵，每台设置均变频控制，纳滤系统不设置浓水循环回流。纳滤大水量冲洗水泵共设 2 套泵组，每套对应 1 个膜系列，每套泵组设 2 台卧式端吸离心泵，1 用 1 备，冲洗水泵进水取自纳滤产水总管。共设 1 套纳滤全自动加药系统，包括还原剂加药装置 1 套，2 箱 4 泵（2 用 2 备），阻垢剂加药装置 1 套，1 箱 11 泵（10 用 1 备）。微滤和纳滤共设置 1 套 CIP 化学全自动清洗系统，包括 2 台 CIP 水泵，1 用 1 备，1 座清洗水箱，1 台清洗精密过滤器。

（2）主体工艺设计参数

该项目所采用的压力罐式微滤系统选用高强度聚丙烯滤芯，纳滤系统选用 NF270-400/34i

型膜元件，单个膜片面积为 37.2m²，最高允许膜通量为 23.96LMH，最高允许跨膜压差为 1bar。出于使用持久性以及安全性考虑，该项目的纳滤系统设计运行膜通量显著低于最高允许膜通量，而设计清洗频率也随之降低，大水量冲洗周期为 7~15d，化学清洗周期为 2~4 月。经中试试验验证，该清洗频率以可避免纳滤膜产生明显污堵，避免膜通量衰减，保证纳滤系统的持续性运行。

（3）优化设计说明

①高回收率设计

该项目纳滤系统主要针对于地表水体中有机微污染物，如 TOC、UV_{254}、杀虫剂、除草剂、消毒副产物如 THMs 前体物等的去除；相对于传统的苦咸水淡化，原水 TDS、硫酸根、钙镁离子含量、碱度都较低，因此在高回收率运行时，结合阻垢剂的投加，纳滤末端浓差极化较轻，浓水端硫酸钙、碳酸钙饱和度较低，浓水 LSI 指数比阻垢剂的临界值低 2~3；因此，为了减少纳滤浓盐水的排放量，提高系统整体回收率，该项目纳滤系统选用脱盐率较低的纳滤膜型号，设计回收率整体可达到 90%。

②双层布置

该项目采用压力罐式微滤系统作为纳滤系统的预处理工艺；同时，根据进水水质条件优化设计纳滤系统，对纳滤膜元件进行合理排列组合，满足纳滤装置稳定运行和灵活启停调配的要求；此外，采用全自动无人值守运行方式，并保证系统运行安全、稳定、可靠。纳滤膜系统按照双层布置设计，包括膜堆和阀架，其中膜堆位于设备层，阀架位于管廊层

③BIM 系统设计

该项目创新性地采用 BIM（Building Information Modeling）设计，BIM 以三维数字技术为基础，将建筑本身及建造过程三维模型化和数据信息化。通过 BIM 技术，对规划、设计、施工和运维四个阶段的数字、文字、图片、可视化等资料信息进行数字化处理，实现设计、施工、运维等管理过程的可视化、信息化和系统化。

综上，压力罐式微滤和纳滤的吨水电耗分别为 0.003kW·h 和 0.197kW·h，压力罐式微滤的次氯酸钠、氢氧化钠、柠檬酸和亚硫酸氢钠的吨水消耗量分别为 0.29g、0.26g、0.29g 和 0.76g；纳滤系统主要的药剂亚硫酸氢钠和阻垢剂的吨水消耗量分别为 3.4g 和 1.7kg。

4）工程运行效果

采用压力罐式微滤作为纳滤的预处理工艺，能够满足纳滤进水需求，纳滤产水在高通量下稳定运行，膜运行情况良好。本项目纳滤系统回收率整体可达到 90%，对于 TOC、COD 以及 UV_{254} 的去除率可达 90% 以上，对于消毒副产物的去除率可达到 70%~80%，对于色素类物质的去除率可达 70% 以上，对于臭味物质的去除率为 50%~70%，整体脱盐率则偏低，约为 30%~40%。出厂水铁的含量基本小于 0.03mg/L。出厂水锰的含量基本小于 0.03mg/L。根据第三水厂出厂水指标分析，出厂水水质均满足《生活饮用水卫生标准》GB 5749—2022。

8.1.3　江苏 TC 水厂

1. 工程概况

TC 市位于江苏省东南部，长江口南岸，南临上海市宝山区、嘉定区，西连昆山市，北

接常熟市，总面积 809.93km²，户籍人口 51.05 万人。TC 第二水厂现状供水规模 30 万 m³/d，水厂原净水工艺采用预臭氧＋混凝沉淀＋V 形滤池的常规水处理工艺。由于化工行业发展，人工合成的有机物种类和产量快速增加，并通过多种途径进入天然水体，虽然浓度很低，但其致癌、致畸、致突等毒性危害不可小觑。TC 第二水厂原有的常规工艺对上述新型有机污染物的去除效果有限。随着居民对高品质饮用水的关注度和需求日益提升，传统水处理工艺的升级迭代已成为必然趋势。

在此背景下，TC 第二水厂通过深度处理改造，优化水厂生产工艺，实现由供给"合格水"向供给"优质水"的转变。工程采用臭氧-生物活性炭深度处理工艺与浸没式超滤＋纳滤双膜法工艺并行的净水工艺。水厂日产水量 30 万 t，其中 25 万 t 采用臭氧-生物活性炭深度处理工艺，5 万 t 采用超滤＋纳滤膜处理工艺，产水混合勾兑后输入市政供水管网。

2. 原水水质

2019 年进行的原水水质检测显示，原水 TOC 为 1～1.55mg/L；UV_{254} 为 0.2～0.3；pH 值为 7.8～8.3；TDS 为 158～231mg/L；钙离子含量为 30～43mg/L；镁离子含量为 5.7～9mg/L；碱度为 72～115mg/L；硫酸盐含量为 17～33mg/L；铝离子含量为 0.08～0.17mg/L；且水中有稻瘟灵、莠去津等微量有机污染物（TrOCs）检出。

3. 工艺流程

TC 第二水厂工艺流程见图 8-12。

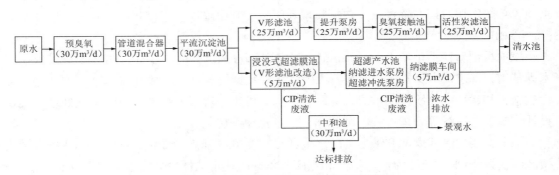

图 8-12　TC 第二水厂处理工艺流程图

（1）超滤系统设计

超滤系统选择浸没式超滤膜，膜池由水厂原 V 形滤池改造而成，设计规模 6 万 m³/d，共 8 格，单膜池组器数量 14 组，每个膜组器膜面积 980m²，总安装膜面积 109760m²，对应通量为 22.8LMH，一格清洗、一格检修对应的强制通量为 30.4LMH。

（2）纳滤系统设计

纳滤系统选用超低压选择性纳滤膜 DF30 膜，系统设计产水规模 5 万 m³/d，纳滤膜车间工艺流程见图 8-13；设计回收率 85%以上；膜通量约 15.85LMH；共有 8 组纳滤膜组件；单组产水量为 6250m³/d；排列方式一级两段，其中每组膜一段 58 支，预留 11 支备用，二段 16 支，预留 3 支备用，单组膜元件 444 支；总膜元件量 3552 支，总膜面积 131424m²。纳滤浓水排放后作为景观用水。

当出现以下情况时，需要对纳滤膜进行清洗：①膜比通量下降 30%时；②透盐率升高

5%时；③纳滤膜损坏判定参数：膜组器的脱盐率、TOC 去除率、浑浊度突变时。

清洗方案为 EDTA-4Na 碱洗（0.3%～0.5%EDTA-4Na 溶液，3 周一次）或 NaOH 碱洗（0.1%NaOH 溶液，2 周一次），具体流程为：①碱洗，两段分开清洗，一段加药后循环 30min，浸泡 5min；二段加药后循环 30min，浸泡 60min（重复两次）；②水冲，两段分开冲洗，将膜组器和管道内的药剂置换排至中和池，一二段冲洗次数可按实际情况设置；③纳滤膜组件正冲洗。酸洗（0.5%～1%的柠檬酸或 0.1%的盐酸）：酸洗水冲、正冲等同碱洗。

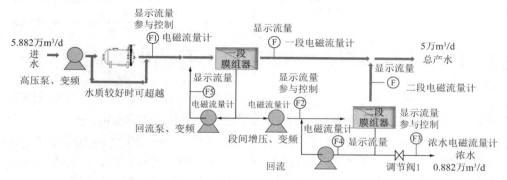

图 8-13　纳滤膜车间工艺流程图

4. 工程运行结果

作为纳滤系统的预处理工艺，浸没式超滤膜产水的浑浊度基本低于 0.10NTU；产水 SDI 值为 2.1～4.2，平均值为 2.77，满足纳滤系统进水水质要求。

纳滤系统对 COD_{Mn} 的平均截留率为 74.0%，对进水铝的平均截留率为 96.8%。工程部分出水水质情况如表 8-5 所示，从表中可以看出，工程出水满足国标与江苏地标较严限值。

TC 第二水厂部分出水水质情况　　　　　　　　　　　　　　表 8-5

指标分类	编号	检测指标	单位	国标与江苏地标较严限值	纳滤膜系统产水
感官性状和一般化学指标	1	浑浊度	NTU	0.5	0.04～0.1
	2	pH 值	—	6.8～8.5	7.40～7.6
	3	COD_{Mn}	mg/L	1.5	0.4～0.57
	4	氨氮	mg/L	0.5	< 0.02
	5	TDS	mg/L	1000	90～166
	6	总硬度	mg/L	以 $CaCO_3$ 计，450	92～137
	7	铝	mg/L	0.15	0～0.036
	8	硫酸盐	mg/L	250	< 0.8
毒理指标	9	锑	mg/L	0.005	< 0.0005
	10	砷	mg/L	0.01	< 0.0005
	11	镉	mg/L	0.005	< 0.0001
	12	铅	mg/L	0.01	< 0.0008
	13	三氯甲烷	mg/L	0.04	< 0.0006

指标分类	编号	检测指标	单位	国标与江苏地标较严限值	纳滤膜系统产水
毒理指标	14	2-甲基异莰醇	mg/L	≤ 0.00001	< 0.000005
	15	土臭素	mg/L	≤ 0.00001	< 0.000005
	16	亚硝酸盐（以 N 计）	mg/L	≤ 0.01	0.009
	17	稻瘟灵	ng/L	—	< 5
	18	磺胺甲恶唑	ng/L	—	< 5

8.2 纳滤在含盐水和高硬度水处理中的应用

含盐水，常指海水或其他含有氯化钠的水。通常情况下，含盐水中的离子以钠离子及氯离子为主，同时也存在其他离子。当水中的氯化钠较多时，水呈咸味，不仅饮用口感差，而且长期饮用会引起消化疾病，甚至诱发其他多种疾病。因原水中污染物质的成分日益复杂，常规的混凝—沉淀—过滤工艺只能去除水中 20%～30%的有机物，且无法有效解决因离子浓度较高造成水质不达标问题，如福州 CL 水厂就存在氯化物污染问题。

高硬度水一般指以暂时硬度或永久硬度形式存在的钙、镁离子的浓度较高的水。饮用水的高硬度问题影响着人的身体健康与仪器设备的使用寿命。现有的硬度去除技术主要有药剂软化法、离子交换软化法、膜软化法等。纳滤作为膜软化法的一种，在操作运行压力、饮水水质方面具有非常大的优势。利用纳滤膜处理高硬度水，能够有效去除水中钙、镁离子及硫酸根离子，同时保留对人体有利的矿物质。由于深层岩溶水的水质特点及采煤工作的影响，娘子关泉水总硬度、硫酸盐含量等较高，经常处于国家标准临界状态，属于高硬度水。为改善饮用水水质，山西 YQ 水厂采用了"自清洗过滤器 + 二级纳滤"的处理工艺，有效降低水中的总硬度和硫酸盐含量，使净化后的水质指标和市区供水指标均达到并优于国家标准。本节主要介绍福州 CL 水厂介绍纳滤在含盐水处理中的应用实例，以山西 YQ 水厂介绍纳滤在高硬度水处理中的应用。

8.2.1　福州 CL 水厂

1. 工程概况

CL 区位于福建省东部，闽江口南岸，地处闽江口感潮区。CL 二水厂原水取自闽江炎山段，位于闽江、乌龙江汇流处，目前最大供水规模为 11 万 m³/d，采用的主要供水工艺流程为：闽江炎山泵站取水 + 折板絮凝 + 平流沉淀 + V 形滤池 + 消毒 + 清水池 + 二泵增压至用户。

因地域位置及季节性水文水情等因素，该厂取水水源十几年来都饱受海水倒溯侵害影响，倒溯多发于每年十月份入秋以后的天文大潮期间，咸潮危害范围与时长愈发严重。每年十月份以后，位于闽江的炎山原水取水口原水氯化物指标不断升高，且呈持续上升趋势，根据 CL 二水厂 2017 年 10—12 月的水质监测结果，咸潮期出厂水氯化物含量达 250～750mg/L，部分时段氯化物含量高达 1000～1500mg/L。由于常规自来水处理工艺无法处理

水中氯化物，原水咸潮导致自来水中氯化物升高，出厂水中氯化物超过生活饮用水卫生标
准中规定的 250mg/L 限值。

2. 原水水质

该工程设计产水量为 10 万 m³/d，设计水温范围 10～25℃，24h 连续运行。2017 年 10
月—12 月共对原水和出厂水各取样 329 次，得到如表 8-6 所示的数据。从水质检测报告可
知，出厂水除氯化物超标外，其余指标值均在《生活饮用水卫生标准》GB 5749—2022 的
规定限值内。因此，工程主要目的是去除原出厂水中的氯化物。

常规处理工艺进出厂水氯化物浓度　　　　　　　　　　　　　　表 8-6

原水氯化物浓度/（mg/L）	占比/%	出水氯化物浓度/（mg/L）	占比/%
< 250	50.45	< 250	39.50
250～750	42.55	250～750	57.10
750～1000	3.65	750～1000	2.40
1000～1500	2.74	1000～1500	1.00
> 1500	0.61	> 1500	0.00

3. 工艺流程

在咸潮期，闽江原水经炎山取水泵站提升后由原水管道输送至 CL 二水厂，进入折
板反应平流沉淀池、V 形滤池处理，再接入膜处理车间，经膜处理合格后，再送至现有
厂区清水池中，最后经二级泵房中增压泵增压至各用水点。具体工艺流程如图 8-14
所示。

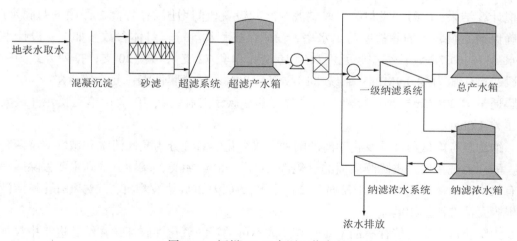

图 8-14　福州 CL 二水厂工艺流程

（1）超滤系统设计

超滤系统主要由超滤进水池及提升泵房、超滤膜系统、超滤产水池、超滤废水池
及回流泵房、超滤清洗系统（含水洗、气洗及化学清洗）等组成。超滤膜系统的设置
目的是作为纳滤及反渗透系统的预处理系统，以进一步去除原水中的悬浮物、胶体、

色度、浑浊度、有机物等妨碍后续工艺系统正常运行的杂质，确保纳滤系统的正常运行。

工程所用的超滤系统使用外压式超滤膜，采用全流过滤、气水反洗的全自动连续运行方式，共设置 12 套超滤膜装置。具体设计参数如下：设计平均净产水量 4583.0m³/h，工作压力 ≤ 0.3MPa，系统水回收率 95.9%，连续膜过滤主机数量 12 套（每套 80 支），膜材质为 PVDF，最大跨膜压差（15℃）2.0bar，运行通量 65.57L/(m²·h)，膜孔径外径 1.3mm、内径 0.7mm。

为保证超滤膜系统安全可靠连续运行，对超滤膜定期进行清洗。超滤膜系统的清洗包括水反洗、水正洗、气擦洗及化学清洗，其中，化学清洗包括维护性化学清洗及恢复性化学清洗两种。水正洗时间每次 30s；水反洗周期 40min，时间为每次 60s，其中，上反洗 30s，下反洗 30s；气洗周期与反洗相同，单支组件进气量为 6~8Nm³/(m²·h)，气洗时间为每次 30~60s；维护性化学清洗周期为 5~10d，循环清洗时间为 20min，采用 500mg/L NaClO、NaOH、HCl 溶液；恢复性化学清洗周期为 3~6 月，清洗时间为 120~240min，每根膜壳清洗流量为 2t/h，采用 2000mg/L NaClO、1000mg/L NaOH、2000mg/L HCl 溶液。

（2）纳滤系统设计

纳滤系统主要由纳滤提升泵房、纳滤膜系统、加药系统、清洗系统、纳滤浓水池等组成。根据产水量要求及膜性能，纳滤系统共设置 10 套纳滤膜装置，单套膜元件为 72 支，分两段排列（48：24）。纳滤膜前设纳滤提升泵、纳滤高压泵，将超滤产水池内的待处理水提升进入纳滤膜装置。纳滤膜是"错流过滤"的膜元件置，第二段纳滤膜含盐量远高于第一段，导致第二段膜元件的跨膜渗透压急剧升高。根据"IMSDESIGN"膜设计软件模拟计算结果，在第一段与第二段纳滤膜之间设置段间增压泵，提高二段膜的跨膜水压，以确保纳滤膜装置的除盐率与出水率，段间泵扬程约 50m。具体参数参如下：设计平均产水量 3666.67m³/h；纳滤膜元件数量 10 套（单套 72 支），共 720 支；排列方式为一级两段；操作压力 ≤ 0.9MPa；系统水回收率 ≥ 80%；纳滤膜性能：复合膜，8″×40″，工作膜通量 ≤ 20L/(m²·h)；膜架：纳滤膜配套，碳钢防腐，共 10 套；单支膜元件最大跨膜压差 1.0bar。

纳滤膜考虑低压冲洗及化学清洗两种方式，化学清洗分为酸性清洗和碱性清洗两种情况，酸性清洗主要是去除膜表面的氧化铁、Ca^{2+}、Mg^{2+} 垢类，碱性清洗则主要去除膜表面的有机物污染，周期 45d，清洗时间 2h，清洗药剂为 30%盐酸溶液、30%氢氧化钠溶液，每根膜壳清洗流量 10t。

为防止进水中可能存有的余氯对膜造成不可逆转的氧化性破坏，在纳滤进水中投加还原剂，还原剂采用 10%的 $Na_2S_2O_5$ 溶液，投加浓度为 2mg/L。原水进入纳滤装置前加阻垢剂，防止浓水侧膜表面结垢，药剂采用高效阻垢/分散剂，有效控制碳酸钙、硫酸钙、硫酸钡的结垢，同时对 SiO_2、铁铝氧化物及胶体产生很强的分散效果。阻垢剂采用 10%有机膦酸盐系列溶液，投加浓度为 2mg/L。为防止进水中滋生的细菌对膜性能造成影响，在纳滤进水中投加非氧化性杀菌剂，药剂浓度为 10%，投加浓度为 2mg/L。药剂投加点位于纳滤提升泵出水总管的静态混合器上。

4. 工程运行效果

纳滤膜除盐率大于 95%，系统产水率 90%，总溶解性固体去除率大于 95%；在原水氯化物含量为 1500mg/L 时，出水氯化物含量不高于 200mg/L，产水水质完全能够达到设计要求。

8.2.2　山西 YQ 水厂

1. 工程概况

娘子关泉域是我国北方最大的岩溶泉，泉域总面积 7217km²，其中 YQ 市面积 2430km²，占总面积的 34%。娘子关水源地到城市的距离超过 30km，提水扬程高达 470m；沿线共设四个提升泵站，依次为娘子关水源泵站、一级泵站、二级泵站、三级泵站，最后提升送至猫垴山四水厂，加氯消毒处理后，将水送至给水管网。娘子关泉岩溶水的水质特点决定了其为高硬度水。

YQ 市饮用水水质改善工程项目位于 YQ 市娘子关镇娘子关一级泵站南侧，厂区占地面积 0.843hm²。本工程在一级泵站内新建除离子系统，提取部分原水经除离子处理后，与剩余原水混合降低总离子浓度，使供水总硬度及硫酸盐浓度满足国家标准要求。

通过进水水质、出水水质分析和经济技术比较，本工程处理工艺采用二级纳滤工艺，建设规模配合一级泵站建设规模实施，分近期和远期两期建设，分别对应现有一级泵站和二期扩建工程。根据工程可行性研究报告分析，本工程设计年限为 20 年，终期水质年为 2033 年。根据水质分析结果，近期工程结合现有工程实施，软化系统产水规模 5 万 m³/d，远期工程结合泵站二期扩建工程实施后再增加 5 万 m³/d，总规模达到 10 万 m³/d。其中近期工程设备分为两阶段安装，第一阶段（2014 年）设备安装规模 3.5 万 m³/d，第二阶段（2023 年）设备安装规模 1.5 万 m³/d。

2. 原水水质

YQ 市自来水公司于 2013 年 7 月—2014 年 6 月，以每月 1 天的频率对水源泵站原水水质进行了检测，统计结果见表 8-7。

2013 年 7 月—2014 年 6 月水源泵站原水水质数据　　　　表 8-7

序号	检验项目	单位	检测数据			GB/T 14848—2017	GB 5749—2022
			平均值	最大值	最小值		
1	色度	—	< 5	< 5	< 5	≤ 15	≤ 15
2	肉眼可见物	—	无	无	无	无	无
3	浑浊度	NTU	0.419	0.850	0.200	≤ 3	1
4	臭和味	—	无	无	无	无	无
5	pH 值	—	7.875	8.050	7.750	6.5～8.5	6.5～8.5
6	总硬度（以碳酸钙计）	mg/L	471.483	490.400	453.400	≤ 450	≤ 450

续表

序号	检验项目	单位	检测数据			GB/T 14848—2017	GB 5749—2022
			平均值	最大值	最小值		
7	铁	mg/L	< 0.2	< 0.2	< 0.2	≤ 0.3	≤ 0.3
8	锰	mg/L	< 0.05	< 0.05	< 0.05	≤ 0.1	≤ 0.1
9	铜	mg/L	< 0.2	< 0.2	< 0.2	≤ 1.0	≤ 1.0
10	锌	mg/L	< 0.05	< 0.05	< 0.05	≤ 1.0	≤ 1.0
11	挥发酚类（以苯酚计）	mg/L	0.002	0.002	0.002	≤ 0.002	≤ 0.002
12	阴离子合成洗涤剂	mg/L	< 0.1	< 0.1	< 0.1	≤ 0.3	≤ 0.3
13	硫酸盐	mg/L	258.167	284.000	230.000	≤ 250	≤ 250
14	氯化物	mg/L	56.450	62.100	40.600	≤ 250	≤ 250
15	溶解性总固体	mg/L	764.417	822.000	717.000	≤ 1000	≤ 1000
16	氟化物	mg/L	0.467	0.600	0.400	≤ 1.0	≤ 1.0
17	氰化物	mg/L	< 0.002	< 0.002	< 0.002	≤ 0.05	≤ 0.05
18	砷	mg/L	0.001	0.002	0.001	≤ 0.05	≤ 0.01
19	硒	mg/L	< 0.001	< 0.001	< 0.001	≤ 0.01	≤ 0.01
20	汞	mg/L	< 0.0001	< 0.0001	< 0.0001	≤ 0.001	≤ 0.001
21	镉	mg/L	< 0.0005	< 0.0005	< 0.0005	≤ 0.01	≤ 0.005
22	铬（六价）	mg/L	< 0.004	< 0.004	< 0.004	≤ 0.05	≤ 0.05
23	铅	mg/L	< 0.0025	< 0.0025	< 0.0025	≤ 0.05	≤ 0.01
24	硝酸盐氮（以氮计）	mg/L	3.967	4.500	3.600	≤ 20	≤ 20
25	总 α 放射性	Bq/L	0.062	0.090	0.020	≤ 0.1	≤ 0.5
26	总 β 放射性	Bq/L	0.091	0.130	0.040	≤ 1.0	≤ 1.0
27	菌落总数	CFU/mL	10.100	20.000	3.000	≤ 100	≤ 100
28	总大肠菌群	CFU/L	未检出	未检出	未检出	≤ 3	不得检出
*29	耐热大肠菌群	CFU/100mL	未检出	未检出	未检出	—	不得检出
*30	大肠埃希氏菌	CFU/100mL	未检出	未检出	未检出	—	不得检出
*31	银	mg/L	< 0.0025	< 0.0025	< 0.0025		≤ 0.05
*32	硫化物	mg/L	< 0.02	< 0.02	< 0.02		≤ 0.02
33	耗氧量	mg/L	0.646	1.040	0.380	≤ 3	≤ 3
*34	铝	mg/L	0.017	0.024	0.010		≤ 0.2

注：*表示指标的检测频率较高，为每周一次。

根据上表数据，娘子关原水总硬度平均为 471mg/L，最大为 490mg/L，其总硬度（以碳酸钙计）超过了现行国家标准《生活饮用水卫生标准》GB 5749—2022 总硬度 450mg/L 的限值；同时根据给水行业对于水质硬度的划分，该原水为极硬水；原水硫酸盐浓度平均为 258mg/L，最大为 284mg/L，超过同样超过了 GB 5749—2022 硫酸盐浓度 250mg/L 的要求。

3. 工艺流程

YQ 水厂工艺流程见图 8-15。

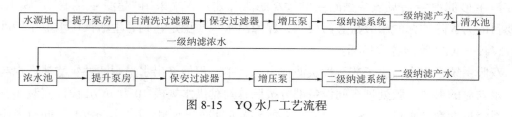

图 8-15　YQ 水厂工艺流程

本工程采用部分原水进行纳滤降低硬度和硫酸盐浓度，再与剩余部分原水进行勾兑降低泵站供水总硬度和硫酸盐浓度的工艺。新建提升泵房从泵站原水渠道内提取部分原水，经加压后作为一级纳滤自清洗过滤器进水；一级纳滤自清洗过滤器产水进入一级纳滤膜系统，自清洗过滤器反冲洗废水进入废水储罐；一级纳滤系统回收率为 75%，脱盐率 > 95%，纳滤后清水进入清水池，浓水排入浓水池；废水储罐内的一级纳滤自清洗过滤器反冲洗废水经水泵加压和二级纳滤自清洗过滤器过滤，产水排入浓水池，二级纳滤自清洗过滤器反冲洗废水排入排水沟排放；浓水池内浓水经加压后进入二级纳滤膜系统，二级纳滤系统回收率不低于 50%，脱盐率 > 95%，纳滤后产水进入清水池，浓水排放；清水池内纳滤产水通过重力自流进入泵房前原水渠道内，与未处理的水混合后，通过水泵加压输送到二级泵站。

4. 工程运行效果

经纳滤系统处理后的纯水总硬度为 15mg/L，硫酸盐浓度为 9mg/L，混合后的水质指标中总硬度为 330mg/L，硫酸盐含量为 190mg/L，满足《生活饮用水卫生标准》GB 5749—2022 指标。

8.3　纳滤在含硝酸盐和钼酸盐水处理中的应用

氮是生物体重要的营养元素，对维系地球生态起着极其重要的作用。随着工农业的迅速发展，工业"三废"排放量增加，生活污水、医药污水、生活垃圾以及农业大量施用化肥、农药，导致地下水受到不同程度的污染，而硝酸盐污染是地下水的主要污染类型之一。硝酸盐本身对人体并没有直接危害，但含量过高时会败坏水的味道，甚至引起腹泻，使肠道机能失调。硝酸盐危害的关键是它在人体内能经硝酸盐还原菌作用转变为亚硝酸盐，亚硝酸盐可以对人体健康构成严重威胁。纳滤膜可以有效去除硝酸盐，比如美国陶氏公司的 NF90 膜对硝酸盐有 88% 以上的截留率，其中致密型纳滤膜对硝酸盐和亚硝酸盐截留率较大，而疏松型纳滤膜的截留率则较小。本节以山东 HJD 水厂为例介绍纳滤膜对硝酸盐的处理。此外，由于我国幅员辽阔，各地区水质也具有鲜明的地域性，本节以河南 GL 水厂为例，介绍纳滤对去除水中钼酸盐的应用。

8.3.1 山东 HJD 水厂

1. 工程概况

烟台经济开发区 HJD 水厂以地表水为原水，水厂前处理工艺为"预臭氧接触池＋絮凝沉淀池＋砂滤池＋后臭氧接触池＋活性炭滤池"，水厂末端采用"超滤＋纳滤"双膜工艺，主要目的为去除超标的硝酸盐等污染物，保障出水水质稳定达到《生活饮用水卫生标准》GB 5749—2022 等的各项指标。

双膜系统来水为前段工艺活性炭滤池出水，本工程最终出水采用活性炭滤池产水与纳滤产水勾兑的形式。膜处理车间设备部分按照总勾兑供水规模 10 万 m³/d 设计安装（其中纳滤系统近期净产水量：5.5 万 m³/d，超滤系统近期净产水量：6.5 万 m³/d），同时考虑到远期总供水规模扩容至 20 万 m³/d，土建部分预留远期双膜系统扩容位置。

2. 原水水质

双膜系统进水为前段工艺活性炭滤池出水，设计进水水质（按最不利工况设计）如表 8-8 所示。

设计进水水质 表 8-8

序号	项目	单位	设计进水水质
1	pH 值	—	8.1
2	水温	℃	4～30
3	浑浊度	NTU	≤0.5
4	COD_{Mn}	mg/L	≤3
5	氨氮	mg/L	≤0.5
6	硝酸盐（以 N 计）	mg/L	≤17
7	氟化物	mg/L	≤0.74
8	硫酸盐	mg/L	≤132
9	总铁	mg/L	≤0.3
10	锰	mg/L	≤0.1
11	氯离子	mg/L	≤118
12	总硬度（以 $CaCO_3$ 计）	mg/L	≤318
13	总碱度（以 $CaCO_3$ 计）	mg/L	≤120
14	进水石油类	mg/L	≤1
15	溶解性总固体	mg/L	≤690

3. 工艺流程

山东 HJD 水厂膜车间双膜系统工艺流程如图 8-16 所示。

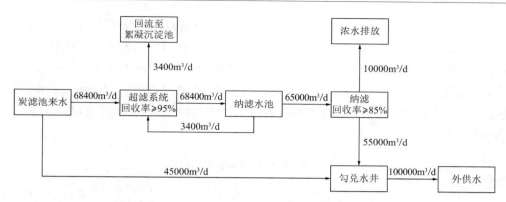

图 8-16　山东 HJD 水厂工艺流程

4. 工程运行效果

水厂出水采用活性炭滤池产水与纳滤产水勾兑的形式，总产水各项指标满足《生活饮用水卫生标准》GB 5749—2022 中的相关限值。

8.3.2　河南 GL 水厂

1. 工程概况

水厂现有 24 万 m^3/d 常规处理流程，分为南北两条各 12 万 m^3/d 的生产线，水厂南侧生产线目前正常运行，主要处理陆浑和故县水库来水；北侧生产线目前处于闲置状态，其中现状网格絮凝斜管沉淀池絮凝区没有安装网格，沉淀区未安装斜管，滤池中没有放置填料，处于空池状态。水厂东侧现状回收池有效容积约为 1000m^3，目前处于闲置状态。现状砂滤池反冲洗水直接排入厂区污水系统，未实现回用；水厂现状无污泥处理系统，现状沉淀池排泥水直接排入污水系统。

目前水厂日常运行规模为 12 万 m^3/d，其中陆浑水库来水 2 万 m^3/d，故县水库来水 5 万 m^3/d，地下水来水 5 万 m^3/d；水厂高峰供水时运行规模为 15 万 m^3/d，其中陆浑水库来水 4 万 m^3/d，故县水库来水 5 万 m^3/d，地下水来水 6 万 m^3/d。地表水经常规处理后进入清水池，地下水进厂后直接进入清水池，与地表水经常规处理后的产水混合后经泵房输送至用户。GL 水厂总规模为 24 万 m^3/d，现状地表水供水规模为 12 万 m^3/d，此次新建深度处理规模为 6 万 m^3/d，深度处理工艺为：臭氧活性炭 + 超滤膜 + 纳滤膜（部分）处理工艺，配套新建处理 12 万 m^3/d 供水规模对应的污泥处理系统。

2. 原水水质

水厂目前水源为陆浑水库、故县水库和地下水三股水源。陆浑和故县水库原水从水厂东南角通过两根 DN1200 原水管进入厂区，混合后进入厂区南侧常规处理流程；地下水源从厂区北侧通过一根 DN1200 原水管进入厂区，然后直接接入现状清水池内，经消毒后输送至用户。

其中，陆浑水库原水主要水质检测指标如表 8-9 所示。由水质指标检测值可知，陆浑水库主要水质指标中，pH 值、高锰酸盐指数、氨氮、硫酸盐、氯化物、硝酸盐、锰、总硬度、溶解性总固体等指标均低于《地表水环境质量标准》GB 3838—2002 中Ⅲ类水体的限

饮用水纳滤处理技术

值，但钼含量较高，超出限值一倍左右。总体而言，陆浑水库水质基本满足《地表水环境质量标准》GB 3838—2002 中Ⅲ类水体标准，但需采取针对性工艺控制出水中钼的含量。故县水库水质基本满足《地表水环境质量标准》GB 3838—2002 中Ⅱ类水体标准，且优于陆浑水库水质。GL 水厂地下水基本满足《地下水质量标准》GB/T 14848—2017 中Ⅲ类水体的限值，水质整体较好，但地下水依然存在总硬度含量偏高的问题，因此水处理工艺也需考虑降低总硬度的技术措施。

GL 水厂地下原水水质检测指标 表 8-9

日期	pH 值	氨氮（以 N 计）	硝酸盐（以 N 计）	铁	锰	钼	总硬度（以 CaCO₃ 计）	溶解性总固体	浊度
		mg/L	mg/L	mg/L	mg/L	mg/L	mg/L	mg/L	NTU
Ⅲ类水质标准	6.5～8.5	0.50	20.00	0.30	0.10	0.07	450.00	1000	3.00
出厂水质标准	6.5～8.5	0.50	10.00	0.30	0.10	0.07	450.00	1000	1.00
2021.12	7.59	< 0.02	7.52	< 0.05	< 0.020	< 0.001	399.4	524	0.21
2022.01	7.51	< 0.02	8.28	< 0.05	< 0.020	< 0.001	377.3	530	0.2
2022.02	7.43	< 0.02	8.28	< 0.05	< 0.020	< 0.001	380.3	518	0.15
2022.03	7.67	< 0.02	8.43	< 0.05	< 0.020	< 0.001	383.8	530	0.23
2022.04	7.55	< 0.02	8.01	< 0.05	< 0.020	< 0.001	385.3	524	0.2
2022.05	7.7	< 0.02	8.5	< 0.05	< 0.020	< 0.001	387.3	568	0.34
2022.06	7.75	< 0.02	8.4	< 0.05	< 0.020	< 0.001	388.8	538	0.22
2022.07	7.55	< 0.02	8.37	< 0.05	< 0.020	< 0.001	385.3	542	0.24
2022.08	7.65	< 0.02	7.36	< 0.05	< 0.020	< 0.001	367.3	486	0.25
2022.09	7.5	< 0.02	8.13	< 0.05	< 0.020	< 0.001	384.3	486	0.28
2022.10	7.58	< 0.02	7.08	< 0.05	< 0.020	< 0.001	349.3	544	0.2
2022.11	7.61	< 0.02	7.68	< 0.05	< 0.020	< 0.001	367.3	528	0.38

3. 工艺流程

本工程深度处理工艺采用臭氧-生物活性炭 + 超滤工艺，同时设置纳滤处理针对性控制陆浑水库原水中钼酸盐的含量。

针对陆浑水库原水采用的净水工艺为：预臭氧 + 絮凝沉淀 + 中间提升 + 臭氧-生物活性炭 + 超滤 + 纳滤（部分）；

针对故县水库原水采用的净水工艺：絮凝沉淀 + 过滤 + 消毒；

针对地下水原水采用的净水工艺为：超滤 + 纳滤。

由于 GL 水厂有三股水源，根据原水水量配比及水质情况不同，陆浑水库原水和地下水原水可分别进入超滤 + 纳滤系统，可掺混后进入超滤 + 纳滤系统，也可超越超滤 + 纳滤处理流程直接进入掺混池。全厂净水工艺流程如图 8-17 所示。

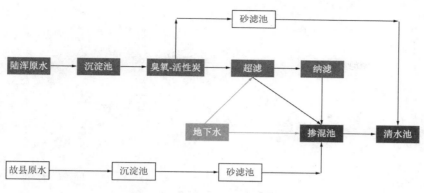

图 8-17　GL 水厂净水工艺流程

4. 工程运行效果

出水水质在全面达到国家标准《生活饮用水卫生标准》GB 5749—2022 要求的基础上，针对关键污染物提出新的出水水质要求，出厂水可达到《饮用净水水质标准》CJ/T 94—2005 要求的直饮水标准，具体指标详见表 8-10。

水质指标对比表　　　　　　　　　表 8-10

序号	检测指标	单位	GB 5749—2022 限值	CJ/T 94—2005 限值	出厂水水质目标
1	总硬度（以 CaCO$_3$ 计）	mg/L	≤ 450	≤ 300	近期 ≤ 230 远期 ≤ 150
2	浑浊度	NTU	≤ 1	≤ 0.5	近期 ≤ 0.3 远期 ≤ 0.1
3	钼	mg/L	≤ 0.07	≤ 0.07	近期 ≤ 0.07 远期 ≤ 0.05
4	高锰酸盐指数（以 O$_2$ 计）	mg/L	≤ 3	≤ 2	≤ 2
5	硝酸盐（以 N 计）	mg/L	≤ 10	≤ 10	≤ 5

8.4　本章小结

本章从原水中典型污染物的角度出发，分别以纳滤在微污染水、含盐水和高硬度水以及含硝酸盐与钼酸盐水处理中的应用为例，详细介绍了国内外纳滤膜饮用水工程典型应用实例，为纳滤技术的进一步推广提供了有效的指导。

参 考 文 献

[1] 陶氏水处理. FILM TEC™ 反渗透和纳滤膜元件产品与技术手册[Z]. 2016.

[2] 李涛, 贺鑫, 王少华, 等. 张家港市第四水厂纳滤膜处理系统运行经验总结[J]. 给水排水, 2024, 60(6): 43-49.

[3] 王少华, 施卫娟, 贺鑫, 等. 纳滤深度处理在饮用水厂的应用与实践[J]. 给水排水, 2021, 57(10): 13-19.

[4] 石洁, 姚家隆, 唐娜, 等. 纳滤膜工艺在太仓某水厂深度处理工程中的应用[J]. 净水技术, 2024, 43(1): 50-57.